わかりやすい
薬学系の化学入門

第2版

小林 賢・上田晴久・金子喜三好・
齋藤俊昭［編］

大室智史・片岡裕樹・高城徳子［著］

講談社

編集

小林　　賢　　日本薬科大学特任教授
上田　晴久　　星薬科大学名誉教授
金子喜三好　　元 日本薬科大学教授
齋藤　俊昭　　日本薬科大学教授

執筆者

上田　晴久　　星薬科大学名誉教授　　　　（6章、7章）
大室　智史　　日本薬科大学講師　　　　　（8章）
片岡　裕樹　　日本薬科大学講師　　　　　（2章、12章）
金子喜三好　　元 日本薬科大学教授　　　（4章、5章）
小林　　賢　　日本薬科大学特任教授　　　（1章）
齋藤　俊昭　　日本薬科大学教授　　　　　（3章、9章）
高城　徳子　　日本薬科大学准教授　　　　（10章、11章）

（五十音順、かっこ内は担当章）

はじめに

　高い臨床知識をもった臨床薬剤師の教育を目指し、薬学教育は6年制へと移行しました。しかし、6年制に入学してくる学生は、薬学教育を開始する観点からすると、不安な点があります。また、大学入試のための暗記に頼った学習から脱却できずにいて、薬学教育に大切な考える力が伸びない学生が多いようです。したがって、自ら考える力を伸ばすトレーニングが大切になります。

　これを打破するために、本書は、基礎的な力をつけ、そして、何故そのようになるのかを考えられるように工夫しています。本書は学生が理論的に理解できるように、「どうしてそのように考えるのか」、「何故、そのようになるのか」ということを随所に書いています。

　本書では解説を色分けし、最低限必要な内容がわかりやすく示されています。たとえば、計算式では、式のどの記号にどの数値が代入されるのかが分かりやすく色分けされています。また、計算式は、途中の過程を省かずに示しましたので、その変化がわかりやすいでしょう。さらに、有機化学においては、どの官能基がどこへ移行するのかということも色分けして説明しています。

　大学1年生で学習する一般化学を高校のリメディアル教育（やり直し教育）と勘違いしている学生を多く見かけますが、それは大きな誤りです。

　高校化学で扱ってる内容を理論的に理解することが大学の一般化学です。また、一般化学で学んだ内容が国家試験の必須問題に必ず出題されています。また、4年次に実施される共用試験のCBT（computer based testing）にも出題されています。CBTの問題は非公開のため例題として引用できませんが、本書で扱う例題や解説は国家試験やCBTを考慮してつくられています。

　これらの例題を見ていただいてもわかるように、1年生で習う一般化学は、薬剤師国家試験を乗り切るためにとても重要な内容を含んでいることを理解していただきたいと思います。

　この教科書を利用して、多くの薬学生が薬剤師国家試験に必要な一般化学をしっかりと理解していただければ幸いです。

　日常の業務でお忙しいところ、本書の出版理念に賛同いただき、執筆してくださいました先生方に御礼申し上げます。そして、本書の企画・編集にご尽力いただいた講談社サイエンティフィクの小笠原弘高氏に深謝いたします。

2014年10月吉日

編者一同

改訂にあたって

　初版の出版から10年の歳月が経ちました。この間、多くの薬学生の皆様に本書をご利用いただきましたことに、執筆者一同、心から感謝申し上げます。その間、薬学教育は進化を続け、薬剤師としての実践能力や、理論的な基盤がこれまで以上に求められる時代となりました。

　第2版では、このような教育の変化に対応するため、内容を全面的に見直し、大幅な改訂を行いました。特に、新たに「物質の状態とその変化」および「化学熱力学」の2章を加え、物理化学の基礎的な概念を体系的に学べる構成としています。これによって、薬物動態や製剤設計といった応用分野への理解を深めるための基盤を強化しました。

　また、初版の内容についても、学生や先生の皆様からいただいた貴重なフィードバックをもとに、説明をよりわかりやすく改良するとともに、「なぜそうなるのか」という理論的な考え方の習得に重点を置きました。このように、本質的な理解を促す記述を充実させることで、学びの質をさらに高めることを目指しています。

　さらに、本改訂版では、薬剤師国家試験の出題傾向を分析し、関連する問題を各章に効果的に配置しました。これによって、学習のモチベーションを高めつつ、理解の定着を促せるよう工夫しています。従来の特徴である色分けを活かした解説や、計算過程の丁寧な説明を継承しつつ、例題や練習問題を増強し、自学自習のためのツールとしても活用しやすい内容に仕上げました。

　本書が、薬学生の皆様にとって一般化学を深く理解する助けとなり、将来、高度な専門性を備えた薬剤師として活躍されるための礎となることを、執筆者一同、心から願っております。

　最後に、本改訂版の企画・編集にあたり、多大なるご支援とご助言を賜りました関係者の皆様に、厚く御礼申し上げます。

2025年2月吉日

編者一同

本書の問題の解答は講談社サイエンティフィックHP（www.kspub.co.jp）の本書紹介ページに掲載しています。

わかりやすい薬学系の化学入門　第2版　目次

第1章　物質の基本概念 8

1.1　元素、電子と原子 8
1.2　同素体と同位体 12
1.3　原子の相対原子質量と原子量 13
1.4　原子の電子配置とエネルギー準位 14
1.5　周期表 24
1.6　典型元素と遷移元素 26
1.7　金属元素と非金属元素 27
1.8　イオン化エネルギー 28
1.9　電子親和力 30
1.10　電気陰性度 31
1.11　結合の極性 33

第2章　物質量と溶液の濃度 35

2.1　アボガドロ定数と物質量 35
2.3　気体分子の物質量 37
2.4　化学式と化学反応式 38
2.5　化学反応の量的関係 40
2.6　溶液の濃度 42

第3章　分子の性質 48

3.1　ボーアの原子模型 48
3.2　原子価結合法 48
3.3　混成軌道 50
3.4　分子軌道法 56
3.5　共役と共鳴 60
3.6　双極子と双極子モーメント 63
3.7　分子の極性と分子の形状 65

第4章　化学結合──原子どうしの結びつき 67

4.1　イオン結合、イオン結晶、イオン強度 67

4.2	共有結合と共有結合結晶	71
4.3	金属結合	77
4.4	配位結合	77

第5章 分子間相互作用——分子どうしの結びつき 80

5.1	水素結合	80
5.2	静電的相互作用	83
5.3	ファンデルワールス力	84
5.4	疎水性相互作用	87

第6章 物質の状態とその変化 91

6.1	物質の状態と状態変化	91
6.2	相と相律	92
6.3	相平衡と相転移	92
6.4	状態図	92
6.5	固体状態	95
6.6	液体状態	95
6.7	希薄溶液の性質	96
6.8	コロイド溶液	101
6.9	気体の状態方程式	104

第7章 化学熱力学 106

7.1	系と外界と状態量	106
7.2	内部エネルギーと熱力学第一法則	107
7.3	エンタルピー	109
7.4	反応エンタルピー	110
7.5	ギブズエネルギー	114

第8章 化学平衡 118

8.1	可逆反応と不可逆反応	118
8.2	化学平衡	120
8.3	溶解平衡	125

第9章 酸と塩基 129

9.1	酸と塩基の定義	129
9.2	酸と塩基の強さ	134

	9.3	水素イオン濃度、pH	136
	9.4	解離定数 pK_a と pK_b	138
	9.5	塩の加水分解	143
	9.6	緩衝作用と緩衝液	146
	9.7	中和反応と中和滴定	152

第10章 酸化と還元 ... 156

10.1	酸化と還元の定義	156
10.2	酸化数	156
10.3	酸化還元反応	159
10.4	酸化剤と還元剤	163
10.5	電池と電気分解	165

第11章 反応速度 ... 172

11.1	反応速度式と反応速度の表し方	172
11.2	0次反応	174
11.3	一次反応	175
11.4	二次反応	178
11.5	反応速度に影響を及ぼす要因	180

第12章 有機化合物の基礎 ... 185

12.1	有機化合物の特徴	185
12.2	置換基	185
12.3	炭化水素の構造と性質	187
12.4	異性体	194
12.5	アルコールとエーテル	197
12.6	アルデヒドとケトン	202
12.7	カルボン酸とエステル	204
12.8	アミンとアミノ酸	206
12.9	芳香族化合物	211
12.10	有機化合物の命名法	215

付表	219
元素の周期表	220

索引	222

第1章 物質の基本概念

　物質の基本的な性質や構造を理解することは、薬学を学ぶ上で非常に重要な基礎となります。医薬品をはじめとする化合物の性質や反応性を理解するためには、物質の構成要素である原子や分子の振る舞いを把握する必要があります。

　また、生命活動を支える生体分子の構造と機能の関係性を学ぶためにも、物質の微視的な側面を理解することが不可欠です。

　さらに、医薬品の設計・合成や、生体内での吸収・分布・代謝・排出といった薬物動態の理解にも、物質の概念に関する基礎知識が活用されます。

1.1 元素、電子と原子

1.1.1 純物質と混合物

　物質とは、質量と体積をもつすべてのものを指します。これには、私たちの日常生活で目にする固体、液体、気体など異なる状態のものが含まれます。物質は原子や分子といった微小な粒子によって構成されており、それらが集まってさまざまな物理的および化学的性質が生まれます。

　物質は大きく分けて、純物質と混合物に分類されます。それぞれの特徴を理解することは、化学の基礎を学ぶ上で非常に重要です。

　単一の成分からなる物質であり、その成分が他の物質と混ざっていないものを**純物質**といいます。純物質は、その物理的および化学的特性が一定であり、どこをとっても均一です。純物質はさらに、単体と化合物に分けられます（図1-1）。

　1種類の元素のみから構成される純物質を**単体**といいます。同じ元素の原子が結びついているため、化学的に分解することはできません。たとえば、酸素O_2は酸素原子が2つ結びついたものであり、鉄Feは鉄原子のみからなる単体です。

　2種類以上の異なる元素が特定の割合で結合して形成される純物質を**化合物**といいます。化合物はその組成によって、物理的および化学的な特性が決まります。化合物を構成する元素は化学結合によって結ばれており、この結合の種類で化合物の性質が大きく変わります。化合物は化学反応によってのみ分解され、構成する元素に戻すことができます。化合物の例としては、

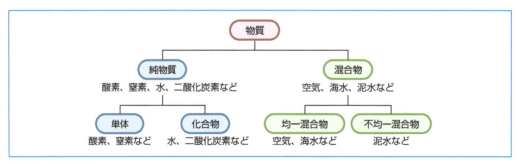

図1-1　物質の分類

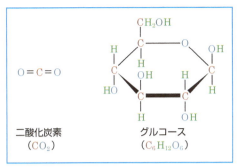

図1-2 化合物の一例（二酸化炭素とグルコース）

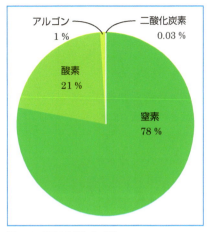

図1-3 空気のおもな成分

炭素と酸素が1：2の比率で結びついた二酸化炭素（CO_2）があります。その他にも、塩化ナトリウム（NaCl）やグルコース（$C_6H_{12}O_6$）が挙げられます（**図1-2**）。化合物の特性は、構成する元素の特性とは異なることが多いです。

　2種類以上の純物質が物理的に混ざり合ったものを**混合物**といいます。混合物の成分は、化学的に結びついておらず、各成分は元の性質を保っています。混合物は、均一混合物と不均一混合物に分けられます。

　均一混合物は、全体が均一な組成をもつ混合物です。どこをとっても同じ割合で成分が混ざっています。たとえば、食塩水は塩化ナトリウム（NaCl）と水（H_2O）が均一に混ざり合った均一混合物です。空気も均一混合物であり、窒素、酸素、アルゴンなどが均一に混ざっています（**図1-3**）。

　一方、**不均一混合物**は、全体が均一でない混合物であり、成分が一様に分布していません。たとえば、砂と鉄粉の混合物は、不均一混合物の一例です。このような混合物では、異なる部分で異なる性質を観察することができます。

　ここまでの内容を整理すると、物質は純物質と混合物の2つに分類され、純物質には単体と化合物の2種類があります。単体は一種類の元素からなり、化合物は異なる元素が結びついています。混合物は物理的に混ざり合ったもので、均一混合物と不均一混合物に分けられます。これらの基本的な概念を理解することは、化学の学習を深めるための重要なステップです。

1.1.2 原子と元素

　原子とは、物質を構成する最小の単位であり、化学的手段ではそれ以上分割できません。原子は陽子、中性子、電子から構成されています。原子核は、正（＋）の電荷をもつ**陽子**と電荷をもたない電気的に中性な**中性子**から構成されています（**図1-4**）。陽子と中性子を総称して**核子**といいます。陽子の数は原子番号とよばれ、元素の特性を決定します。中性子の数は、元素の同位体を区別する指標となります。**電子**は負（－）の電荷をもち、原子核の周囲に存在し、原子核の周りを高速で運動しています。電子の数は通常、陽子の数と等しく、原子全体の電荷を中和します。図1-4にヘリウムの原子核モデルを示しました。ヘリウムには電子が2個、原子核には陽子と中性子がそれぞれ2個ずつ存在します。

　電荷とは、電気とほとんど同義語ですが、個々の物体や粒子などがもつ電気量を指すときに

用いられます。**電気素量**は、電荷の最小単位を指す、国際単位系（SI）における基本物理定数のひとつで、一般に記号 e で表されます。また、その値は $e = 1.602\ 176\ 634 \times 10^{-19}$ C（クーロン）と定められています。電気素量は、原子や電子などの電荷を表す際に用いられます。たとえば、電子の電荷は $-1e$、陽子の電荷は $+1e$ となります。

原子の大きさは、直径が 10^{-10} m（0.1 nm、ナノメートル）程度です。たとえば、水素原子

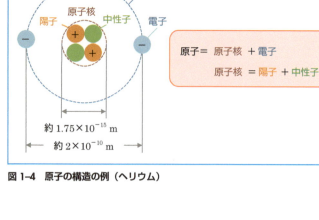

図 1-4　原子の構造の例（ヘリウム）

表 1-1　原子を構成する基本粒子

	記号	質量（kg）	直径（m）	電荷（C）
陽子	p	1.6726×10^{-27}	約 1.6836×10^{-15}	$+1.6022 \times 10^{-19}$
中性子	n	1.6749×10^{-27}	約 1.6836×10^{-15}	
電子	e	9.1094×10^{-31}	0.1403×10^{-15}	-1.6022×10^{-19}

子とカリウム原子の直径は、0.6×10^{-10} m と 4.0×10^{-10} m です。また、原子核の直径は、約 1.75×10^{-15} m（1.75 fm、フェムトメートル）（原子核の半径 $R = 1.2 \times A^{\frac{1}{3}}$ fm、A は質量数）です。

陽子は、直径が約 1.6836×10^{-15} m（1.6836 fm）と非常に小さい粒子で、その質量は、約 1.6726×10^{-27} kg しかありません。中性子の直径は、約 1.6836×10^{-15} m（1.6836 fm）で、質量は約 1.6749×10^{-27} kg です。電子の質量になると、陽子の 1/1840（約 9.1094×10^{-31} kg）しかありません（**表** 1-1）。

原子の種類は、原子番号によって区別されます。**原子番号**は陽子数で決まります。また、陽子数と中性子数の和を**質量数**といいます（**図** 1-5）。すなわち、原子番号＝陽子の個数です。また、核の数＝原子番号＋中性子の個数となります。

原子番号（Z）＝陽子数（電子数）

質量数（A）＝陽子数＋中性子数

原子を表す場合、元素記号の左上に質量数を書き、左下にその元素を構成している原子群がもつ陽子数（＝原子番号）を書きます（**図** 1-5）。

	原子の表記	陽子数	中性子数	質量数
水素	$^{1}_{1}\text{H}$	1	0	1
炭素	$^{12}_{6}\text{C}$	6	6	12
窒素	$^{14}_{7}\text{N}$	7	7	14
酸素	$^{16}_{8}\text{O}$	8	8	16
塩素	$^{35}_{17}\text{Cl}$	17	18	35

図 1-5　ヘリウム原子の質量数と原子番号の表記法および代表的な原子の表記法

1.1.3　核種

　原子核を構成する陽子数（原子番号）と中性子数の組み合わせで特徴付けられる原子核の種類を**核種**とよびます。核種とは、特定の陽子数（原子番号）と中性子数をもつ原子核の種類を指します。また、原子番号が同じであって、質量数（中性子数）が異なる核種を**同位体**とよびます。核種ごとに物理的性質が異なり、化学的性質は通常、原子番号が同じであればほぼ同じです。また、核種は、安定核種と放射性核種に分けられます。自然界で放射性崩壊せず、安定な原子核をもつ核種を**安定核種**といいます。たとえば、^{12}Cや^{16}Oなどが挙げられます。一方、時間とともに放射性崩壊し、他の核種や元素に変わる不安定な核種を**放射性核種**といいます。たとえば、^{14}Cや^{238}Uなどが放射性核種です。

　核種の概念は、核物理学や放射線医学、地球科学、化学分析など多くの科学分野で重要です。たとえば、医療分野では、放射性核種を利用した診断や治療が行われています。核種は、原子核の特性や変化を理解するための基礎となる重要な概念です。

　元素とは、同じ原子番号をもつ原子からなる純物質です。元素は原子番号によって識別され、その化学的性質は周期表に基づいて分類されます。元素を表すのに略号の元素記号が使用されます（**表1–2**）。元素記号は、国際純正応用化学連合（IUPAC）の定めたルールに従って命名されています。現在、自然界に存在する元素と人工合成された元素を含め、118種類の元素が知られています。

表 1–2　主な元素記号

記号	元素名	ラテン語名	英語名
H	水素	Hydrogenium	Hydrogen
C	炭素	Carbonium	Carbon
N	窒素	Nitrogenium	Nitrogen
O	酸素	Oxygenium	Oxygen
F	フッ素	Fluorum	Fluorine
Na	ナトリウム	Natrium	Sodium
Cl	塩素	Chlorum	Chlorine
K	カリウム	Kalium	Potassium
Ca	カルシウム	Calcium	Calcium
Fe	鉄	Ferrum	Iron
Cu	銅	Cuprum	Copper
Zn	亜鉛	Zincum	Zinc
Ag	銀	Argentum	Silver
Au	金	Aurum	Gold
Pb	鉛	Plumbum	Lead

1.1.4　分子

　分子には、単原子分子、2原子分子、多原子分子の3種類があります。**分子**とは、通常2個以上の原子が化学結合によって安定した構造をもつものを指します。分子を構成する原子の種類と数比は一定で、同じ分子であれば同じ化学式をもっています。分子は物質の特定の性質を示し、化学反応の基本的な単位として機能します。

　1個の原子だけで構成される分子を**単原子分子**とよびます。これは、単一の原子がそのまま1つの分子を形成している状態です。例としては、ヘリウム He、ナトリウム Na、カリウム K、金 Au などがあります。2つの原子が結合してできた分子を**2原子分子**といいます。これは最も単純な形の分子で、例として水素分子H_2、酸素分子O_2、一酸化炭素 CO、臭化水素 HBr などがあります。3つ以上の原子が結合してできた分子を**多原子分子**とよびます。代表例には、水H_2O、二酸化炭素CO_2、アンモニアNH_3などがあります。

　原子、元素、分子は、化学を理解するための基本的な概念です。原子は物質の基本単位であり、元素は同じ種類の原子からなる純物質です。複数の原子が結合して分子を形成し、これが

物質の特定の性質を決定します。これらの理解は、化学の基礎を築き、科学全般における多くの現象を解明する鍵となります。

1.2　同素体と同位体

　同じ元素からなる単体であっても、原子の結合状態や構造が異なると、別々の物理的・化学的性質を示す物質を**同素体**といいます。たとえば、炭素の同位体には、黒鉛(グラファイト)、ダイヤモンド、フラーレンC_{60}、カーボンナノチューブなどがあります(図1-6)。

　水素には、質量が異なる3種類の原子が存在します。普通にいわれている水素H以外に、重水素Dと三重水素Tがあります。その原子構造を図1-7に示します。3つは同じ水素という原子ですが、質量数が異なっています。言い換えると、中性子の数が異なっています。しかし、陽子数(原子番号)は同じです。

　このように、原子番号が同じで質量数が異なる原子を**同位体**(アイソトープ)といいます。同位体は通常、化学的性質がほぼ同じですが、物理的性質が異なることがあります。

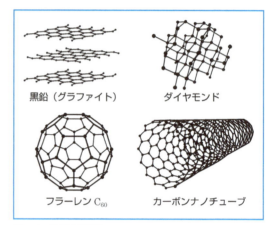

図1-6　炭素の同素体

　ラジウム$_{88}Ra$やウラン$_{92}U$のように、原子番号の大きい元素は同位体の数も多く、その多くが放射能(物質が自発的に放射線を出す性質)をもっています。

　同位体のうち、放射線を放出するものを**放射性同位体**(ラジオアイソトープ)、放射線を放出せず安定しているものを**安定同位体**といいます。安定同位体の例としては、$_{1}^{1}H$、$_{1}^{2}H$、$_{6}^{12}C$、$_{6}^{13}C$、$_{15}^{31}P$、などが挙げられます。一方、放射性同位体としては、$_{1}^{3}H$、$_{6}^{14}C$、$_{15}^{32}P$、$_{15}^{33}P$、$_{92}^{235}U$などがあります。

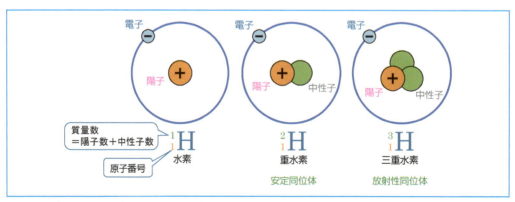

図1-7　水素の同位体(水素、重水素、三重水素)

1.3 原子の相対原子質量と原子量

　原子の質量は、質量数12の炭素(^{12}C)の質量を12としたときの相対質量とすると決められています。これを基準として定めた各原子の質量の相対値を**相対原子質量**とよびます。たとえば、水素原子$^{1}_{1}$Hの質量は、$m(^{1}_{1}\text{H}) = 1.007\,825\,032\,23$ u と表せます。また、元素の原子核の平均質量を原子質量単位 (u) で表したものを**原子量**とよびます。原子量は、自然に存在するすべての同位体の存在比を考慮して平均した1個の原子の質量を、炭素12 (^{12}C) の原子質量の1/12で割った無次元の値です。原子量は、元素記号の

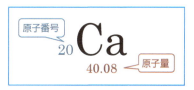

図1-8　原子量の表示方法

表1-3　元素の同位体精密質量と天然存在比

	元素名	同位体	厳密質量 (u)	天然存在比	原子量 (u)
1	水素	^{1}H	1.007 825 032 23	0.999 885	1.008
		^{2}H	2.014 101 778 12	0.000 115	
2	ヘリウム	^{3}He	3.016 029 3201	0.000 001 34	4.003
		^{4}He	4.002 603 254 13	0.999 998 66	
6	炭素	^{12}C	12.000 000 0	0.9893	12.011
		^{13}C	13.003 354 835 07	0.0107	
7	窒素	^{14}N	14.003 074 004 43	0.996 36	14.007
		^{15}N	15.000 108 898 88	0.003 64	
8	酸素	^{16}O	15.994 914 619 57	0.997 57	15.999
		^{17}O	16.999 131 756 50	0.000 38	
		^{18}O	17.999 159 612 86	0.002 05	
9	フッ素	^{19}F	18.998 403 162 73	1	18.998
11	ナトリウム	^{23}Na	22.989 769 2820	1	22.990
12	マグネシウム	^{24}Mg	23.985 041 697	0.790	24.305
		^{25}Mg	24.985 836 976	0.100	
		^{26}Mg	25.982 592 968	0.110	
13	アルミニウム	^{27}Al	26.981 538 53	1	26.982
15	リン	^{31}P	30.973 761 998 42	1	30.974
16	硫黄	^{32}S	31.972 071 1744	0.950	32.065
		^{33}S	32.971 458 9098	0.008	
		^{34}S	33.967 867 004	0.043	
		^{36}S	35.967 080 71	0.000	
17	塩素	^{35}Cl	34.968 852 682	0.7576	35.453
		^{37}Cl	36.965 902 602	0.2424	
19	カリウム	^{39}K	38.963 706 4864	0.932 581	39.098
		^{40}K	39.963 998 166	0.000 117	
		^{41}K	40.961 825 2579	0.067 302	
20	カルシウム	^{40}Ca	39.962 590 863	0.969 41	40.078
		^{42}Ca	41.958 617 83	0.006 47	
		^{43}Ca	42.958 766 44	0.001 35	
		^{44}Ca	43.955 481 56	0.020 86	
		^{46}Ca	45.953 6890	0.000 04	
		^{48}Ca	47.952 522 76	0.001 87	
25	マンガン	^{55}Mn	54.938 043 91	1	54.938

下に示す約束になっています(図1-8)。たとえば、水素原子には、$_1^1H$と$_1^2H$という2つの同位体が天然に存在します。これらの相対原子質量と天然存在比は、それぞれ、1.00782503223、0.999885と2.01410177812、0.000115です(表1-3)。したがって、水素の原子量は、

$$
\begin{aligned}
\text{水素の原子量} &= \overset{_1^1Hの質量}{1.00782503223} \times \overset{_1^1Hの天然存在比}{0.999885} + \overset{_1^2Hの質量}{2.01410177812} \times \overset{_1^2Hの天然存在比}{0.000115} \\
&\fallingdotseq 1.0077091 + 0.0002316 \\
&= 1.0079407 \fallingdotseq 1.008
\end{aligned}
$$

となります。水素Hの原子量は1.008です。この値は、水素の同位体の自然存在比を考慮した平均的な1個の水素原子の原子量が、炭素原子^{12}Cの1/12の約1.008倍であることを意味します。しかし、天然に同位体の存在しない元素(F、Na、Alなど)の原子量は、それらの相対原子質量に一致します。また、原子量は無次元の値ですが、便宜上、統一原子質量単位(u)で表されることがあります。

統一原子質量単位とは、分子、原子、原子核、中性子、陽子などの質量を表すのに用いる単位で、1 uは静止して基底状態にある自由な炭素原子^{12}Cの質量の1/12に等しい質量で、$m_u = 1 \text{ u} = 1.660\ 539\ 066\ 60 \times 10^{-27}$ kgと定められています。また、原子質量定数は、記号m_uで表される原子質量と原子量を関連付ける物理定数で、統一原子質量単位と同じです。

例題1-1

塩素Clの原子量を5桁で求めなさい。ただし、塩素の相対原子質量と存在比は、^{35}Clが34.968 852 682、0.7576と^{37}Clが36.965 902 602、0.2424である。

解答

$$
\begin{aligned}
\text{塩素の原子量} &= {}^{35}Clの相対原子質量 \times {}^{35}Clの存在比 + {}^{37}Clの相対原子質量 \times {}^{37}Clの存在比 \\
&= 34.968852682 \times 0.7576 + 36.965902602 \times 0.2424 \\
&\fallingdotseq 26.4924028 + 8.9605348 = 35.4529376 \\
&\fallingdotseq 35.453
\end{aligned}
$$

1.4 原子の電子配置とエネルギー準位

1.4.1 電子配置と価電子

電子は、原子核の周りを決まった軌道上で円運動しているわけではありません。実際の電子は厳密に原子核の周りをどのように動いているのか決めるのは不可能です。ある瞬間の電子の位置は確率的にしか定めることができません。空間におけるこの確率は、雲のようにぼんやりと分布するものになり、これを**電子雲**といいます(図1-9、図1-10)。

原子内の電子が、ある一定のエネルギー準位において、空間的に存在する確率の高い領域を**原子軌道**といいます。つまり、原子軌道は電子の存在する空間的な領域を

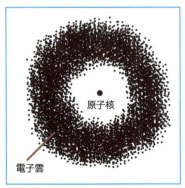

図1-9 電子雲

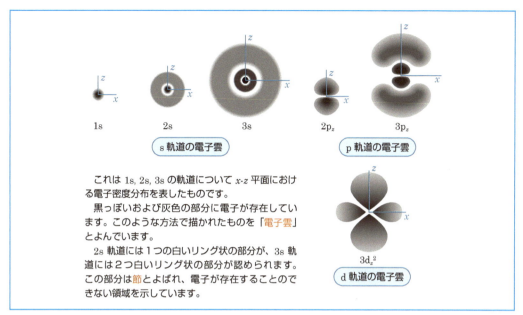

図 1-10 s軌道、p軌道、d軌道の電子雲

表しており、電子雲によって可視化できます。電子はこの原子軌道内で、特定の確率で分布しています。

　原子軌道は、主にs、p、d、fという4つのタイプに分類され、それぞれが異なる形状と特性をもっています。たとえば、s軌道は球形、p軌道はダンベル形をしています。これらの軌道は、電子配置を理解する上で非常に重要であり、元素の化学的性質や反応性を決定する要因のひとつとなります。

　原子や分子内の電子は、不連続なエネルギーをもつ離散的な（飛び飛びの）エネルギー準位に分布しています。これらの**エネルギー準位**とは、電子が存在できる固有のエネルギーレベルのことを指します。電子は最も安定な最低エネルギー準位から始まり、順番に高いエネルギー準位に存在することができます。

　電子は、これらの異なるエネルギー準位の間を移動することができ、その際にエネルギーを吸収したり、放出したりします。

　また、電子が存在できる空間は**電子殻**とよばれ、エネルギー準位の等しい軌道、または接近したエネルギー準位の軌道の集まりから成り立っています。

　電子殻は、原子核に近い内側からK殻、L殻、M殻、N殻、O殻、……とよばれ、原子内の電子は、電子殻に分かれて存在します（図1-11）。

　電子殻で最初に発見されたのがK殻です。このとき、研究が進み、K殻より内側に新しい軌道が発見された際に命名に困らないようにアルファベットの最初の文字である『A』からではなく、中間の『K』からスタートすることにしました。

　原子核に近い内側ほどエネルギー準位が低く、K殻、L殻、M殻、N殻の順に高くなっていきます。そのため、電子はエネルギー準位の低い内側の電子殻から収容されていきます。

　各原子の電子配置の中で最も外側の殻にある電子を**最外殻電子**といいます。最外殻電子のうち、イオンの形成や化学結合の形成に関与する電子を**価電子**といいます。たとえば、ケイ素Siの最外殻電子は4で、価電子も4になります（図1-12）。

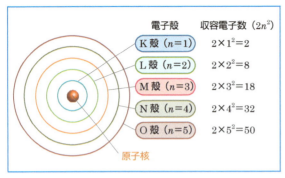

図1-11 電子殻と収容電子数

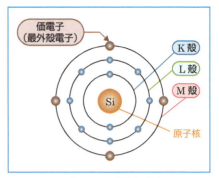

図1-12 ケイ素Siの電子配置と価電子

　最外殻電子と価電子は、ほぼ同じものと考えることができます。しかし、貴ガス元素の場合、ヘリウムHeの最外殻電子は2、ネオンNeやアルゴンArの最外殻電子は8ですが、価電子は0となります。

　価電子は、最外殻電子が8個のときに、『0』と数えます（例外として、Heは2個で『0』と数えます）（図1-13）。

　ただし、貴ガス元素のような価電子を0で表した電子配置をもつ原子は、化学的に最も安定していて、自然の状態では他の原子と結びつくことがほとんどありません。

　貴ガス元素には、ヘリウムHe、ネオンNe、アルゴンAr、クリプトンKr、キセノンXe、ラドンRnの6種類が知られています。

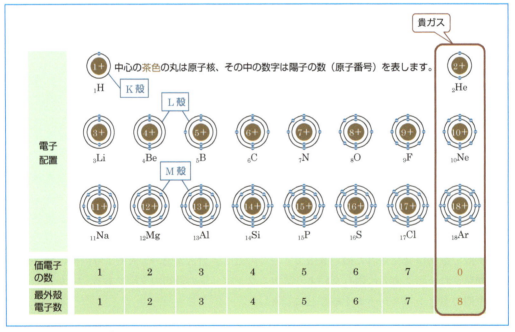

図1-13 価電子と電子配置

1.4.2 原子軌道と量子数

電子殻は、K殻、L殻、M殻、N殻といった主殻と、さらに細分化された副殻（軌道のエネルギーが低い順にs軌道（図1-14）、p軌道（図1-15）、d軌道（図1-16）、f軌道（図1-17）など）に分かれます。

副殻軌道名は、それぞれの軌道が関わる発光現象にちなんで付けられたもので、sharp、principal、diffuse、fundamentalの頭文字をとっています（その後は、g、h、i…とアルファベット順になっています）。

原子内の電子の状態を記述するために用いられる数値を量子数といいます。これらは、電子のエネルギーレベル、軌道の形、方向、そして電子のスピン状態を示します。主に、主量子数・方位量子数・磁気量子数・スピン量子数という4つの量子数があります。

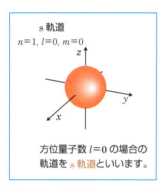

図1-14　s軌道の形

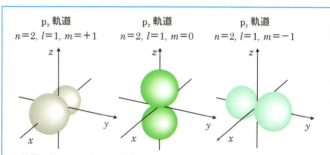

図1-15　p軌道の形

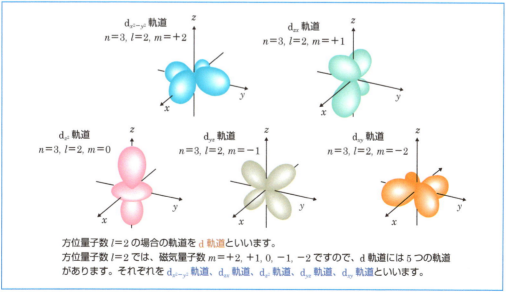

図1-16　d軌道の形

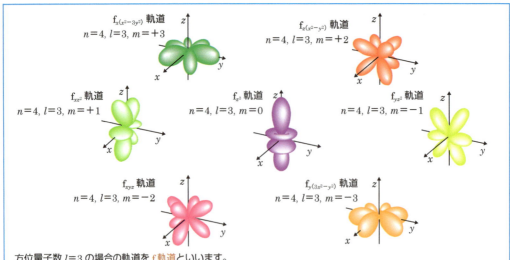

方位量子数 $l=3$ の場合の軌道を f 軌道といいます。
方位量子数 $l=3$ では、磁気量子数 $m=+3, +2, +1, 0, -1, -2, -3$ ですので、f 軌道には 7 つの軌道があります。
それぞれを $f_{x(x^2-3y^2)}$ 軌道、$f_{z(x^2-y^2)}$ 軌道、f_{xz^2} 軌道、f_{z^3} 軌道、f_{yz^2} 軌道、f_{xyz} 軌道、$f_{y(3x^2-y^2)}$ 軌道といいます。

図 1-17　f 軌道の形

A　主量子数

　主量子数 (n) は、電子のエネルギー準位を決定する量子数のひとつであり、電子が存在する電子殻に対応します。主量子数が大きいほど、電子の平均的な存在範囲が原子核から遠くなります。n は 1 から始まる正の整数値をとります。
　また、主量子数は、電子殻の記号に相当する数でもあり、K 殻は $n=1$、L 殻は $n=2$、M 殻は $n=3$ に、それぞれ対応します。
　主量子数 n の電子殻は、n^2 個の原子軌道を含んでいます (**表 1-4**)。
　K 殻は、$n=1$ ですから、$1^2=1$ となり、s 軌道 (**図 1-14**) が 1 つ存在することになります。
　L 殻は、$n=2$ ですから、含まれる軌道の数は $2^2=4$ となり、s 軌道が 1 つと、p 軌道が 3 つ (p_x 軌道、p_z 軌道、p_y 軌道 (**図 1-15**)) の計 4 つの原子軌道が存在することになります。
　M 殻は、$n=3$ ですから、含まれる軌道の数は $3^2=9$ となり、s 軌道が 1 つ、p 軌道が 3 つと d 軌道が 5 つ ($d_{x^2-y^2}$ 軌道、d_{zx} 軌道、d_{z^2} 軌道、d_{yz} 軌道、d_{xy} 軌道 (**図 1-16**)) の計 9 つの原子軌道が存在することになります。
　そして、N 殻は、$n=4$ ですから、含まれる軌道の数は $4^2=16$ となり、s 軌道が 1 つ、p 軌道が 3 つ、d 軌道が 5 つと f 軌道が 7 つ ($f_{x(x^2-3y^2)}$ 軌道、$f_{z(x^2-y^2)}$ 軌道、f_{xz^2} 軌道、f_{z^3} 軌道、f_{yz^2} 軌道、f_{xyz} 軌道、$f_{y(3x^2-y^2)}$ 軌道 (**図 1-17**)) の計 16 個の原子軌道が存在することになります。
　また、それぞれの軌道には、最大 2 個の電子が収容されます。ですから、K 殻は s 軌道が 1 つなので、電子は最大で 2 個もつことができます。L 殻は、4 つ軌道があり、電子は最大で 8 個配置できます。M 殻は軌道が 9 つですから、最大で電子を 18 個含みます。そして、N 殻は軌道が 16 個ですから、最大で電子を 32 個収めることができます (**表 1-4**)。

表 1-4　主量子数、軌道数、電子数

主量子数 (n)	1	2	3	4
電子殻の名称	K	L	M	N
軌道数 (n^2)	1	4	9	16
s 軌道	1	1	1	1
p 軌道		3	3	3
d 軌道			5	5
f 軌道				7
電子数	2	8	18	32

B 方位量子数

方位量子数 (l) は、原子軌道の形を決める
量子数で、電子の角運動量 (物体の回転に関
する、その勢いを表す量) に相当します。

表1-5 方位量子数と軌道の記号

方位量子数 (l)	0	1	2	3	4	5
軌道の名称	s	p	d	f	g	h

lの値は0から$n-1$までの整数です。$l=0$
はs軌道、$l=1$はp軌道、$l=2$はd軌道、$l=3$はf軌道とよびます (**表1-5**)。

また、主量子数が同じでも方位量子数の値が異なると、少しエネルギーが異なります。

表1-6に示すように、各軌道に収容できる電子の数は決まっています。

s軌道は、K殻を含むすべての電子殻に1個ずつの計2個の電子が存在します。p軌道は、
L殻以降のすべての電子殻にx、y、z方向に伸びたものがそれぞれ1個 (計3個) ずつの計6個の
電子が存在します。d軌道は、M殻以降のすべての電子殻に合計5個ずつの計10個の電子が存
在します。f軌道は、N殻以降のすべての電子殻に合計7個ずつの計14個の電子が存在します。

表1-6 各軌道における軌道数、収容できる電子数

軌道の名称	s軌道	p軌道	d軌道	f軌道
軌道の形	球形	ダンベル形	四葉形 土星形	
方位量子数 (l)	0	1	2	3
軌道の数 ($2l+1$)	1	3	5	7
収容できる電子の数 (1軌道に付き2個) $2 \times (2l+1)$	2	6	10	14

C 磁気量子数

磁気量子数 (m) とは、原子軌道の空間的方向を決める量子数で、方位量子数lに対し、
$-l \leqq m \leqq l$の範囲の整数値をとり、以下の ($2l+1$) 個存在します。

$m = -l, -(l-1), \cdots, 0, \cdots, (l-1), l$

この値は、原子を磁場の中に入れることによって、ローレンツ力で起こるエネルギーの分離
の状態を示しています。電気を帯びた荷電粒子が磁場中を運動するときに、荷電粒子が磁場か
ら受ける力を**ローレンツ力**といいます。ここまでをまとめたものが**表1-7**です。

D スピン量子数

スピン量子数 (m_s) は、電子の自転による内部角運動量を表す量子数で、スピン量子数
$m_s = +\dfrac{1}{2}$ または $-\dfrac{1}{2}$ の2つの値をとります。$m_s = +\dfrac{1}{2}$ の電子を上向きのスピン『↑』、$-\dfrac{1}{2}$
の電子を下向きのスピン『↓』で表します。

1.4 原子の電子配置とエネルギー準位

表 1-7 量子数のまとめ

電子殻	軌道	主量子数 (n)	方位量子数 (l)	磁気量子数 (m)	軌道の数 ($2l+1$)	収容できる電子数 [$2 \times (2l+1)$]
K殻	1s	1	0	0	1	2
L殻	2s	2	0	0	1	2
	2p		1	−1, 0, +1	3	6
M殻	3s	3	0	0	1	2
	3p		1	−1, 0, +1	3	6
	3d		2	−2, −1, 0, +1, +2	5	10
N殻	4s	4	0	0	1	2
	4p		1	−1, 0, +1	3	6
	4d		2	−2, −1, 0, +1, +2	5	10
	4f		3	−3, −2, −1, 0, +1, +2, +3	7	14

E パウリの排他原理とフントの規則

1つの原子軌道には、1組の電子対（逆向きの自転（スピン）をもつ2個の電子（↑↓））までしか入ることができません。これを**パウリの排他原理**といいます（図1-18）。

各原子の電子は、殻の順ではなく、図1-19に示すエネルギー準位の低い順に、できるだけ不対電子となるように占有していきます。これを**フントの規則**といいます（図1-20）。

各原子軌道には、1組の電子対（逆向きのスピンをもつ2個の電子）までしか入れないので、各電子殻には最大で $2n^2$ 個の電子を配置できます。

基底状態（原子が一番安定な状態）における原子軌道の占有順序を図1-21に示します。

原子軌道のエネルギー準位は基本的に以下のようになります。

(1s) → (2s) → (2p) → (3s) → (3p) → (3d) → (4s) → (4p)

しかし、KやCa原子では(3d)と(4s)のエネルギーが逆転するため、電子の占有順序はおおむね以下のようになっています（図1-19）。

(1s) → (2s) → (2p) → (3s) → (3p) → **(4s) → (3d)** → (4p) → (5s) → (4d) → (5p)

軌道への電子の詰まり具合によって、微妙に順番が入れ替わる部分があります。

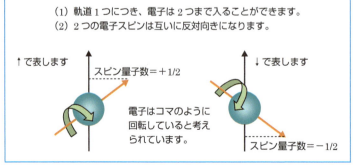

図1-18 パウリの排他原理

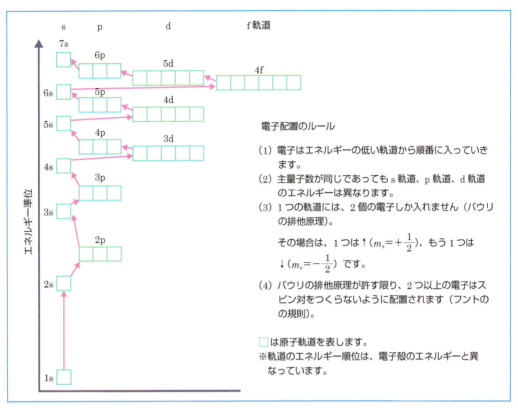

図 1-19 電子軌道のエネルギー準位と電子配置のルール

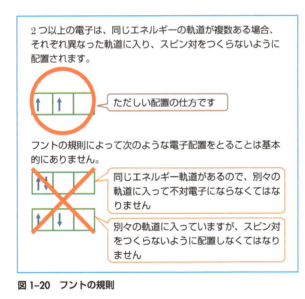

図 1-20 フントの規則

図 1-21 基底状態における電子軌道の電子配置

　各軌道のエネルギーはおおむね主量子数が小さいほど低い傾向があります。また、主量子数が同じならば、方位量子数の小さい軌道が低いエネルギーをもちます。

　電子配置に関する以下の3つの基本的な規則は、原子内の電子がどのようにエネルギー準位

1.4　原子の電子配置とエネルギー準位　　21

に配置されるかを理解するのに非常に重要です。

> 【規則1】 電子はエネルギー準位の低い軌道から順番に収容されます (**構成原理**)。
>
> 低エネルギー準位　　　　　　　　　　　　　　　　　　　　　高エネルギー準位
>
> 1s ＜ 2s ＜ 2p ＜ 3s ＜ 3p ＜ 4s ＜ 3d ＜ 4p ＜ 5s ＜ 4d ＜ 5p ＜ 6s ＜ 4f
>
> 【規則2】 同一エネルギー準位では、スピンが反対の電子ペアが形成されます (**フントの規則**)。
>
> 【規則3】 同一軌道には、最大2つしか電子を収容できず、それらの電子はスピンが反対 (1つは上向き、もう1つは下向き) でなければなりません。(**パウリの排他原理**)。

この規則に従って各軌道に電子を配置すると、図1-22、図1-23のようになります。

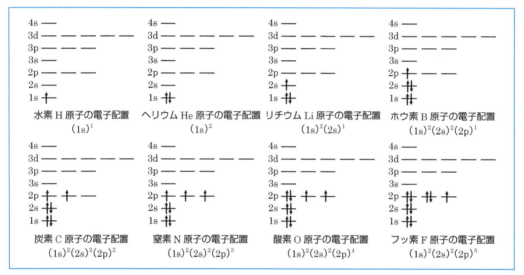

図1-22　H、He、Li、B、C、N、O、Fの電子配置

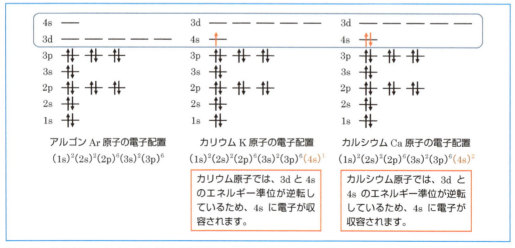

図1-23　原子番号18 (Ar) ～20 (Ca) の電子配置

水素原子Hは、電子を1つしかもたないので、1s軌道に上向きの矢印"↑"が1つ入ります$((1s)^1)$。

ヘリウム原子Heは、電子を2つもちますので、1s軌道に上向きの矢印"↑"が1つと下向きの矢印"↓"が1つ入ります$((1s)^2)$。

リチウム原子Liは、電子を3つもっていますので、1s軌道に上向き"↑"と下向き"↓"の矢印が1つずつ入り、残りは、2s軌道に上向きの矢印"↑"として1つ入ります$((1s)^2(2s)^1)$。

以下、同様にホウ素、炭素、窒素と電子が規則に従って配置されていきます（図1–22）。

3p軌道をすべて電子で埋め尽くすと、アルゴンArになります。

次に、主量子数が$n=3$より大きくなると、エネルギー関係が少し変化して、3d軌道のエネルギー準位より4s軌道のエネルギー準位のほうが低くなります。

規則1から、電子は、3d軌道に入る前に、4s軌道に収容されます。このように、3d軌道を空の状態にして、4s軌道に電子を埋め込んだのがカリウムK$((4s)^1)$であり、カルシウムCa$((4s)^2)$です。4s軌道に2つ電子が埋められたあとに、3d軌道に電子が収容されます（図1–23）。

K、L、M、…の各電子殻がすべて電子で埋め尽くされた電子配置、または副殻(s軌道、p軌道、d軌道、f軌道…)がすべて電子で埋め尽くされた電子配置を閉殻といいます。

フントの規則によって電子はできる限り対をつくらずに別々の軌道へ電子が配置されます。このことから、2p軌道、3d軌道、4f軌道……の各副殻がすべて1個の電子によって埋められた状態が生じます。この状態を半閉殻といいます（図1–24）。

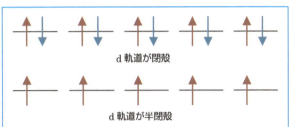

d軌道には5つの軌道があり、電子が最大10個入ります。
d軌道の電子が10個で満たされたとき、その元素は閉殻したといいます。
3d軌道が10個の電子で満たされているとき、K殻からM殻まですべて電子で埋め尽くされた構造になっています。
また、d軌道の電子が5個で満たされたときの構造は、閉殻に対して半閉殻といいます。
d軌道が半閉殻構造をとっているとき、5つの軌道に電子が1個ずつ収容されることになります。

図1–24 d軌道の閉殻と半閉殻

例題1–2

リチウムLi、ベリリウムBe、ホウ素B、炭素C、窒素N、酸素O、フッ素F、ネオンNeの電子配置を書きなさい。

解答

図1–23を参照してください。

答： Li $(1s)^2(2s)^1$　　　　Be $(1s)^2(2s)^2$　　　　B $(1s)^2(2s)^2(2p)^1$
　　　 C $(1s)^2(2s)^2(2p)^2$　　N $(1s)^2(2s)^2(2p)^3$　　O $(1s)^2(2s)^2(2p)^4$
　　　 F $(1s)^2(2s)^2(2p)^5$　　Ne $(1s)^2(2s)^2(2p)^6$

1.5 周期表

1.5.1 周期表と元素の分類

　元素を原子番号順に並べていくと、価電子の数は原子番号の増加に伴い、周期的に、そして規則的に変化します。それにつれて元素の性質も周期的に変化します。

　このように、価電子の数を含む元素の物理的・化学的性質は、原子番号の増加に伴って周期的に変化します。この性質を**元素の周期律**といいます。たとえば、元素のイオン化エネルギーを原子番号順に並べると、周期的に変化します（**1.8節**参照）。

　周期律を利用して、性質の似た元素が縦に並ぶようにまとめた表を**元素の周期表**といいます（**表1-8**）。

　周期表の縦の列を**族**といい、左から順に1族、2族、……、18族とよびます。一方、横の行を**周期**といい、上から順に第1周期、第2周期、……、第7周期とよびます。

　周期表の両側に位置する1族、2族、13 ～ 18族の元素を**典型元素**といいます。典型元素は、同じ族に属する元素どうしで性質がよく似ていますが、同じ周期に属する元素どうしでは性質がかなり変わります。また、その間に位置する3族～ 12族の元素を**遷移元素**といいます。ただし、12族元素は、遷移元素に含める場合と含めない場合があります。12族元素の最外殻電子配置は同じなので、お互いに似た性質を示します。

　典型元素では、族ごとに価電子数が同じです。このため、族ごとの元素の性質はとてもよく似ています。このことから、同族の元素群には特別な名称が付与されています。

　水素を除いた1族の元素群を**アルカリ金属**、2族の元素群を**アルカリ土類金属**（BeとMgを除くことがあります）、17族の元素群を**ハロゲン**、18族の元素群を**貴ガス**とよびます。

　典型元素と遷移元素という分け方とは別に、その単体の性質によって金属元素と非金属元素に分けられます。**金属元素**の原子は、価電子が少なく、電子を放出して陽イオンになりやすいという性質をもった陽性の強い元素です。一方、**非金属元素**の原子は貴ガスを除いて、価電子数が多く、電子を取り入れて陰イオンになりやすいという性質をもった陰性が強い元素です。

表1-8　元素の周期表

1.5.2　周期表と電子配置

電子はエネルギー準位の低い1s、2s、2p、3s、3p、4s、3d……という順に軌道へ収容されます。**表1-9**の周期表にはsブロック、dブロック、pブロックと記載されています。これらは、それぞれの元素の最外殻電子がs軌道、p軌道、d軌道に収容されることを示しており、それぞれのブロックには最大で2、6、10種類の電子を収容できる軌道があります。

そして、pブロックが出現するのは第2周期から（これは、主量子数が2でないとp軌道がないためです）、dブロックが出てくるのは第4周期からです。本来、dブロックの元素は第3周期から出てもよいはずですが、それが第4周期から登場します。これは、3d軌道のエネルギーが4s軌道より高いためです。このように、周期表における元素の配置をみれば、電子が収容されるエネルギー準位の順番が理解できます。

電子が軌道を占めるときには、可能な限りエネルギー準位の低い軌道を占めていくという考えを**構成原理**とよびます。これを**表1-9**の周期表でみてみると、1族（アルカリ金属）と2族（アルカリ土類金属）は、いずれも最外殻電子がs軌道にある元素です。13族～18族（ヘリウムHeを除く）は、いずれも最外殻電子がs軌道とp軌道にある元素です（**表1-9**、**表1-10**）。また、3族～12族はいずれも内殻のd軌道へ電子が詰まっていく元素です（**表1-9**、**表1-11**）。さらに、ランタノイドとアクチノイドは、いずれも内殻のf軌道へ電子が詰まっていく元素になります。

別な言い方にすると、典型元素は、最外殻電子がs軌道（1族と2族）とp軌道（13族～18族）にある元素であるといえます。

また、遷移元素は、いずれも内殻のd軌道（3族～12族）とf軌道（ランタノイドとアクチノイド）へ電子が詰まっていく元素であるといえます。

表1-9　元素の周期表と最外殻付近の電子配置

表1-10　典型元素と遷移元素の電子配置と化学的性質

	電子配置	化学的性質
典型元素	1. 1族・2族と13族～18族の元素 2. 原子番号とともに最外殻軌道の電子数が規則的に増えます。	1. 周期表上下（同族）の元素どうしの性質がよく似ています。 2. 各族ごとに決まった酸化数をとります。 3. 化合物はほとんど反磁性（磁石につかない性質）です。 4. アルカリ金属（1族）、アルカリ土類金属（2族）、ハロゲン（17族）、貴ガス（18族）などが典型元素に属しています。
遷移元素	1. 3族～12族の元素 2. 原子番号が増加しても内側の軌道の電子が増えていくため、最外殻電子の電子数はほとんど変わりません。	1. 周期表上下（同族）の元素どうし、左右（同周期）の元素どうしの性質がよく似ています。 2. いろいろな酸化数をとります。 3. 常磁性（磁石につく性質）をとります。

表1-11　アルカリ金属、アルカリ土類金属、ハロゲン、貴ガスの電子配置と化学的性質

	電子配置	化学的性質
アルカリ金属	1. s軌道に電子が1つ詰まっています。 2. 1族が該当します（Hを除く）。	1. 酸化されて、1価の陽イオンになりやすいです。 2. 密度が小さく柔らかい銀白色の金属です。 3. 常温で水と反応して、水酸化物になり、強塩基性を示します。
アルカリ土類金属	1. s軌道に電子が2つ詰まっています。 2. 2族が該当します（BeとMgを除くことがあります）。	1. 酸化されて、2価の陽イオンになりやすいです。 2. アルカリ金属に次いで密度が低く、銀白色の金属です。 3. 水と反応して水酸化物になり、強アルカリ性を示します。 4. 水に溶けやすいです。
ハロゲン	1. p軌道に電子が5つ詰まっています。 2. 17族が該当します。	1. 電気陰性度が大きく、電子を1つ取り入れて陰イオンになりやすいです。 2. 単体はいずれも二原子分子からなり、危険な物質です。 3. 単体は、水に溶けやすいですが、有機溶媒にも溶けます。
貴ガス	1. p軌道に電子が6つ詰まっています。 2. 18族が該当します。	1. 最外殻が閉殻になり、極めて安定な電子配置をとります。従って、イオン化エネルギーは大きくなります。 2. 単体は、単原子分子です。 3. 他の元素とほとんど反応しないので、化合物をつくりません。

1.6　典型元素と遷移元素

　周期表には、典型元素と遷移元素の2つの主要なグループがあります。**典型元素**は、最外殻の電子配置が変化していくsブロックとpブロックに属する元素です。周期表では、1～2族（最外殻電子がs軌道）と13～18族（最外殻電子がs＋p軌道）に存在する元素です。

　典型元素は、比較的単純な電子配置をもち、その化学的性質は主量子数によって決定されます。イオン化エネルギーは、遷移元素より低い傾向があります。一方、電子親和力と電気陰性度は、遷移元素より高い傾向があります。

　遷移元素は、最外殻の電子配置がほぼ変わらないdブロックとfブロックに属する元素です。周期表では、第3族から第12族（第3族～第11族と定義されることがあります）の間に存在する元素です。遷移元素は、最高エネルギー準位の電子軌道がd軌道やf軌道になっています。d軌道やf軌道は、最外殻より内側にあるため、遷移元素は内殻が閉殻になっていません。また、原子番号の増加によって、d軌道やf軌道の電子が変化するのが特徴です。

　第12族元素（亜鉛族元素：亜鉛Zn、カドミウムCd、水銀Hg）は、dブロックに属する元素ですが、イオン化してもd軌道が10電子で満たされて閉殻になっているため、典型元素に分類されることがあります。

　遷移元素は、最外殻だけでなく、内殻にも電子をもつ不完全な電子配置を有するため、さまざまな酸化状態をとることができます。同じ周期に属する遷移元素は、化学的性質が似ていま

す。錯体形成能や着色イオン生成能があります。さらに、触媒作用、磁性、耐腐食性など、多様な性質を示します。

　つまり、典型元素と遷移元素は、電子配置と化学的性質が大きく異なります。原子番号が増大すると、典型元素では最外殻電子数が増大しますが、遷移元素では内殻の電子数が増大します。元素の化学的性質は電子配置で決まりますが、最外殻の電子数が化学的性質に最も大きく影響します。したがって、原子番号の増大に際して、典型元素では、化学的性質が周期的に変化しますが、遷移元素では大きく変化しません。これらの違いを理解することは、元素の反応性や化学結合のパターンを理解する上で重要です。特に、遷移元素は色付きの化合物を生成したり、特殊な触媒として働いたりするなど、多くの分野で重要な役割を果たしています。これらの知識は、化学の理解を深めるために必要不可欠です。

　典型元素と遷移元素の電子配置と化学的性質のまとめを**表**1-10に示します。

1.7　金属元素と非金属元素

　周期表は、元素を原子の電子配置に基づいて配列したものです。元素の性質には周期性があり、大きく金属元素と非金属元素の2つに分類されます。この分類は、化学や材料科学など多様な分野での理解に不可欠です。

　周期表の左側を金属元素が占め、右側に行くにしたがって非金属的性質が強くなります。周期表の中ほどから少し右側にある階段状の赤線は、金属と非金属の境界を表しています。この線の左側が金属元素、右側が非金属元素という区分けになります（**表**1-12）。

　金属元素は、イオン化エネルギーが小さく、電子を失いやすい（陽イオンになりやすい）元素です。一部の金属を除き金属は酸化されやすく、錆びたり変色したりする性質があります。光を反射しやすく、特有の光沢があります。電気や熱をよく通す高い**導電性**と**導熱性**をもちます。一般的に高い融点と沸点をもち、固体状態で存在することが多く、**展性**（圧縮によって伸びる性質）や**延性**（引っ張りによって伸びる性質）があります。たとえば、鉄の融点は1535 ℃、沸点は2863 ℃、アルミニウムの融点は660.4 ℃、沸点は2520 ℃です。また、延性で加工された代表例として針金、展性で加工された代表例として金箔やアルミホイルなどがそれぞれあります。

表 1-12　金属元素、非金属元素と半金属元素

周期＼族	1	2	3	4	5	6	7	8	9	10	11	12	13	14	15	16	17	18
1	1 H																	2 He
2	3 Li	4 Be											5 B	6 C	7 N	8 O	9 F	10 Ne
3	11 Na	12 Mg											13 Al	14 Si	15 P	16 S	17 Cl	18 Ar
4	19 K	20 Ca	21 Sc	22 Ti	23 V	24 Cr	25 Mn	26 Fe	27 Co	28 Ni	29 Cu	30 Zn	31 Ga	32 Ge	33 As	34 Se	35 Br	36 Kr
5	37 Rb	38 Sr	39 Y	40 Zr	41 Nb	42 Mo	43 Tc	44 Ru	45 Rh	46 Pd	47 Ag	48 Cd	49 In	50 Sn	51 Sb	52 Te	53 I	54 Xe
6	55 Cs	56 Ba	57~71 ランタノイド	72 Hf	73 Ta	74 W	75 Re	76 Os	77 Ir	78 Pt	79 Au	80 Hg	81 Tl	82 Pb	83 Bi	84 Po	85 At	86 Rn
7	87 Fr	88 Ra	89~103 アクチノイド	104 Rf	105 Db	106 Sg	107 Bh	108 Hs	109 Mt	110 Ds	111 Rg	112 Cn	113 Nh	114 Fl	115 Mo	116 Lv	117 Ts	118 Og

57~71 ランタノイド	57 La	58 Ce	59 Pr	60 Nd	61 Pm	62 Sm	63 Eu	64 Gd	65 Tb	66 Dy	67 Ho	68 Er	69 Tm	70 Yb	71 Lu
89~103 アクチノイド	89 Ac	90 Th	91 Pa	92 U	93 Np	94 Pu	95 Am	96 Cm	97 Bk	98 Cf	99 Es	100 Fm	101 Md	102 No	103 Lr

　：金属元素　　　：非金属元素　　　：半金属元素　　　：不明

一方、**非金属元素**はイオン化エネルギーが小さく、電子を受け取りやすい（陰イオンになりやすい）元素で、酸化されにくい傾向にあります。電気や熱をあまり通さず、固体、液体、気体の3状態で存在し、一般に無色透明です。光沢がなく、光を吸収したり散乱したりします。衝撃や圧力を受けたときにあまり変形しないうちに破壊する**脆性**があります。

　周期表の中央に位置する遷移元素はすべて金属です。しかし、すべての元素がこの分類に完全に当てはまるわけではありません。たとえば、水素は非金属に分類されますが、金属的性質ももちます。また、炭素は非金属ですが、金属的性質をもつグラファイトの同素体も存在します。さらに、導体（金属）と絶縁体（非金属）の中間的な性質をもつ**半導体**（**半金属**ともいいます）もあります。

　半導体は、周期表上では金属と非金属の境界付近に位置しています。半導体には、ホウ素B、ケイ素Si、ゲルマニウムGe、ヒ素As、アンチモンSb、テルルTeなどがあります。これらの元素の電子は、金属元素の電子と比べて、原子核に強く結合しているため、半導体となります。

　このように、金属元素と非金属元素は対照的な性質をもっており、その違いを理解することは化学の基礎となります。周期表の配置から元素の性質を予測し、さまざまな分野で活用できる知識です。

1.8　イオン化エネルギー

　原子の中の電子に十分なエネルギーを与えると、原子核の引力を振り切って電子が飛び出し、原子は陽イオンになります。原子から電子1個を取り去り、陽イオンにするのに必要なエネルギーを**イオン化エネルギー**といいます。イオン化エネルギーは、通常kJ/molで表しますが、電子ボルト単位（eV）で表す場合、イオン化ポテンシャル（イオン化電位）とよぶことがあります。原子から最初の1つの電子を引き離し、1価の陽イオンにするときのイオン化エネルギーを**第1イオン化エネルギー**といいます（図1-25）。

　そして、1価の陽イオンから、さらに電子1個を引き離し、2価の陽イオンにするエネルギー

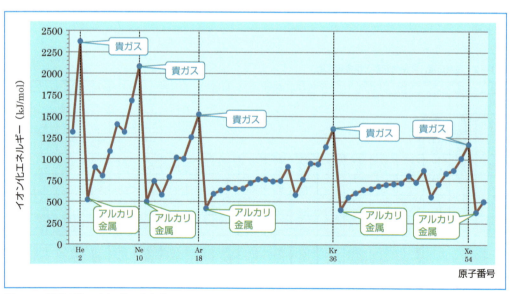

図1-25　元素の第1イオン化エネルギー

を**第2イオン化エネルギー**といいます（**表1-13**）。

電子を取り去るということは、原子核からの影響を受けない距離まで電子を引き離すことを意味します。この電子を引き離す過程は吸熱反応です。ですから、イオン化エネルギーが小さいほど電子が取られやすくなります。

イオン化エネルギーの値は周期性があり、一般に同一周期では、1族が最も小さく、右に進む（原子番号が大きくなる）につれて増加する傾向にあります。また、同族では、周期が上にあるほど増加する傾向があります（**図1-25**）。

イオン化エネルギーの値から次のようなことがわかります。

表1-13　いくつかの元素の第1、第2イオン化エネルギーおよび電子親和力（kJ/mol）

原子番号	元素記号	元素名	第1イオン化エネルギー	第2イオン化エネルギー	電子親和力
1	H	水素	1312		73
2	He	ヘリウム	2372	5251	− 48
3	Li	リチウム	520	7298	60
4	Be	ベリリウム	900	1757	− 50
5	B	ホウ素	801	2427	27
6	C	炭素	1086	2353	122
7	N	窒素	1402	2856	− 7
8	O	酸素	1314	3388	141
9	F	フッ素	1681	3374	328
10	Ne	ネオン	2081	3952	− 116
11	Na	ナトリウム	496	4562	53
12	Mg	マグネシウム	738	1451	− 40
13	Al	アルミニウム	578	1817	42
14	Si	ケイ素	787	1577	134
15	P	リン	1012	1907	72
16	S	イオウ	1000	2252	200
17	Cl	塩素	1251	2298	349
18	Ar	アルゴン	1521	2666	− 96
19	K	カリウム	419	3052	48
20	Ca	カルシウム	590	1145	2

$1 \, \text{eV} = 96.48533 \, \text{kJ/mol}$

(1) 値が小さい原子は、電子が取られやすく、陽イオンになりやすい傾向があります。

　　　$Na \, (496 \, \text{kJ/mol}) \rightarrow Na^+$

　　　$K \, (419 \, \text{kJ/mol}) \rightarrow K^+$

　　　$Ca \, (590 \, \text{kJ/mol}、1145 \, \text{kJ/mol}) \rightarrow Ca^{2+}$ など

　　　（Caは2価の陽イオンになるので、第2イオン化エネルギーがあります）

(2) 貴ガス原子は安定な電子配置をしていることから、その値は極めて大きく、電子がとられにくい傾向があります（**表1-13**）。

　　　$He \, (2372 \, \text{kJ/mol})$

　　　$Ne \, (2081 \, \text{kJ/mol})$

　　　$Ar \, (1521 \, \text{kJ/mol})$ など

(3) 値が大きい原子（貴ガスを除く）は、陽イオンになりにくい（陰イオンになりやすい）傾向があります。

　　　$F \, (1681 \, \text{kJ/mol}) \rightarrow F^+$　　$Cl \, (1251 \, \text{kJ/mol}) \rightarrow Cl^+$

　　　$O \, (1314 \, \text{kJ/mol}) \rightarrow O^+$　　など

図1-25の第2周期の中で、ベリリウムBe（900 kJ/mol）とホウ素B（801 kJ/mol）、窒素N

(1402 kJ/mol) と酸素O (1314 kJ/mol) でイオン化エネルギーの値の高さが逆転しています。この理由について考えてみましょう。

ベリリウムBeは2s軌道に電子が2個、ホウ素Bは2s軌道に電子が2個、2p軌道に1個入っています。イオンにするために、ベリリウムでは2s軌道の電子から1個、ホウ素では2p軌道の電子から1個をそれぞれ取り除く必要があります。

ホウ素では、2s軌道に収容されている電子の影響（遮蔽効果）によって、2p軌道に配置された電子への原子核（陽子）からの引力が弱くなります。したがって、ホウ素のほうがベリリウムより第1イオン化エネルギーが小さくなります。

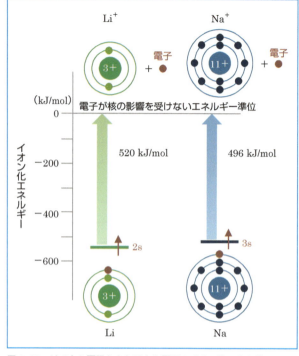

図1-26　リチウム原子とナトリウム原子のイオン化エネルギー

酸素と窒素はどちらも電子を取り除くのは2p軌道からになります。窒素では、すべての2p軌道にそれぞれ1個の電子が配置されて、半閉殻状態になっています。また、酸素では、1つの2p軌道に2個、別の2つの2p軌道に1個の電子が収容されています（図1-22）。窒素は1個しか入っていないp軌道から1個の電子を取り除くのに対し、酸素は2個（電子対を形成）入って反発しあっているところから1個取り除くことになります。この電気的反発力が寄与するため、酸素の第1イオン化エネルギーは窒素より小さくなります。

図1-26に示すように、リチウムLiとナトリウムNaは、引き離される電子がそれぞれ2sと3sにあり、エネルギー準位が2s＜3sなので、E＝0までのエネルギーはNaのほうが小さいことがわかります。それだけNaのほうが陽イオンになりやすいということがわかります。

1.9　電子親和力

原子が電子1個を受け取って、1価の陰イオンになるときに放出されるエネルギーを**電子親和力**といいます。電子親和力の値からは次のようなことがわかります（表1-13、図1-27）。

(1) ハロゲンは、電子親和力の値が大きく陰イオンになりやすいです。

　　　F (328 kJ/mol) → F⁻　　　Cl (349 kJ/mol) → Cl⁻　　　Br (325 kJ/mol) → Br⁻ など

(2) 貴ガス原子は、閉殻構造によって安定化しているため、極めて電子親和力の値が小さい（マイナス）です。

　　　He (−48 kJ/mol)　　　Ne (−116 kJ/mol)　　　Ar (−96 kJ/mol) など

電子親和力の値は、一般に同一周期で右に進む（原子番号が大きくなる）につれて増大し、同族で上にあるほど増大します（表1-13、図1-27）。

貴ガス元素の値が小さいのは当然ですが、ベリリウムBe (＜0) やマグネシウムMg (＜0) の

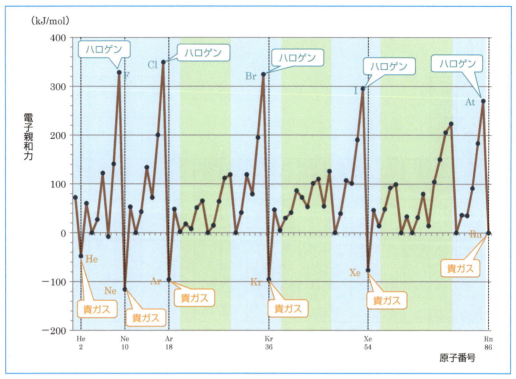

図 1-27　電子親和力

値も極めて小さくなります。これは、2族の場合、s軌道が閉殻になっていて、電子を受け入れにくい状態にあるためです。また、窒素N（−7 kJ/mol）の場合はp軌道の電子配置が半閉殻の状態であり、やや安定しているためです。

1.10　電気陰性度

　イオン化エネルギーと電子親和力は孤立した電子の定量的な値でした。それに対し、**電気陰性度**は、共有結合を形成している原子間で、原子が共有電子対を引き寄せる相対的な強さをいいます。電気陰性度は、化学結合や酸化数、極性を考える上で重要な値であり、さまざまな場面で活用されます。電気陰性度の値が大きいほど、その原子は電子を引き寄せる力が強く、逆に値が小さいほど、電子を引き寄せる力が弱いことを意味します。

　結合電子対と原子核との距離が近いほど、原子核の正電荷が多いほど（陽子の数が多いほど）結合電子対と原子核は強く引き合います。したがって、電気陰性度は、貴ガス元素を除いて、同一周期で右側ほど、同族で上に位置する原子ほどその値は大きくなり、フッ素原子F（3.98）は最大となります（**表1-14**）。

　電気陰性度は、原子のイオン化エネルギーや電子親和力と密接に関連しています。電気陰性度には、ポーリング、オールレッド、オールレッド・ロコウ、マリケンの定義が知られています。**ポーリング**の電気陰性度は、2つの異なる原子が共有結合を形成する際の結合エネルギーを用いて、その差から求めます。ポーリングのスケールは、広く使われている標準的な電気陰性度の尺度です。**オールレッド**は、ポーリングの電気陰性度を改良し、有効核電荷と原子半径を用いて、原子核が電子を引き寄せる力と電子が受ける静電遮蔽効果を考慮して算出します。

表1-14 電気陰性度

周期\族	1	2	3	4	5	6	7	8	9	10	11	12	13	14	15	16	17	18
1	1 H 2.20 2.20																	2 He
2	3 Li 0.98 0.97	4 Be 1.57 1.47											5 B 2.04 2.01	6 C 2.55 2.50	7 N 3.04 3.07	8 O 3.44 3.50	9 F 3.98 4.10	10 Ne
3	11 Na 0.93 1.01	12 Mg 1.31 1.23											13 Al 1.61 1.47	14 Si 1.90 1.74	15 P 2.19 2.06	16 S 2.58 2.44	17 Cl 3.16 2.83	18 Ar
4	19 K 0.82 0.91	20 Ca 1.00 1.04	21 Sc 1.36 1.20	22 Ti 1.54 1.32	23 V 1.63 1.45	24 Cr 1.66 1.56	25 Mn 1.55 1.60	26 Fe 1.83 1.64	27 Co 1.88 1.70	28 Ni 1.91 1.75	29 Cu 1.90 1.75	30 Zn 1.65 1.66	31 Ga 1.81 1.82	32 Ge 2.01 2.02	33 As 2.18 2.20	34 Se 2.55 2.48	35 Br 2.96 2.74	36 Kr 3.00
5	37 Rb 0.82 0.89	38 Sr 0.95 0.99	39 Y 1.22 1.11	40 Zr 1.33 1.22	41 Nb 1.6 1.23	42 Mo 2.16 1.30	43 Tc 1.9 1.36	44 Ru 2.2 1.42	45 Rh 2.28 1.45	46 Pd 2.20 1.35	47 Ag 1.93 1.42	48 Cd 1.69 1.46	49 In 1.78 1.49	50 Sn 1.96 1.72	51 Sb 2.05 1.82	52 Te 2.1 2.01	53 I 2.66 2.21	54 Xe 2.6
6	55 Cs 0.79 0.86	56 Ba 0.89 0.97	57~71 ランタノイド	72 Hf 1.3 1.23	73 Ta 1.5 1.33	74 W 2.36 1.40	75 Re 1.9 1.46	76 Os 2.2 1.52	77 Ir 2.2 1.55	78 Pt 2.28 1.44	79 Au 2.54 1.42	80 Hg 2 1.44	81 Tl 1.62 1.44	82 Pb 2.33 1.55	83 Bi 2.02 1.67	84 Po 2 1.76	85 At 2.2 1.96	86 Rn
7	87 Fr 0.7 0.86	88 Ra 0.9 0.97	89~103 アクチノイド	104 Rf	105 Db	106 Sg	107 Bh	108 Hs	109 Mt	110 Ds	111 Rg	112 Cn	113 Nh	114 Fl	115 Mo	116 Lv	117 Ts	118 Og

57~71 ランタノイド	57 La 1.1 1.08	58 Ce 1.12 1.06	59 Pr 1.13 1.07	60 Nd 1.14 1.07	61 Pm 1.13 1.07	62 Sm 1.17 1.01	63 Eu 1.2 1.01	64 Gd 1.2 1.11	65 Tb 1.1 1.10	66 Dy 1.22 1.10	67 Ho 1.23 1.10	68 Er 1.24 1.11	69 Tm 1.25 1.11	70 Yb 1.1 1.06	71 Lu 1.27 1.14
89~103 アクチノイド	89 Ac 1.1 1.00	90 Th 1.3 1.11	91 Pa 1.5 1.14	92 U 1.38 1.22	93 Np 1.36 1.22	94 Pu 1.28 1.22	95 Am 1.3	96 Cm 1.3	97 Bk 1.3	98 Cf 1.3	99 Es 1.3	100 Fm 1.3	101 Md 1.3	102 No 1.3	103 Lr 1.3

□：金属元素　□：非金属元素　□：半金属元素　□：不明

赤字：ポーリングの電気陰性度（Allredの改定値）　　青字：オールレッド・ロコウの電気陰性度

実際に電子が感じる核の引力の強さを反映したもので、より物理的に基づいた電気陰性度の尺度です。**オールレッド・ロコウ**は、有効核電荷と共有結合半径を用いて電気陰性度を定義しました。核の正電荷のうち、最外殻電子に有効に働くとみなされる電荷を有効核電荷といいます。この定義は、原子が結合内で電子を引きつける能力をより直接的に評価するものです。また、**マリケン**の電気陰性度は、原子が電子を引きつける能力を、その原子が電子を失う（イオン化）ときと電子を得る（電子親和力）ときのエネルギーをもとに評価するものです。表1-14には、ポーリング（オールレッドの改定値）およびオールレッド・ロコウの電気陰性度を示します。これらの定義は、電気陰性度を定量的に表す際に使われてきました。特にポーリングの電気陰性度は化学結合の性質を理解する上で重要な概念となっています。なお、電気陰性度は**2桁**で用いられることが多いです。

A　電気陰性度と化学結合

異なる2つの原子間で、電気陰性度の値がほぼ同じなら、共有電子対はどちらの原子にも同じ程度に引きつけられます。電気陰性度の値が大きく異なる場合、大きい原子のほうに共有電子対は引き付けられます。

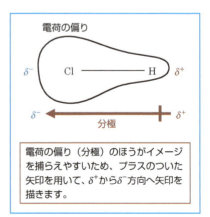

図1-28　極性共有結合

塩化水素HClのように、異なる2つの原子間で電気陰性度に差（H = 2.2、Cl = 3.2、差 = 1.0）がある場合（差が0.3以上）、電気陰性度の大きい原子のほうへ電子が偏って分布します。その結果、電子が引き寄せられている原子側が部分的に陰イオン（アニオン）性を帯び、その反対側の原子が部分的に陽イオン（カチオン）性を帯びます。このような結合を**極性共有結合**といい、部分電荷をδ^+（デルタプラス）とδ^-（デルタマイナス）で表します（図1-28）。また、分極（1.11節参照）をプラスのついた矢印『┼─▶』を用いて（δ^+からδ^-の方向に向けて）示します。

1.11　結合の極性

　電気陰性度が異なる原子どうしが共有結合をすると、電気陰性度の大きいほうの原子が共有電子対を引きつけます。これによって、分子内に電荷の偏りを生じます。このような電荷の偏りを**分極**といいます。また、結合の電荷の偏りを**結合の極性**といいます。電気陰性度の差が大きくなるほど分極が大きくなる傾向があります。そのため、共有結合のイオン結合性が大きくなります。

　結合の極性は次の方法で表すことができます。
(1) 電子を引き付ける方向（電子の偏りの向き）に『┼─▶』を用い、分極の向きと大きさをベクトルで表します（図1-29）。

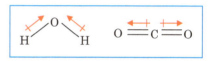

図1-29　電子の偏りの向きの表し方

(2) 電気陰性度の小さい原子は、電子が引っ張られ、電子密度が薄くなります。そのため、少しだけ正の電荷を帯びるので『δ^+（デルタプラス）』を付記します。電気陰性度の大きい原子は、電子を引っ張り電子密度が濃くなります。そのため、少しだけ負の電荷を帯びるので『δ^-（デルタマイナス）』を付記します（図1-30）。δは「少しだけ」という意味です。

　また、原子間の電気陰性度の差が、極端に大きくなった場合（おおよそ2.0以上）、一方の原子に共有電子対が完全に移動してしまうため、共有結合ではなく、イオン結合を形成することになります。

　2原子間で形成される化学結合は、結合する電気陰性度の差の大きさによって、次のように考えることができます（図1-31、図1-32）。

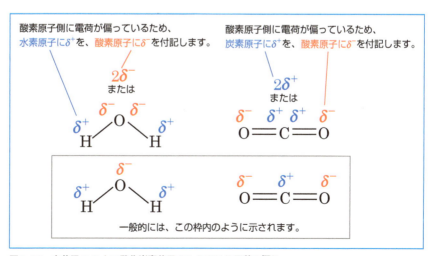

図1-30　水分子H_2Oと二酸化炭素分子CO_2における電荷の偏り

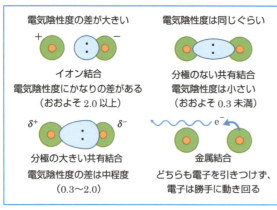

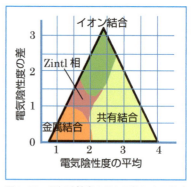

図 1-31　電気陰性度の差による化学結合の傾向

図 1-32　電気陰性度の差と平均による化学結合の傾向（ケテラーの三角形）

(1) 電気陰性度の差が非常に大きいとき（おおよそ2.0以上）には、イオン結合になります。
　　電子対は、片方の原子にほぼすべてがもっていかれます。
　　例：Li$^+$F$^-$ (Li＝1.0、F＝4.0、差＝3.0)
　　　　Na$^+$Cl$^-$ (Na＝0.9、Cl＝3.2、差＝2.3)　　など

(2) 電子陰性度の差がいくらかあるとき（0.3～2.0）には、分極の大きい共有結合になります。
　　電子対は、片方の原子にやや寄っています。
　　例：O$^{\delta-}$–H$^{\delta+}$ (O＝3.4、H＝2.2、差＝1.2)
　　　　H$^{\delta+}$–Cl$^{\delta-}$ (H＝2.2、Cl＝3.2、差＝1.0)　　など

(3) 電気陰性度の差がほぼないとき（おおよそ0.3未満）には、分極のない共有結合になります。
　　電子対をほぼ均等に所有します。
　　例：C–C (同種原子、C＝2.6)
　　　　C–H (C＝2.6、H＝2.2、差＝0.4)　　など

(4) どちらの原子も電気陰性度が小さいときには、金属結合になります。
　　電子は原子から飛び出し、勝手に動き回ります（自由電子、2.3節参照）。

Column　元素周期表

　元素周期表の歴史は、化学の発展と元素理解の進歩を反映しています。18世紀後半、ラヴォアジエが近代的な元素リストを作成し、19世紀前半にはデーベライナーが周期性の兆候を発見しました。1862年、シャンクールトゥアが「オクターブの法則」を提唱し、1869年にはメンデレーエフが現代の周期表の原型を発表しました。彼の表は未発見元素の性質を予測し、後に実証されました。

　20世紀にはモズリーが原子番号を導入し、周期表は原子量から原子番号に基づくものへと進化しました。1923年には長周期型周期表の原型が提案され、21世紀に入っても新元素の発見が続き、2016年には第7周期が完成しました。2019年にはメンデレーエフの周期律発見150周年を記念する「国際周期表年」が制定されました。元素周期表は、化学の基礎であり、物質の構造と性質を理解するための重要なツールです。

図　メンデレーエフが1869年に発表した周期表

第2章 物質量と溶液の濃度

この章では、物質量と溶液の濃度の概念を学びます。これらの概念は、薬剤の正確な調製と投与量を確保し、患者への安全かつ効果的な薬物治療を提供するために不可欠な基礎知識です。また、化学反応を定量的に理解し制御するための基本概念でもあり、実験や産業プロセスにおける正確な物質の取り扱いが可能になります。さらに、日常生活でも濃度の概念は広く応用されており、この章の学習は科学的思考力を養う重要な一歩となります。

2.1 アボガドロ定数と物質量

2.1.1 アボガドロ定数

アボガドロ数とは、1 molの物質中に含まれる粒子（原子、分子、イオン）の数で、その値は、6.02×10^{23}（正確には、$6.022\ 140\ 76 \times 10^{23}$）です。すなわち、どんな物質でも1 molには、$6.02 \times 10^{23}$個の粒子が含まれます（図2-1）。この数は非常に大きいため、物質の量を扱う上で非常に便利な概念となっています。1 molあたりの粒子数を表す物理定数を**アボガドロ定数**といいます。$6.022\ 140\ 76 \times 10^{23}$/molと定義されています。

モル（mol）は物質量の国際単位系（SI）における基本単位で、1 molの炭素原子 ^{12}C（12.00 g）には、6.02×10^{23}個の炭素原子が含まれています。また、炭素原子 ^{12}C が 6.02×10^{23}個集まると、12.00 gになるともいえます。

アボガドロ定数は、化学反応式から物質の量を計算したり、気体の体積と物質量の関係を理解したりする際に、頻繁に使われます。なお、この数の名称はイタリアの科学者アメデオ・アボガドロにちなんで名付けられました。

2.1.2 物質量

物質量とは、物質の量を表す物理量で、単位は**モル**（mol）です。1 molの物質の中には、6.02×10^{23}個の粒子が含まれています（図2-2）。

原子や分子を1つひとつ数える代わりに、モルという単位を使ってまとめて数えることがで

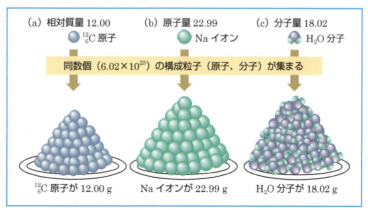

図 2-1　分子・原子の集まりとアボガドロ数・質量

きるので、計算が簡単になります。また、異なる種類の物質でも、モルという単位を使えば、粒子の数を比較することができます。

たとえば、1 mol の水素分子 H_2 は、6.02×10^{23} 個の水素分子を含んでいます。同様に、1 mol の酸素分子 O_2 も、6.02×10^{23} 個の酸素分子を含みます。

物質量は質量と密接に関係しています。たとえば、炭素原子 ^{12}C の 1 mol は 12.00 g です。これは、炭素原子が 6.02×10^{23} 個集まると、その質量が 12.00 g になるという意味です。質量は、物体を構成する物質の量を示し、場所によって変わりません。

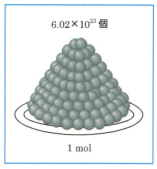

図 2-2 アボガドロ数と mol（モル）

化学反応において、反応する物質の量や生成する物質の量を正確に計算するために物質量が使われます。また、0 ℃、1.013×10^5 Pa（標準大気圧）に置かれた 1 mol の理想気体は 22.4 リットル (L) の体積を占めます。この関係を使って、気体の体積と物質量を簡単に関連付けることができます。

物質量 (mol) は、原子または分子の質量 (g) を、その原子量あるいはモル質量 (g/mol) で割った値になります

$$物質量\,\mathrm{mol} = \frac{質量\,\mathrm{g}}{モル質量\,\mathrm{g/mol}}$$

モル質量とは、1 mol（6.02×10^{23} 個）の分子または原子の質量をグラム単位で表したものです。分子量の数値に単位を「g/mol」として付けると、モル質量になります。たとえば、水 H_2O のモル質量は、2 つの水素原子と 1 つの酸素原子の質量の合計で 18.02 g です。もし 18.02 g の水がある場合、その物質量は 1 mol（18.02 g ÷ 18.02 g/mol ＝ 1 mol）です。

物質量の概念を理解することで、化学反応の計算や物質の量を正確に扱うことができるようになります。モルという単位を使うことで、非常に大きな数の粒子を簡単に扱うことができます。ヒトの代謝など生体内で起こるさまざまな化学反応を量的に考えるときに、物質量のモルが利用されています。

2.2 分子量と式量

分子量は、分子 1 つ分の相対的な質量を表す無次元の数値です。これは、分子を構成する原子の原子量の総和として計算されます。分子量は、共有結合で結ばれた分子に対して使用される用語です。

たとえば、水 H_2O の分子量は、水素原子 2 個と酸素原子 1 個の原子量の合計になります。

$$H_2O の分子量 = 2 \times H の原子量 + 1 \times O の原子量 = 2 \times 1.008 + 15.999$$
$$= 18.01\cancel{5} = 18.02$$

薬剤師が使用する第18改正「日本薬局方」において、「分子量（式量）は 2015 年国際原子量表－原子量表 (2017)（日本化学会原子量専門委員会）により、各元素の原子量をそのまま集計する。ただし、2015 年国際原子量表において原子量が変動範囲で示される元素の原子量は、2007 年国際原子量表－原子量表 (2010)（日本化学会原子量専門委員会）による。集計した値について小数第 3 位を四捨五入し、小数第 2 位まで求める」となっています。

式量は、イオン性化合物や金属など、分子をもたない物質の質量を表す数値です。式量も分

子量と同様に、化学式に含まれる原子やイオンの原子量の総和として計算されます。式量は、イオン性化合物（NaCl、CaCO₃など）や分子性でない物質（SiO₂など）に使用します。

たとえば、塩化ナトリウムNaClの式量は、ナトリウム原子と塩素原子の原子量の総和になります。ナトリウムNaの原子量は22.990、塩素Clの原子量は35.453です。

$$NaClの式量＝1×Naの原子量＋1×Clの原子量＝22.990＋35.453$$
$$＝58.44\dot{3}≒58.44$$

分子量と式量は共に無次元量ですから、単位をもちません。しかし、実際の計算方法は同じで、化学式に基づいて構成原子の原子量を合計します。どちらも物質1モルの質量（g/molまたはg mol⁻¹）を表すのに使用されます。

2.3 気体分子の物質量

気体の**モル体積**は、1 molの気体が占める体積のことを指します。この概念は気体の性質を理解する上で非常に重要です。0 ℃, $1.013×10^5$ Paにおいて、理想気体1 molの体積は22.4リットル（L）になります。この値は、気体の種類に関係なく、ほぼ一定です。つまり、水素H₂ 1 molも、酸素O₂ 1 molも、二酸化炭素CO₂ 1 molも、0 ℃，$1.013×10^5$ Paにおいて、同じ22.4 Lの体積を占めます。モル体積とモル質量との間には、下記の関係式が成り立ちます。

モル質量 g/mol ＝ 密度 g/L × モル体積 L/mol

この一定のモル体積は、アボガドロの法則に基づいています。**アボガドロの法則**は、同じ温度と圧力の下では、等しい体積の気体は等しい数の分子を含むという原理です。

実際には、気体のモル体積は温度と圧力に依存して変化します。温度が上がると体積は増加し、圧力が上がると体積は減少します。これらの関係は、ボイル・シャルルの法則として知られています。

気体のモル体積の概念は、化学反応の量的関係を理解したり、気体の密度や分子量を計算したりする際に非常に有用です。たとえば、ある体積の気体に含まれるモル数を知りたい場合、その体積を22.4 Lで割ることで簡単に求めることができます。

このように、気体のモル体積は化学や物理学のさまざまな計算や実験において基本的かつ重要な概念となっています。

例題2-1

(1) 0 ℃，$1.013×10^5$ Paで一酸化炭素CO 5.6 Lは何molになるか求めなさい。また、何個の分子を含むか求めなさい。

(2) 0 ℃，$1.013×10^5$ Paで密度が1.250 g/Lの気体の分子量を求めなさい。

 解答

(1) 気体1 molの体積は、0 ℃，$1.013×10^5$ Paにおいて22.4 Lですから、5.6 Lだと、

$$物質量 mol ＝ \frac{5.6\ L}{22.4\ L/mol} ＝ 0.25\ mol$$

数値部分	5.6	×	1/22.4	＝	0.25	
単位部分	L	×	mol/L	＝	mol	

分子の個数＝物質量mol×アボガドロ定数

$$= 0.25 \text{ mol} \times 6.02 \times 10^{23}/\text{mol} = 1.505 \times 10^{23} = 1.51 \times 10^{23}$$

答： 0.25 mol、1.51×10^{23}個

数値部分	0.25	×	6.02×10^{23}	= 1.51×10^{23}
単位部分	~~mol~~	×	$\dfrac{1}{\text{~~mol~~}}$	= 単位なし

(2) モル質量g/mol＝1.250 g/L×22.4 L/mol＝28.0 g/mol

すなわち、1 molが28.0 gですから、分子量はgを取り除いた28.0となります。

答： 28.0 g/mol

数値部分	1.250	×	22.4	= 28.0
単位部分	$\dfrac{\text{g}}{\text{~~L~~}}$	×	$\dfrac{\text{~~L~~}}{\text{mol}}$	= $\dfrac{\text{g}}{\text{mol}}$

問 2–1 一酸化炭素COの分子量は28.01である。COの気体分子が0.500 molあるとき、COの質量を求めなさい。

問 2–2 0 ℃、1.013×10^5 Paの条件下で、2.24 Lの窒素ガスN_2がある。この窒素ガスの物質量 (mol) と質量 (g) を求めなさい。ただし、N_2の分子量は28とする

問 2–3 ある気体Xの密度が、0 ℃、1.013×10^5 Paの条件下で1.25 g/Lであることがわかっている。この気体Xのモル質量 (g/mol) を求めなさい。

問 2–4 メタンCH_4と酸素O_2の反応で二酸化炭素CO_2と水H_2Oが生成される反応式は以下のとおりである。

$$CH_4 + 2O_2 \rightarrow CO_2 + 2H_2O$$

0 ℃、1.013×10^5 Paの条件下で、11.2 Lのメタンが完全に反応した場合、生成される二酸化炭素の体積 (L) を求めなさい。

2.4 化学式と化学反応式

化学的元素の種類と数を表す記号の組み合わせを**化学式**といいます。たとえば、水の化学式はH_2Oです。Hは水素、Oは酸素を表しています。また、2という数字は、水素原子が2個含まれていることを示しています。一方、酸素原子は数字が書かれていないため、1個であることがわかります。また、酸化銀の化学式はAg_2Oです。Agは銀、Oは酸素を表しています。ここで、2という数字は、銀原子が2個含まれていることを示しています。一方、酸素原子は数字が書かれていないため、1個であることがわかります。化学式は、化学反応式や化学方程式にも使用されます。

化学反応を記号や式で表したものを**化学反応式**といいます。化学反応式は、反応物と生成物を化学式で表し、反応前を左側、反応後を右側に書き、矢印 (→) でつなぎます。矢印の左側に書かれる物質を反応物、右側に書かれる物質を生成物とよびます。

反応物 → 生成物　（例：$N_2 + 3H_2 \rightarrow 2NH_3$、$HCl + NaOH \rightarrow NaCl + H_2O$）

第2章　物質量と溶液の濃度

2.4.1 化学反応式の書き方

化学反応式は、

> (1) 反応物と生成物を特定する
> (2) 化学式を正確に書く
> (3) 反応物と生成物を矢印で結ぶ
> (4) 係数を調整する

の4つの段階を踏むことで書くことができます。

化学反応式を用いることで、化学反応を簡潔に表すことができます。たとえば、メタン CH_4 と酸素 O_2 が反応すると、二酸化炭素 CO_2 と水 H_2O が生成される反応を化学反応式で表すと、次のようになります。

$$反応物 \rightarrow 生成物$$
$$CH_4 + 2O_2 \rightarrow CO_2 + 2H_2O$$

この反応式から、メタン1分子と酸素ガス2分子が反応して、二酸化炭素1分子と水2分子が生成することがわかります。

化学反応式の書き方をメタンと酸素から二酸化炭素と水が生成される反応を例にして、順を追って説明します。

(1) 反応物と生成物を特定する

まず、反応物と生成物を決定します。メタン CH_4 と酸素 O_2 が反応して、二酸化炭素 CO_2 と水 H_2O が生成される反応ですので、反応物は CH_4 と O_2、生成物は CO_2 と H_2O です。

(2) 化学式を正確に書く

それぞれの物質を化学式で表します。

メタン：CH_4、酸素：O_2、二酸化炭素：CO_2、水：H_2O

(3) 矢印で反応物と生成物を矢印で結ぶ

反応物を左側に、生成物を右側に書きます。矢印 ($\rightarrow$) で反応物と生成物を区切ります。

$$CH_4 + O_2 \rightarrow CO_2 + H_2O$$

(4) 係数を調整する

最後に、反応式の左側と右側に同じ数の原子が存在するように係数を付けてバランスをとります。

炭素原子：左側が1個、右側が1個なので、バランスがとれています。調整不要です。

水素原子：左側が4個、右側が2個なので、H_2O の前に係数2を付けます。

酸素原子：左側が2個、右側が3個になっています。しかし、水素の調整で H_2O の係数を2にしましたから、反応の後は酸素原子が4個になっています。これを調整するためには、O_2 の

係数を2にすれば数の調整ができます。これで、すべての係数が調整できました。

$$CH_4 + 2O_2 \rightarrow CO_2 + 2H_2O$$

以上の手順で、メタンと酸素から二酸化炭素と水が生成される反応の化学反応式を書くことができます。

2.4.2 イオンを含む反応式の書き方

水溶液中で起こる化学反応など、イオンの状態で表した化学反応式のことを、イオンを含む反応式といいます。イオンを含む反応式は、以下の手順に従って書きます。

(1) 水溶液中で完全に解離する化合物をイオンの状態で表す

水溶液中で完全に解離する化合物とは、水に溶解すると完全にイオンに解離する化合物のことです。たとえば、塩化ナトリウム$NaCl$や硫酸銅$CuSO_4$などがこのような化合物にあたります。これらの化合物をイオンの状態で表すと、以下のようになります。

$$NaCl \rightarrow Na^+ + Cl^-$$
$$CuSO_4 \rightarrow Cu^{2+} + SO_4^{2-}$$

(2) 反応前と反応後に存在するイオンを比較し、変化を特定する

反応前と反応後に存在するイオンを比較し、反応で生成されたイオンや消費されたイオンを特定します。たとえば、塩化ナトリウム水溶液と硫酸銅水溶液を混ぜた場合、白色の塩化銅 (II) 沈殿が生成されます。この反応を、イオンを含む反応式で表すためには、まず、反応前と反応後に存在するイオンを比較します。

反応前：Na^+、Cl^-、Cu^{2+}、SO_4^{2-} 反応後：Na^+、SO_4^{2-}、$CuCl_2$（沈殿）

(3) 反応で生成された物質や使われたイオンを特定する

この例では、$CuCl_2$が生成され、Cl^-とCu^{2+}が消費されたことがわかります。

(4) イオンを含む反応式を書く

最後に、イオンを含む反応式を書きます。イオンを含む反応式では、生成されたイオンや使われたイオンを中心に式を書き、係数を付けてイオンの数を調整します。この例では、以下のようなイオンを含む反応式が得られます。

$$Cu^{2+} + 2Cl^- \rightarrow CuCl_2$$

この式では、Cu^{2+}と2つのCl^-が反応して$CuCl_2$が生成されることを示しています。係数の2は、Cl^-の数を調整するために付けています。

2.5 化学反応の量的関係

2.5.1 化学反応式と質量の関係

化学反応の量的関係とは、反応前の物質と反応後の物質の量の関係を示すものです。ここで

は、メタンCH₄と酸素O₂から二酸化炭素CO₂と水H₂Oが生成される化学反応を例に、量的関係を説明します。この反応の化学反応式は、以下のようになります。

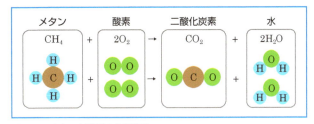

図2-3 メタンと酸素の化学反応

$$CH_4 + 2O_2 \rightarrow CO_2 + 2H_2O$$

この反応式では、メタン1分子と酸素2分子が反応して、二酸化炭素1分子と水2分子が生成します（**図2-3**）。つまり、メタンと酸素の量の比は1：2、生成される二酸化炭素と水の量の比も1：2になります。
この量的関係は、分子の量を示すモル（mol）で表すことができます。たとえば、この反応でメタン1 molと酸素2 molが反応すると、二酸化炭素1 molと水2 molが生成されます（**表2-1**）。この反応の量的関係を、メタンと酸素のモル数の比で表すと、以下のようになります。

$$メタン：酸素 = 1：2$$

この比は、メタン1 molに対して酸素2 molが必要であることを示しています。また、生成される二酸化炭素と水の物質量の比は、以下のようになります。

$$二酸化炭素：水 = 1：2$$

この比は、生成される二酸化炭素1 molに対して水2 molが生成されることを示しています。この量的関係は、化学平衡の法則に基づいています。**化学平衡の法則**とは、化学反応前と化学反応後の質量が等しいという法則です。つまり、反応前の物質の質量と反応後の物質の質量は等しくなります。

表2-1 メタンと酸素の化学反応における物質量と他の物理量の関係

化学反応式	CH₄ メタン	+	2O₂ 酸素	→	CO₂ 二酸化炭素	+	2H₂O 水	
分子構造								
化学反応式の係数	1		2		1		2	
分子の数	6.02 × 10²³ × 1個		6.02 × 10²³ × 2個		6.02 × 10²³ × 1個		6.02 × 10²³ × 2個	分子の数の比は、係数の比に一致します
物質量	1 mol		2 mol		1 mol		2 mol	物質量の比は、係数の比に一致します
質量	16.04 g 合計 80.04 g 質量については、反応物の質量の合計と生成物の質量の合計が一致します		64.00 g		44.01 g 合計 80.04 g		36.03 g	質量の比は、モル質量と係数の積の比に一致します
気体の体積 (0℃、1気圧)	22.4 × 1 L		22.4 × 2 L		22.4 × 1 L		22.4 × 2 L	気体の体積の比は、係数の比に一致します

2.5 化学反応の量的関係

メタンの質量は16.04 g、酸素の質量は64.00 gなので、反応前の質量は16.04 g＋64.00 g＝80.04 gになります。生成される二酸化炭素の質量は44.01 g、水の質量は36.03 gなので、反応後の質量は44.01 g＋36.03 g＝80.04 gになります。反応前と反応後の質量が等しいことがわかります。

以上のように、化学反応の量的関係は、反応前の物質と反応後の物質の量の関係を示すもので、化学反応式の係数やモルを用いて求めることができます。量的関係を知ることで、反応の効率や生成物の量を予測することができます。

2.5.2　化学反応式と気体の体積の関係

気体の化学反応では、反応する気体の体積と生成する気体の体積が一定の比率で変化します。この比率は、化学反応式から求めることができます。たとえば、水素H_2と酸素O_2が反応して、水蒸気H_2Oが生成される反応を考えてみましょう。

$$2H_2 + O_2 \rightarrow 2H_2O$$

この反応では、2 molの水素と1 molの酸素が反応して、2 molの水蒸気を生成します。言い換えれば、2×22.4 LのH_2と1×22.4 LのO_2から2×22.4 LのH_2Oができると表現できます。つまり、水素と酸素の体積比は2：1、水蒸気の体積は水素の体積と一致します。このように、気体の化学反応では、反応する気体の体積と生成する気体の体積が一定の比率で変化します。

2.6　溶液の濃度

薬学部の学生にとって、正確な濃度計算は薬の調製や投与量の決定、品質管理、研究開発など、さまざまな場面で不可欠であり、将来の薬剤師としての職務遂行において重要な役割を果たします。薬学部の学生は、薬剤師として患者の健康を守るため、濃度計算の知識とスキルを身につける必要があります。

「溶液の濃度」とは、溶液中の成分（例：NaCl、グルコースなど）の量を表す指標です。濃度は、成分の量を溶液の量で割ることで求められる割合で、一般的にはモル濃度や質量百分率などで表されます。

2.6.1　溶質・溶媒・溶液

塩化ナトリウムNaClを水H_2Oに溶かして、塩化ナトリウム水溶液をつくることを例にとって考えましょう（図2-4）。

溶質：溶液の中で溶けている物質をいいます。塩化ナトリウムが溶質です。
溶媒：溶質を溶かす役割をもつ液体です。一般的に溶媒として使われるのは水ですが、他にもアルコールやエーテルなどがあります。ここでは、水が溶媒です。
溶液：溶質が溶媒に溶けて均一に混ざった混合物のことを指します。つま

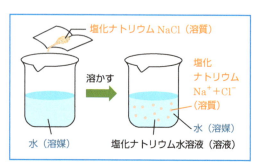

図2-4　溶液・溶質・溶媒

り、塩化ナトリウム水溶液が溶液です。

2.6.2 質量百分率、質量百万分率、質量十億分率

溶液中の溶質の量を表す指標を**濃度**といいます。濃度を表す方法にはいくつかの単位があります。ここでは、質量百分率(%)、質量百万分率(ppm)、質量十億分率(ppb)について説明し、それぞれの計算式を紹介します。

A 質量百分率(%)

質量百分率(%)は、**溶液の質量**に対する**溶質の質量**の割合を**百分率で表した濃度**です。通常、溶液の濃度を示すために使用されます。単位としては、%が一般的に使用されますが、時として、wt%やw/w%が利用されることがあります。

$$質量百分率 = \frac{溶質の質量 g}{溶質 g + 溶媒 g} \times 100 = \frac{溶質の質量 g}{溶液の質量 g} \times 100 \, \%$$

たとえば、100 gの溶液の中に水75 gと25 gのNaClが溶け合っているとき、質量百分率は、$\frac{25 \, g}{100 \, g} \times 100 = 25$ %になります(**図2-5**)。

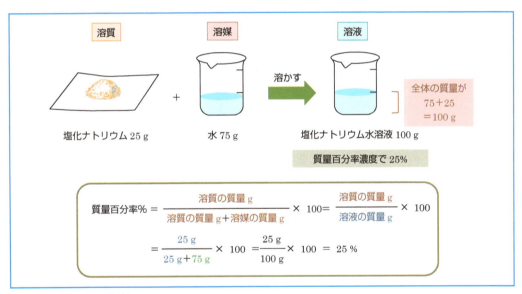

図2-5 質量百分率の計算例

B 質量百万分率(ppm)

質量百万分率(parts per million、**ppm**)は、**溶液の質量**に対する**溶質の質量**の割合を**百万分率で表した濃度**です。非常に低い濃度を示す際に使用されます。

$$質量百万分率 = \frac{溶質の質量 \, g}{溶液の質量 \, g} \times 10^6 \, ppm \quad (10^6 = 百万)$$

たとえば、1 kgの溶液に1 mgの溶質が含まれているときのppmは下記のようになります。

$$濃度 (ppm) = \frac{溶質の質量}{溶液の質量} \times 10^6 = \frac{1 \times 10^{-3} \, g}{1 \times 10^3 \, g} \times 10^6 = 1 \times 10^{-6} \times 10^6 = 1 \, ppm$$

%とppmの換算：ppm値を0.0001倍（$\times 10^{-4}$）すれば、%値になります（10,000 ppm＝1 %）。また、%値を10000倍（$\times 10^4$）倍すれば、ppm値になります（0.0001 %＝1 ppm）。

C 質量十億分率（ppb）

質量十億分率（parts per billion、**ppb**）は、**溶液の質量**に対する**溶質の質量**の割合を十億分率で表した濃度です。さらに低い濃度を示す際に使用されます。

$$質量十億分率 = \frac{溶質の質量 g}{溶液の質量 g} \times 10^9 \text{ ppb} \quad (10^9 = 十億)$$

たとえば、1 kgの溶液に1 μg（μg＝10^{-6}g、マイクログラム）の溶質が含まれているときのppbは下記のようになります。

$$濃度（ppb）= \frac{溶質の質量}{溶液の質量} \times 10^9 = \frac{1 \times 10^{-6} \text{ g}}{1 \times 10^3 \text{ g}} \times 10^9 = 1 \times 10^{-9} \times 10^9 = 1 \text{ ppb}$$

1 %は10,000 ppm、そして1 ppmは1,000 ppbですから、以下の関係が成り立ちます。

$$1 \% = 10,000 \text{ ppm} = 10,000 \times 1,000 \text{ ppb} = 10,000,000 \text{ ppb}$$

したがって、1 %は10,000,000 ppbに相当します。

2.6.3 質量分率の表し方とその計算

A 質量対容量百分率

質量対容量百分率は、**溶液の体積**に対する**溶質の質量**の割合を百分率で表した濃度をいいます。単位としては、w/v%が使用されます（weight/volume %）。

$$質量対容量百分率 = \frac{溶質の質量 g}{溶液の体積 mL} \times 100 \text{ w/v\%}$$

試薬を作製する場合に、モル濃度と同様、よく用いられる単位です。

たとえば、0.9 w/v%の生理食塩液（塩化ナトリウム水溶液）を100 mLつくるには、0.9 gのNaClを水に溶かしてから、溶液の全量を水で100 mLにします（**図2-6**）。

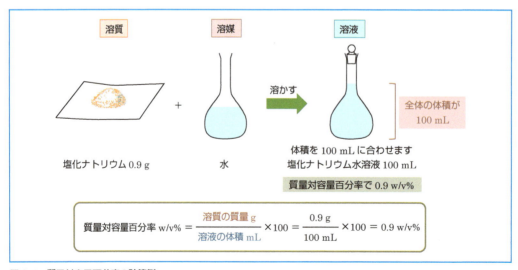

図2-6　質量対容量百分率の計算例

B 体積百分率

体積百分率は、**溶液の体積**に対する**溶質の体積**の割合を百分率で表した濃度をいいます。単位としては、vol%が使用されます。

$$\text{体積百分率} = \frac{\text{溶質の体積 mL}}{\text{溶液の体積 mL}} \times 100 \text{ vol\%}$$

たとえば、エタノール20 mLに水を加えて全量100 mLとした場合、体積百分率は以下のようになります。

$$\text{体積百分率} = \frac{20 \text{ mL}}{100 \text{ mL}} \times 100 = 20 \text{ vol\%}$$

C モル濃度

モル濃度は、1 Lの溶液中に溶けている溶質の物質量(mol)で表した濃度をいいます。

$$\text{モル濃度} = \frac{\text{溶質の物質量 mol}}{\text{溶液の体積 L}} \text{ mol/L}$$

たとえば、1 Lの溶液の中に1 molのNaCl(58.44 g)が溶けているとき、モル濃度は1 mol/Lといいます(**図2-7**)。NaCl 36 gに水を加えて溶かし、全量1 Lとした場合、モル濃度は以下のようになります。

$$\text{NaClの物質量} = \frac{36 \text{ g}}{58.44 \text{ g/mol}}$$

$$= 0.616 \text{ mol}$$

$$\text{モル濃度} = \frac{0.616 \text{ mol}}{1 \text{ L}}$$

$$= 0.616 \text{ mol/L}$$

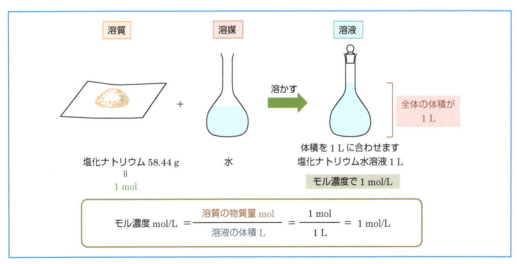

図2-7 モル濃度の計算例

D 密度

密度は、単位体積(cm^3)あたりの物質の質量(g)をいいます。単位としては、g/cm^3が使用されます。

$$\text{密度} = \frac{\text{物質の質量 g}}{\text{物質の体積 cm}^3} \text{ g/cm}^3$$

例題2-2

0.9 w/v%の生理食塩液をモル濃度で表しなさい。

解答

0.9 w/v%ということは、溶液100 mL中に溶質のNaClが0.9 g溶けているということですので、これを1 Lにした場合は、溶質のNaClが9 g溶けていることになります。

NaClの1 mol/Lは、1 L中に溶質のNaClが58.44 g溶けた状態です。ですから、

$$\text{NaClの物質量} = \frac{\text{質量 g}}{\text{モル質量 g/mol}} = \frac{9\text{ g}}{58.44\text{ g/mol}} = 0.154\text{ mol}$$

$$\text{モル濃度 (mol/L)} = \frac{\text{溶質の物質量 mol}}{\text{溶液の体積 L}} = \frac{0.154\text{ mol}}{1\text{ L}} = 0.154\text{ mol/L} = 154\text{ mmol/L}$$

となります。

答：0.154 mol/L または154 mmol/L

問2-5 100 gの水に5.0 gの塩化ナトリウム NaClが溶けている。この溶液の質量百分率を求めなさい。

問2-6 54.0 g/dLのグルコース $C_6H_{12}O_6$ 溶液のモル濃度を求めなさい。ただし、グルコースの分子量は180.16とする。

問2-7 質量百分率96 %、比重1.84の濃硫酸を精製水で6倍希釈したときのモル濃度を求めなさい。ただし、硫酸の分子量は98.08とする。

問2-8 10 %塩化ベンゼトニウム液を用いて0.05 %塩化ベンゼトニウム液を1000 mL調製するのに必要な薬液量を求めなさい。

問2-9 5.0 %クロルヘキシジングルコン酸塩を用いて0.20 %希釈液を2000 mL調製するのに必要な薬液量を求めなさい。

問2-10 ある患者に、抗生物質を投与するため、100 mg/mLの抗生物質溶液を準備した。患者の体重は70 kgで、1日あたり体重1 kgあたり2 mgの投与量が必要である。この患者への投与に必要な抗生物質溶液の量 (mL) を求めなさい。

国試にチャレンジ

問2-1 元素の原子量をH＝1.0079、C＝12.0107、O＝15.9994、Pb＝207.2とするとき、酢酸鉛（II）（Pb（CH₃COO）₂）の式量について、有効数字を考慮して求めなさい。

(第105回薬剤師国家試験　問4改変)

問2-2 低ナトリウム血症治療のために、3％塩化ナトリウム液の調製依頼があったので、生理食塩液(0.9％塩化ナトリウム液)500 mLに10％塩化ナトリウム注射液を加えて調製した。10％塩化ナトリウム注射液の添加量を求めなさい。

(第99回薬剤師国家試験　問338改変)

問2-3 手術時に使う手指消毒薬としてクロルヘキシジングルコン酸塩を0.2 w/v％含有する70 vol％エタノールを3 L調製したい。95 vol％エタノール、5 w/v％クロルヘキシジングルコン酸塩を用いて調製する場合、それぞれ何mL用いるか求めなさい。

(第101回薬剤師国家試験　問333改変)

Column　アボガドロ数

　アボガドロ数は、1モルの物質に含まれる粒子の数を表し、その値は6.02×10^{23}（$6.022\ 140\ 76 \times 10^{23}$）個と定められています。この数はミクロな原子や分子の世界とマクロな世界をつなぐ重要な役割を果たします。たとえば、炭素原子^{12}Cが6.02×10^{23}個集まると12.00 gになり、この関係は化学計算を簡便にします。

　アボガドロ数の起源は、アメデオ・アボガドロ（Lorenzo Romano Amedeo Carlo Avogadro di Quaregua e di Cerreto、1776-1856）が1811年に提唱した「同温・同圧・同体積の気体は同数の分子を含む」という法則にさかのぼります。その後、シュミットが気体の熱伝導率から分子数を推定し、1909年にはペランがブラウン運動の研究からさらに精度を高めました。

　2019年には国際単位系（SI）の改定で、アボガドロ定数が正確な定義値として固定され、基本定数のひとつとなりました。北米の化学者たちは、10月23日の午前6時02分から午後6時02分までを物質量の単位である「モル」を記念して、この日を「モルの日」としました。アボガドロ定数の6.02×10^{23}という数字を「6：02 10/23」に当てはめて制定しています。アボガドロ数は化学反応式や物質量の計算に欠かせない、現代科学の基盤です。

第3章 分子の性質

分子は物質の性質を決定する最小の単位です。私たちの身の回りのあらゆるものは分子から構成されており、その性質を理解することは、薬学をはじめとする科学の基礎となります。本章では、分子の大きさや形、そしてそれらがどのように形成されるのかを探求します。これらの知識は、薬物の作用機序や新薬開発において不可欠であり、将来の皆さんが薬剤師や創薬研究者として活躍するために、理解を深めることが重要です。

3.1 ボーアの原子模型

ボーアの原子模型は、ニールス・ボーアが1913年に提唱したもので、ボーアモデルとよばれます。**ボーアの原子模型**は、ラザフォードの原子模型をもとに、量子論の考え方を導入して、電子の動きを説明しています（**図3-1**）。

ラザフォードは、電子が原子核の周りを回っていると考えましたが、ボーアの原子模型も基本的に同じです。ただし、ボーアは、電子が特定のエネルギーの軌道を回るとして、これをエネルギー準位とよびました。エネルギー準位は離散的な（飛び飛びの）値をとり、連続的な値はとりません。電子は特定の軌道（エネルギー準位）にのみ存在でき、エネルギーを吸収あるいは放出するときに、異なる軌道（エネルギー準位）に遷移すると考えました。

ボーアの原子模型は、原子スペクトルを説明するために提唱されました。原子スペクトルとは、原子に光を当てたときに、吸収または放出される特定の波長の光の分布のことです。ボーアは、電子が別のエネルギー準位に遷移するときに、特定の波長の光を吸収あるいは放出すると提唱しました。

ボーアの原子模型は、原子物理学の発展に大きな影響を与え、原子スペクトルの説明に留まらず、原子核の構造や、元素の性質の理解にも応用されました。ボーアの原子模型は、量子論を原子物理学に導入した最初の理論であり、量子力学の発展の基礎を築きました。現在では、より精密な量子力学に基づく原子模型に置き換えられていますが、原子物理学の発展の重要な一歩であり、基本的な考え方として今も理解されています。

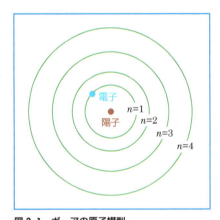

図3-1 ボーアの原子模型
外側軌道にいくほど軌道間の間隔は広くなっていきます。

3.2 原子価結合法

水素分子のような中性原子間の結合は、電子対を共有して貴ガス構造と同じ電子配置にすることで安定になります。しかし、これだけでは電子を共有するときに生じる結合力の本質を説明できていません。この部分を論理的に証明するのが原子価結合法とよばれる方法です。

2個の原子の結合は、結合に関わるそれぞれの原子の価電子が存在する原子軌道どうしが重

なり合うことによって形成されるという考え方を**原子価結合法**といいます。原子価結合法は、化学結合の機構を説明するための重要な量子力学的理論のひとつで、化学結合を原子レベルで理解し、説明するための理論的枠組みを提供しています。

原子の価電子は、互いの間で入れ替わったり、元に戻ったりして共有され、結合を形成します。電子の入れ替えは、近づいた原子間でしか起こりませんから、結合は隣の原子との間にだけ形成されます。この考え方は、原子が不対電子をもっていて、その不対電子で隣の原子と共有結合をつくるというものです。原子価結合法は、水素分子ができる過程や分子模型などのイメージとも合うことから、視覚的に理解しやすいといえます。しかし、原子価結合法は、水素分子のような単純な分

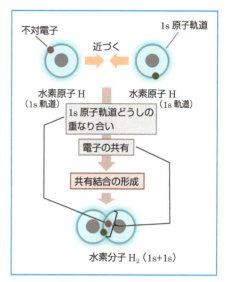

図3-2 水素分子ができる過程

子の結合を説明するのには適していますが、複雑な分子や共鳴構造をもつ分子の結合を説明するには限界があります。より複雑な分子の結合を説明するためには、分子軌道法という別の量子化学的理論が用いられます。

2個の水素原子が共有結合して水素分子ができる過程を模式的に**図3-2**に示しています。電子が存在する範囲は、原子核の周りに雲のように広がっています（電子雲、**1.4.1項**参照）。2個の水素原子は、不対電子を保持した状態のまま、お互いの原子軌道を重ね合わせることで共有結合を形成します。円と円が重なっている部分で電子を共有することになりますから、電子はこの部分に存在する確率が最も高いことになります。

炭素原子では、**図3-3**のように、1s軌道に2個、2s軌道に2個、2つの2p軌道にそれぞれ1個の電子が入っています（残りの1個の2p軌道は空軌道です）。原子価結合法で結合をつくる際には、電子を1個ずつ出し合う必要がありますから、はじめから2個の電子で埋まっている軌道や空軌道は結合に関わることができません。そのため、結合に関われる軌道は2つの2p軌道だけになり、炭素は結合の手を2本しかもたないことになります。たとえば、炭素1個に水素が結合してできる化合物はCH_2ということになってしまいます。ところが、炭素は4本の結合の手をもっているので、実際にできる化合物はメタンCH_4で、その形は正四面体です（**図3-4**）。

原子軌道を修正することによって実際の分子の形に近づけることができます。そこで考え出されたのが、混成軌道という考え方です。混成軌道の考え方を使うと、炭素の結合の仕方に関する問題をクリアすることができます。

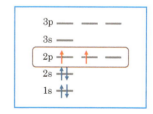

図3-3 炭素C原子の電子配置

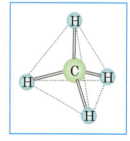

図3-4 メタンの正四面体

3.2 原子価結合法

3.3 混成軌道

混成軌道とは、複数の異なる原子軌道が混ざり合ってできた新しい軌道です。これは実際に存在するものではなく、化学結合を説明するための理論的な概念です。混成軌道には主にsp^{3}混成軌道、sp^{2}混成軌道、sp混成軌道の3種類があります。これらの違いは、混成に関与するs軌道とp軌道の数によって決まります。

軌道の混成に関して重要なことが2つあります。1つは、混成の前後で、軌道の総数が同じということです。たとえば、s軌道1個、p軌道3個が混成すれば、4個のsp^{3}軌道ができます。もう1つは、新しくできた複数の軌道が空間中に配置されるときに、電子間の静電反発が最も小さい形をとろうとすることです。その結果、sp^{3}軌道では四面体型、sp^{2}軌道では平面三角形型、sp軌道では直線型となります。

メタンCH_4、エチレンC_2H_4、アセチレンC_2H_2、アンモニアNH_3、水H_2Oの分子の形状は、中心原子の最外殻電子が2p軌道に存在しているため、中心原子の周りの結合角は90°になるはずです。しかし、実際には、90°から大きく離れています。有機化合物では、90°という結合角はほとんど存在しません。

分子の形を説明する理論として、ポーリングは混成軌道とよばれる原子軌道の混成の概念を導入しました。混成軌道は化学結合を考えるには大切な軌道です。炭素Cはsp^3、sp^2、spという3種類の混成軌道をとることができます。この3種類の混成軌道をとれることが、有機化合物の多様性や反応性に大きく関与しています。

3.3.1 sp^{3}混成軌道

sp^{3}混成軌道は、炭素原子の電子配置を説明する上で非常に重要な概念のひとつです。**sp^{3}混成軌道**では、**1個のs軌道と3個のp軌道が混成し、4個の等価なsp^{3}混成軌道が生成**します。これは、単結合のみで構成された分子（例：メタンCH_4）にみられます。4つのまったく同じエネルギーと形状をもつ新しい軌道を形成します。これらの軌道は空間的に均等に広がり、正四面体の頂点を指す方向に伸びて、正四面体構造を形成します（結合角109.5°）。

原子番号6の炭素は、1sに2個、2sに2個、2pに2個の電子をそれぞれもっています。炭素原子は、価電子を4個もっているので、4個の原子と結合することができます。基底状態の炭素原子をエネルギー準位の低いほうから1s、2s、2p$_x$、2p$_y$、2p$_z$の順に電子を配置していくと、**図3-5**（$(1s)^2$、$(2s)^2$、$(2p_x)^1$、$(2p_y)^1$）のようになります。$(1s)^2$は、1s軌道に電子2個が、$(2p_x)^1$は2p$_x$軌道に電子1個が収容されたことを示します。K殻（1s軌道）は閉殻構造をとっており、他

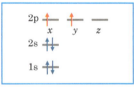

図3-5 炭素C原子の電子配置

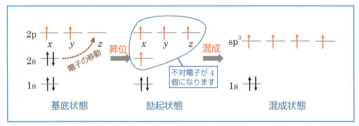

図3-6 炭素原子のsp^{3}混成軌道の形成

の原子との結合には関与しません。したがって、これ以後は、L殻のみを考えます。

不対電子は2p軌道の2個で、原子価が2価となり、水素と結合をつくる際はCH₂となってしまいます。これでは、炭素原子が4価であるという事実と一致しません。CH₂は炭素原子のL殻（2s軌道＋2p軌道3種）が満たされません（収容されている電子は6個）。つまり、オクテット則（L殻に電子は8つ収容された状態が安定）を満たしません。

では、どうすればもっと安定になれるのでしょうか。そのためには、**オクテット則を満たさなければなりません。そして、共有結合の数を多くしなければなりません。**この2つの条件を満たせばいいことになります。そこで、2s軌道の1個の電子が2p軌道に移動すれば不対電子が4個で原子価が4価（$(2s)^1$、$(2p_x)^1$、$(2p_y)^1$、$(2p_z)^1$）となり、原子価は満足されます。この2s軌道から2p軌道への電子の移動を**昇位**（**励起**）といいます（図3-6中央）。これによって、オクテット則を満たす準備ができました。

しかし、2s軌道は球形、2p軌道はダンベル形なので（図3-7）、4個の結合電子は等価ということにはならず、2s軌道の電子と2p軌道の電子（3つ）との電気的反発が生じてしまいます。この反発を避けるため、エネルギー準位の近い2s軌道と2p軌道の間で軌道の混成が行われます（図3-6右）。

すなわち、**2s軌道1個と2p軌道3個が混成し、新しい等価（エネルギーの等しい）な4個の混成軌道がつくられます。**この軌道がsp³混成軌道です。sp³とは、s軌道1個とp軌道3個が混成したことを示します。

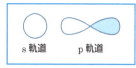

図3-7　s軌道とp軌道の形状

ここで、軌道の形はどのようになるのでしょうか。軌道は、波動関数というもので表されますから、波と考えればよいということになります。

2s軌道は球形、2p軌道はダンベル形であり、p軌道の色の違いは＋位相と－位相（逆位相）を表しますから、2s軌道と2p軌道が混ざると、両方の性質を併せもったダンベル形になります（図3-8）。

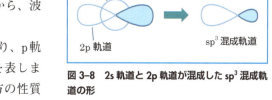

図3-8　2s軌道と2p軌道が混成したsp³混成軌道の形

この大小を合わせたダンベル形が4個存在し、互いに電子の反発を避けるために、最も**安定な空間配置の正四面体ができる方向に分散します。**これらの4つの軌道を使って4つの水素原子とσ結合を形成するので、メタンの形は正四面体になります。このときの軌道間のなす角度は、109.5°となります（図3-9）。

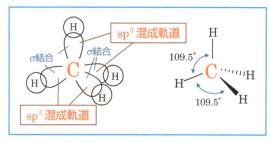

図3-9　メタンCH₄の形

エタンC₂H₆の炭素原子は2つともsp³混成軌道です（図3-10）。一方の炭素原子に注目すると、4個のsp³混

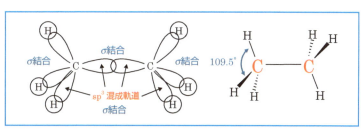

図3-10　エタンC₂H₆の形

3.3　混成軌道　51

成軌道がなす角度は109.5°です。したがって、炭素原子を中心に正四面体構造を形成しています。

sp^3混成軌道の特徴的な正四面体構造は、分子の安定性と反応性に大きな影響を与えます。この構造によって、電子対反発が最小化され、エネルギー的に最も安定な配置が実現されます。また、この混成軌道の理解は、有機化学における多くの化合物の構造や性質を説明する上で基礎となる重要な概念です。

3.3.2 sp^2混成軌道

sp^2混成軌道は、炭素原子の電子配置を説明する上で重要な概念のひとつです。sp^2混成軌道では、1個のs軌道と2個のp軌道が混成し、3個の等価な混成軌道が生成されます。また、二重結合を1個もつ分子（例：エチレンC_2H_4、ホルムアルデヒド HCHO）にみられます。これらの軌道は同じエネルギーレベルをもち、平面上に均等に広がり、平面三角形構造を形成します（結合角約120°）。この幾何学的配置は、電子対の反発を最小限に抑え、分子の安定性を高めます。

炭素原子の2s軌道の電子2個のうちの1個が昇位してp軌道に入るまではsp^3混成軌道と同様ですが（s軌道1個とp軌道3個に電子が1個ずつ配置された状態になっています）、この状態からs軌道1つとp軌道2つが混じり合い、3つのsp^2混成軌道と1つのp軌道（$2p_z$）となります（図3-11）。

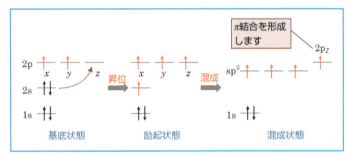

図 3-11　炭素原子のsp^2混成軌道の形成

つまり、$2p_z$軌道はそのままで、3つのsp^2混成軌道（$2p_z$軌道は関係していないので、z軸方向の成分を含みません。この場合、$2p_z$を混成に参加させませんでしたが、これは任意であり、$2p_x$と$2p_y$を選んでも構いません。）は互いに電子反発を避け、安定な正三角形の頂点に向かう方向を向きます。したがって、sp^2炭素の形は、図3-12のようになります。

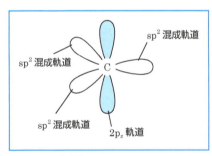

図 3-12　sp^2炭素の形

3つのsp^2混成軌道はz軸方向の成分を含みませんから、xy平面上に正三角形の形で存在します。したがって、エチレンの構造は、図3-13のようになります。それぞれの結合間の角度は約120°です。

エチレンC_2H_4のC-C結合に注目してみると、2つの炭素原子Cはエタンのときと同様、ダンベル部分どうしが重なり合ってσ結合を形成してい

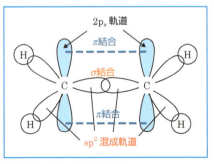

図 3-13　エチレンC_2H_4の形

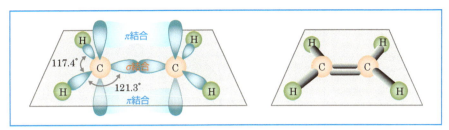

図 3-14　エチレン C_2H_4 にみられる水素原子の結合の様子

ます（図 3-14）。混成軌道の平面状に混成軌道に関与しなかった $2p_z$ 軌道 1 個が垂直に位置し、これも位相が同じなので、隣の炭素原子の $2p_z$ の不対電子と π 結合を形成します。この結合は、軌道の側面で重なり合うことによってできるため、σ 結合よりも弱い結合です。

図 3-13 のエチレンの炭素間結合は、一見すると σ 結合 1 本と π 結合 2 本の 3 重結合のようにみえますが、π 結合は 2 つの p 軌道が上どうしおよび下どうしで重なって 1 つの結合ができるため、上下セットで 1 本分になります。したがって、これは 2 重結合ということになります。

σ 結合だけなら C－C は自由回転できますが、π 結合が存在すると、$2p_z$ 軌道は並んでいなければならないため、二重結合は回転ができません。また、$2p_z$ 軌道が並んでいるために、4 つの水素は同一平面上に存在することになります（図 3-14）。

sp^2 混成軌道の理解は、アルケンやカルボニル化合物など、多くの有機化合物の構造や反応性を説明する上で非常に重要です。また、この混成軌道の特性は、グラフェンなどの平面状炭素材料の電子的性質を理解する上でも重要な役割を果たしています。

3.3.3　sp 混成軌道

sp 混成軌道は、炭素原子の電子配置を説明する上で非常に重要な概念のひとつです。**sp 混成軌道**では、1 個の s 軌道と 1 個の p 軌道が混成し、2 つの等価な軌道を生成します。2 つのまったく同じエネルギーと形状をもつ新しい軌道を形成します。これらの軌道は空間的に 180°の角度で反対方向に伸びており、完全な直線構造をとります（結合角 180°）。三重結合を 1 個もつ分子（例：アセチレン C_2H_2）にみられます。

sp 混成軌道についても、sp^3 や sp^2 混成軌道と同様な考え方で組み立てることができます（図 3-15）。sp 混成軌道は、1 個の s 軌道と 1 個の p 軌道が混じり合い 2 個の等価な軌道です。そして、それぞれの結合間の角度は 180°です。ここで $2p_y$ 軌道と $2p_z$ 軌道はそのままで、できた sp 軌道は x 成分のみを含みます。

2 個の sp 軌道の配置は、電子間反発が最小になるよう 180°の角度に広がった形、つまり、直線形になります。この sp 混成軌道と混成に組み入れられていない $2p_y$ 軌道、$2p_z$ 軌道は、互

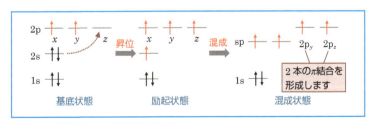

図 3-15　炭素原子の sp 混成軌道の形成

図 3-16 sp 炭素の形

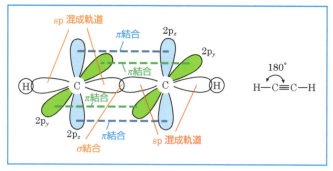

図 3-17 アセチレン C_2H_2 の形

いに直交しています（図3-16）。

　アセチレンC_2H_2や二酸化炭素CO_2における炭素原子は、不対電子をもった2個の混成軌道があるため、アセチレンや二酸化炭素における炭素の結合手は直線状に伸びています。

　sp^2混成軌道と同様、sp軌道もσ結合を形成します。s軌道は、p軌道よりエネルギー準位が低いため、これらが混じり合ったsp混成軌道は$2p_y$軌道と$2p_z$軌道よりエネルギー準位が低くなります。このため、混成軌道でσ結合をつくったほうが、p軌道でσ結合をつくるより安定になります。

　アセチレンの三重結合は、(sp−sp)のσ結合と2個の($2p_y$−$2p_y$, $2p_z$−$2p_z$)のπ結合から形成されています（図3-17）。炭素−炭素間の結合距離は、単結合＞二重結合＞三重結合の順に短くなります。たとえば、単結合のエタン（C−C結合）は154 pm（pm = 10^{-12} m）、二重結合のエチレン（C＝C結合）は134 pm、三重結合のアセチレン（C≡C結合）は120 pmと、結合次数（結合を表す線）が増えると結合距離が短くなります。

　sp混成軌道の理解は、アルキンやニトリルなど、直線構造をもつ多くの有機化合物の構造や反応性を説明する上で非常に重要です。また、この混成軌道の特性は、分子の対称性や電子的性質を理解する上でも重要な役割を果たしています。

3.3.4　炭素原子以外の混成軌道

A　アンモニアNH_3（sp^3混成軌道）

　4個のsp^3混成軌道をもち、その1個に非共有電子対（ローンペア）が収容されています。残りの3個のsp^3混成軌道の電子が水素の1s軌道の電子とσ結合しています（図3-18）。

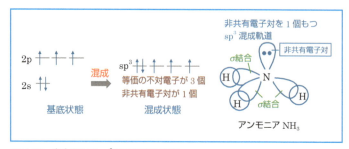

図 3-18　窒素原子のsp^3混成軌道の形成

B　水H_2O（sp^3混成軌道）

　4個のsp^3混成軌道をもち、その2個に非共有電子対が収容されています。残りの2個のsp^3

混成軌道の電子が水素の1s軌道の電子とσ結合しています（図3-19）。

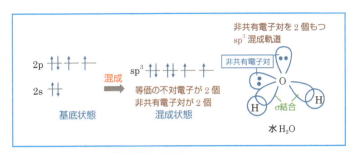

図 3-19　酸素原子のsp³混成軌道の形成

3.3.5　混成軌道と酸性度

　一般に、R－H→R⁻＋H⁺となりやすい化合物（R－H）を酸性度が高い物質とよんでいます。エタン、エチレン、アセチレンの3つについて、それぞれの酸性度を考えてみましょう。酸性度とは、H⁺を放出しやすい度合いのことを指します。

　エタンC_2H_6はsp³炭素、エチレンC_2H_4はsp²炭素、アセチレンC_2H_2はsp炭素から成り立っています（図3-20）。sp³混成軌道はs軌道1個とp軌道3個が、sp²混成軌道はs軌道1個とp軌道2個が、sp混成軌道はs軌道1個とp軌道1個が、それぞれ混ざったものです。

　それぞれの混成軌道におけるs軌道が占める割合$\left(\text{s軌道性}=\dfrac{\text{s軌道の数}}{\text{s軌道の数}+\text{p軌道の数}}\right)$は、sp³混成軌道が25 %（1/4）、sp²混成軌道が33 %（1/3）、sp軌道が50 %（1/2）です。

　s軌道は、p軌道より原子核のプラス電荷（＋）に近いことから、マイナス電荷（－）を安定化しやすい傾向があります。すなわち、s軌道性（s性）が高い（s軌道の割合が高い）ということは、マイナス電荷を安定化しやすいということを意味します。マイナス電荷を安定化しやすいということは、R⁻になりやすいということになります。言い換えれば、H⁺を放出しやすいことを意味します。すなわち、酸性度が高い、ということになります。ただし、ここでの酸性度はH⁺の放出のしやすさの比較であり、酸性を示すことではありません。

　炭素原子のs軌道性が高い順に並べると、

　　アセチレン（sp混成軌道）＞エチレン（sp²混成軌道）＞エタン（sp³混成軌道）

となります（表3-1）。

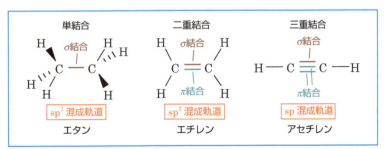

図 3-20　炭素原子の混成と炭素－炭素間の結合（単結合、二重結合、三重結合）

3.3　混成軌道　　55

表 3-1 各混成軌道の比較

混成軌道	sp³ 混成軌道	sp² 混成軌道	sp 混成軌道
混成軌道の形	109.5°　正四面体	120°　平面	180°　直線
混成軌道間の角度	109.5°	120°	180°
原子価	4	3	2
s 軌道性	25%	33%	50%
酸性度	小	中	大

酸性度が高い順に並べると、

アセチレン＞エチレン＞エタン

となります。

軌道のエネルギー準位は、2sより2pのほうが高いですが、混成軌道のsp³、sp²、spはその中間に位置します。このことから、混成軌道のs性が大きいほどエネルギー準位は低くなることがわかります（図3-21）。

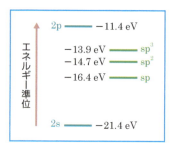

図 3-21　混成軌道のエネルギー準位

3.4　分子軌道法

分子軌道とは、分子内の電子の振る舞いを説明するための量子力学的な概念です。**分子軌道**は、分子全体に広がる電子の波動関数です。これは原子軌道が単一の原子に局在しているのとは対照的です。分子軌道は、複数の原子軌道が相互作用して形成されます。通常、エネルギーの近い原子軌道どうしが結合して分子軌道を形成します。

共有結合の説明法として原子価結合法と並ぶもうひとつの方法が分子軌道法です。分子軌道法では、分子中の電子の波動関数として、特定の原子に所属する軌道ではなく、分子全体に大きく広がった軌道を考えます。

原子に、1s、2s、2p軌道といった原子軌道があるように、分子にも特定のエネルギーをもった分子軌道があります。その分子内電子は、パウリの排他原理やフントの規則にしたがって安定な軌道から順次配置されていきます。

分子軌道法では、分子全体に広がる分子軌道に電子が配置されことで結合ができると考えます。ある原子の近くに電子がいるときには、分子軌道はその原子の原子軌道とよく似た形にみえます。また別の原子の近くに電子がきたときには、その別の原子の原子軌道に似た形になると考えられます。

簡単に述べると、分子軌道は個々の原子の原子軌道を組み合わせて得られるものです。原子軌道の組み替えで分子軌道を求めるわけで、元の軌道が2個ならば2個、n個ならばn個の分子軌道ができてきます。たとえば、水素分子は水素原子の1s軌道2個が重なり合ってできたもので、1つの共有電子対をもちます。

しかし、水素分子の電子は2個の水素原子核の周りに分布しており、ヘリウムの1sの2電子が原子軌道に配置されているのとは電子の分布が異なります。まず、最も簡単な水素分子についてその様子を考えてみましょう。

図3-22に水素原子の分子軌道が形成される過程を示します。2個の水素原子を区別するために、それぞれをH_AとH_Bとし、それらの原子軌道の波動関数をψ_Aとψ_Bとします。水素分子の形成過程は、原子軌道を重ね合わせなので、分子軌道の波動関数ψは近似的に次のように表すことができます。

$$\psi = c_A \psi_A + c_B \psi_B$$

ここで、c_A、c_Bはそれぞれ規格化定数です。規格化とは、波動関数の確率密度の総和が1になるようにスケールを調整することを指します。これは、電子が空間内のどこかに必ず存在することを意味します。この原子軌道関数の一次結合には、2種類のψ_aとψ_bがあります。結合性軌道では、原子核間の領域で電子密度が増加し、電子が原子核を引き寄せることで結合を強めます。一方、反結合性軌道では、電子密度が原子核間より外側に集中するため、原子核間の反発力が増し、結合が弱まります。規格化の条件を代入すると、

$$\psi_b = \frac{1}{\sqrt{2(1+S)}}(\psi_A + \psi_B) \qquad \psi_a = \frac{1}{\sqrt{2(1-S)}}(\psi_A - \psi_B)$$

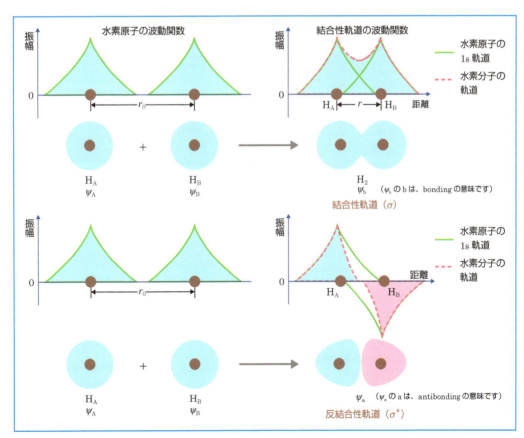

図3-22 水素原子の分子軌道が形成される過程

と表すことができます。ここで、Sはψ_Aとψ_Bの重なりの割合を示す関数で、重なり積分とよばれます。Sの値が大きいほど安定的です。ψ_bは結合性軌道の波動関数で、ψ_aは反結合性軌道の波動関数です。

分子軌道には、結合性軌道と反結合性軌道の2種類があります。これらは分子の安定性と化学結合の性質に大きな影響を与えます。

結合性軌道は、相互作用する原子軌道のエネルギーより低いエネルギー準位をもつ分子軌道です。この軌道に電子が占有されると、分子全体のエネルギーが低下し、より安定な状態になります。結合性軌道では、原子核間の領域で電子密度が増加し、これによって原子間の引力が強まります。結果として、化学結合が形成され、分子の安定性が高まります。

一方、**反結合性軌道**は、相互作用する原子軌道のエネルギーより高いエネルギー準位をもつ分子軌道です。この軌道に電子が占有されると、分子全体のエネルギーが上昇し、不安定な状態になります。反結合性軌道では、原子核間の領域で電子密度が減少し、これによって原子間の反発力が増加します。その結果、化学結合が弱められ、極端な場合には結合の解離につながる可能性があります。

重なり積分(S) は、2つの原子軌道関数ψ_aとψ_bの積を全空間で積分したもので、2つの原子軌道関数の重なりの程度を表す量です。

$$S_{ab} = \int \psi_a^* \, \psi_b \, d\tau$$

ここで、ψ_a^*はψ_aの複素共役です。

次に、水素分子の分子軌道のエネルギーを考えてみます。分子軌道関数ψ_aとψ_bのエネルギーをE_aとE_bとすると、

$$E_b = \alpha + \frac{\beta - \alpha S}{1 + S} = \frac{\alpha + \beta}{1 + S}$$

$$E_a = \alpha - \frac{\beta - \alpha S}{1 - S} = \frac{\alpha - \beta}{1 - S}$$

で表せます。ここで、αは**クーロン積分**、βは**共鳴積分(交換積分)** とよばれます。

クーロン積分は、+、−電荷の引力、斥力(反発力)によるエネルギー変化を表します。また、**共鳴積分**は、原子軌道が結びついて電子が相手の原子の周りに存在するようになるためのエネルギー変化を表します。原子核間距離が大きくなるにしたがって、重なり積分は、0に近づきます。また、クーロン積分は、水素原子基底状態のエネルギーに近づきます。そして、共鳴積分は、ある核間距離で極小値をとりますが、核間距離が大きくなるにしたがって0に近づきます(図4-15を参照)。

水素分子の分子軌道は図3-23のように、元の原子軌道(ψ_A、ψ_B)よりエネルギーの低い安定な軌道(ψ_b)とエネルギーの高い軌道(ψ_a)からなります。水素分子の場合、1s軌道の重なり合いによってつくられた**σ結合**ですから、ψ_bの軌道をσ、ψ_aの軌道をσ*(シグマスターと読みます)で示します。*印のついた軌道は反結

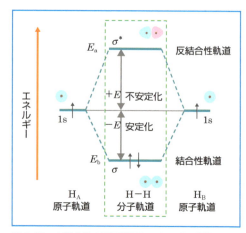

図3-23 水素分子の電子配置とエネルギー準位

合性軌道であることを表します。σ結合でできた分子軌道をσ軌道といいます。また、σ軌道上の電子をσ電子とよびます。

　水素分子は2個の電子をもっているので、パウリの排他原理に従い、図3-23のようにエネルギーの低い分子軌道σにスピンを逆にして電子が2個入り、エネルギーの高い分子軌道 σ* は電子の存在しない空軌道になります。エネルギーの低い分子軌道に電子が2個入ると、元の原子の状態より$2×E$（2個の電子がそれぞれEだけ安定化する）に相当するエネルギー分が安定になりますから、水素原子はしっかり結合した分子をつくります。

　しかし、エネルギーの高い軌道に電子が入った場合には、結合をつくらないで元の原子の状態に戻ったほうが有利になります。その意味で、エネルギーが低いほうの分子軌道は結合性軌道、エネルギーが高いほうの分子軌道は反結合性軌道です。

　2個の原子が1個ずつ電子を出して共有結合ができます。それを言い換えると、「2個の原子が電子1個ずつを結合性分子軌道に入れると共有結合ができる」となります（図4-13を参照）。

　図3-24に結合性軌道と反結合性軌道における電子と原子核の相互作用を示します。同位相（＋位相　＋　＋位相）で原子軌道どうしが重なると、正の電荷を帯びた原子核の間に負の電荷をもつ電子が存在し、原子核を結びつけるようにします。そのような軌道が結合性軌道です。

　一方、逆位相（＋位相　＋　－位相）で重なると、電子は外側から原子核を引っ張って引き離そうとし、さらに原子核も反発して2つの原子核は互いにできるだけ離れようとします。このような軌道が反結合性軌道です。

　原子軌道の重ね合わせによってエネルギー的に安定な結合性軌道と不安定な反結合性軌道が生じることになります。結合性軌道に入った電子は、2つの原子核の間に存在しやすく、核と核を結びつける働きがあります。そのため、元の原子の状態より安定になります。一方、反結合性軌道に入った電子は、2つの原子核の外側に存在しやすいため、核と核を引き離す性質があります。

　原子軌道にはs軌道だけではなくp軌道やd軌道などもあります。ここではs軌道またはp軌道が2つ関わる場合に絞って、どのような分子軌道ができるのかを考えてみます。図3-25にs軌道とp軌道の組み合わせを示します。

　s軌道とp軌道の組み合わせについてみてみると、球形のs軌道とダンベル形のp軌道の片方とが交わる形で、重なった（同じ符号）結合性軌道と、接した（異なった符号）反結合性軌道を

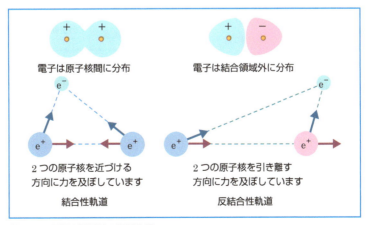

図 3-24　電子と原子核の相互作用

3.4　分子軌道法

生じます。

　これらは原子軌道が頭と頭の重ね合わせで、結合軸の方向から見たときにs軌道と同じように丸い形にみえますから、σ結合になります。できた分子軌道はσ軌道です。

　それではp軌道の場合はどうでしょうか。この場合も、同じ方向のものどうし、つまりp_xとp_x、p_yとp_y、p_zとp_zならば、結合性軌道と反結合性軌道が生じます。

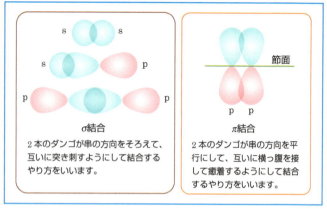

図 3-25　s 軌道と p 軌道の組み合わせ

　この中でp_x軌道どうしの組み合わせは、頭と頭が重さなっていますから、横からみると丸い形にみえます。ですからσ結合です。

　これに対してp_y軌道どうし、p_z軌道どうしの組み合わせでは、側面どうしの並びですから、横から見てもp軌道そのもののダンベル形です。そのため、このような結合はπ結合になります。また、できた分子軌道をπ軌道といいます。

　ところが、p_y軌道とp_z軌道、p_x軌道とp_y軌道、p_x軌道とp_z軌道の組み合わせは、直交（角度90°）なので、結合性軌道にも反結合性軌道にもなれません。したがって、このような組み合わせはあり得ません。

　ヘリウム分子He_2をつくることができるかどうかを考えてみましょう。もし、二原子分子のHe_2をつくると、その分子は、結合性軌道と反結合性軌道の電子数が等しくなります。反結合性軌道のエネルギー増大幅は、結合性軌道のエネルギー低下幅以上であるため、結合性軌道と反結合性軌道に同数の電子が入ると、エネルギー的に安定化せず、分子は形成されにくくなります（図3-26）。したがって、He_2分子はできにくいことになります。

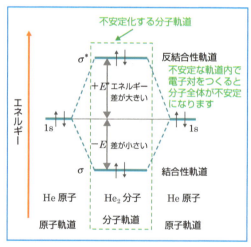

図 3-26　ヘリウム分子の電子配置とエネルギー準位

3.5　共役と共鳴

　共役と共鳴は分子の電子構造を理解する上で重要な概念です。共役は分子内で単結合と二重結合（または三重結合）が交互に並んでいる実際の構造を指し、π電子が分子全体にわたって非局在化します。一方、共鳴は単一の構造式で正確に表現できない電子の分布状態を指し、複数の可能な構造（共鳴構造）の重ね合わせとして理解されます。

3.5.1 共役

共役とは、分子内でπ結合が連続して存在する構造を指します。すなわち、一般的には、単結合と二重結合（または三重結合）が交互に並んでいる状態です。共役系では、π電子が分子全体にわたって非局在化し、特殊な性質を示します。

ここで、**π電子の非局在化**とは、π電子が特定の原子や結合に固定されず、共役系全体に広がって存在する現象を指します。通常、二重結合のπ電子は2つの原子間に局在していますが、共役系では隣接する単結合を介してπ電子が移動できるようになります。これによって、電子は分子全体にわたって「雲」のように広がり、エネルギー的により安定な状態となります。

代表的な例として1,3-ブタジエンがあります。この分子では、2つの二重結合が1つの単結合を挟んで存在しています（図3-27）。

π電子の非局在化によって、分子全体のエネルギーが低下し、安定性が増します。求電子付加反応では、1,4-付加が起こりやすくなります。また、共役系が長くなるほど、より長波長の光を吸収するようになります。たとえば、

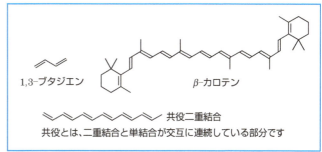

図3-27 共役系の代表的な物質

(1) エチレン（C＝C）：吸収波長 165 nm（紫外線領域）
(2) 1,3-ブタジエン（C＝C－C＝C）：吸収波長 217 nm（紫外線領域）
(3) β-カロテン（11個の共役二重結合）：吸収波長 450 nm（可視光領域、オレンジ色）

などがあります。この関係は、共役系が長くなるほどπ電子の非局在化が進み、結合性軌道と反結合性軌道間のエネルギー差が小さくなることに起因します。

薬学的には、多くの生理活性物質や医薬品が共役系を含んでおり、その構造が薬理作用に大きく関与しています。たとえば、ビタミンA、β-カロテン、キノロン系抗菌薬などがあります。

3.5.2 共鳴

共鳴は、分子内のπ電子が非局在化し、単一の構造式で正確に表現できない電子の分布状態を指します。これは、複数の可能な構造（共鳴構造）の重ね合わせとして理解されます。**共鳴構造**とは、分子内の電子配置が異なる複数の構造式のことで、どれも分子の実際の構造を正確に表現するには不十分です。分子の実際の構造は、これらの共鳴構造の重ね合わせとして表されます。共鳴構造の代表的な例としては、ベンゼン（図3-28）、カルボキシ基、ニトロ基、アミド基、アリルカチオン、フェノールなどがあります。共鳴は、構造式を「↔」で結んだ共鳴構造式で表します（図3-29）。

ベンゼンの例を詳しく説明すると、2つの等価な共鳴構造があり、実際の構造はこれらの中間です。共鳴によってベンゼンは予想以上に安定で、これは共鳴エネルギーまたは芳香族安定化エネルギーとよばれます。

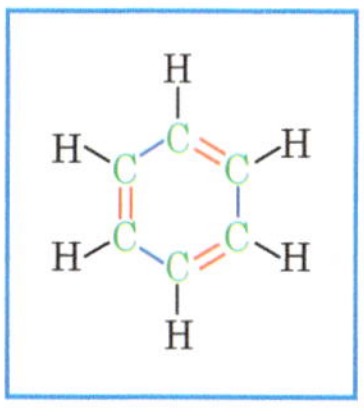

共鳴エネルギーは、実際の分子の安定性が、個々の共鳴構造から予想される安定性より大きい場合のエネルギー差を指します。また、**芳香族**

図3-28 ベンゼン

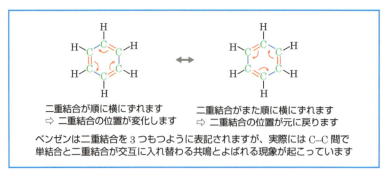

二重結合が順に横にずれます
⇨ 二重結合の位置が変化します

二重結合がまた順に横にずれます
⇨ 二重結合の位置が元に戻ります

ベンゼンは二重結合を3つもつように表記されますが、実際にはC–C間で単結合と二重結合が交互に入れ替わる共鳴とよばれる現象が起こっています

図 3-29　ベンゼンの共鳴構造

安定化エネルギーは、特に芳香族化合物（主にベンゼンとその誘導体）に関連する共鳴エネルギーの一種で、環状化合物の環の内側に $(4n+2)$ 個のπ電子が存在する場合に観察されます（n は0以上の整数）。たとえば、ベンゼンの共鳴エネルギーは次のように計算されます。

　理論的に計算された構造のエネルギー：-359 kJ/mol
　実際に測定されたベンゼンの生成熱：-208 kJ/mol
　共鳴エネルギー＝$-208-(-359)=151$ kJ/mol

この 151 kJ/mol が、ベンゼンの共鳴による追加の安定化エネルギーです。

共鳴状態とは、分子が複数の可能な共鳴構造式（極限構造式）の間を高速で変化している状態を指します。この状態では、分子の実際の構造はどの共鳴構造とも完全に一致せず、それらの中間的な性質を示します。電子が特定の原子や結合に固定されず、分子全体に広がります。電子がより広い範囲を動き回れることで、分子全体のエネルギーが低下し、より安定になります。単結合と二重結合の中間的な性質を示すことがあります。共鳴によって、分子の特定の部位が反応しやすくなったり、逆に安定化して反応しにくくなったりします。

ベンゼンは6個の炭素原子Cが sp² 混成軌道を形成し、環状に結合した分子です。6個の炭素原子によって形成されたπ結合は、構造式に示されるような交互に存在する二重結合の部分にとどまるので

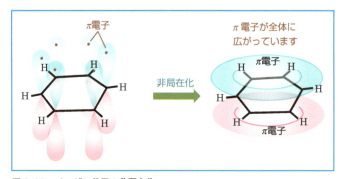

図 3-30　ベンゼン分子の非局在化

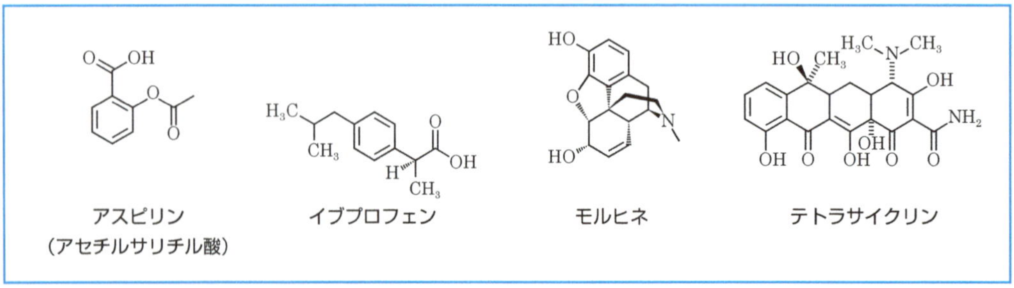

| アスピリン（アセチルサリチル酸） | イブプロフェン | モルヒネ | テトラサイクリン |

図 3-31　共鳴構造をもつ主な医薬品の分子構造式

はなく、6個の炭素原子上に均一に広がります（図3-30）。

薬学的には、多くの医薬品の分子が共鳴構造をもち、これがその薬理作用や物理化学的性質に影響を与えています。例として、アスピリン、イブプロフェン、モルヒネ、テトラサイクリンなどがあります（図3-31）。

3.5.3 共役と共鳴の相互関係

共役と共鳴は密接に関連し、互いに補完し合う概念です。多くの場合、共役系の分子は共鳴構造をもちます。共役系は分子に安定性を与え、この安定性は共鳴構造によってさらに強化されます。両者は分子の反応性や光吸収特性にも影響を与えます。

医薬品の分子において、共役系と共鳴構造の組み合わせは、分子の平面性、電子分布、そして標的タンパク質との相互作用に重要な役割を果たします。これらの特性は、薬物の活性や選択性に直接影響を与えます。

このように、共役と共鳴は密接に関連し、互いに補完し合う概念です。両者を理解することで、分子の構造、安定性、反応性、そして機能をより深く理解することができます。特に有機化学や生化学、そして創薬の分野では、これらの概念の相互関係を理解することが非常に重要です。

3.6 双極子と双極子モーメント

化学結合を形成する2つの原子が異なる電気陰性度をもつとき、結合電子に偏り（分極）が生じ、負に荷電した部分と、正に荷電した部分が生じます。双極子モーメントの方向は、−から＋への方向を正にとります。このため矢印は、電気陰性度の高い原子（図3-32中ではCl）から低い原子（図3-32中ではH）へ向かって描かれます。

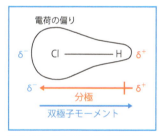

図3-32 塩化水素HClの双極子モーメント

しかし、電子雲の偏り（分極）のほうがイメージを捕らえやすいため、プラスのついた矢印（⊕→）を用いて⊕から⊖方向へ矢印を書きます。つまり、双極子モーメントとは反対になります。

水分子H₂Oを例にして考えてみましょう（図3-33）。O原子とH原子が共有結合で結びついているとします（O−H）。OとHの間には、共有結合で2個の電子が共有しています（H:Ö:H）。O原子が電子を引っ張る力が強い（O原子の電気陰性度は3.4、水素原子は2.2です）と、電子をO原子のほうに引っ張っています。電気陰性度が強いということは電子を引き付ける力が強いということです。

したがって、O−Hの共有結合にある2個の電子は、OとHの中間部に位置するのではなく、O原子のほうへわずかに偏っています。O原子

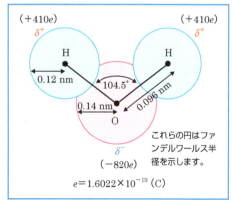

図3-33 水分子の極性
酸素原子Oに負電荷（δ⁻）が、水素原子Hに正電荷（δ⁺）が偏在し、水分子は極性分子となっています。

は、中性でイオン化しているわけではありませんが、少しだけマイナスに傾いています。この状態をδ^-と書き表します。

電子を引っ張られたH原子は、電子が少なくなって、少しだけプラスに傾いています。この状態をδ^+と書き表します。δは、微少な（わずかな）変化を表しています。O－Hの共有結合は、O原子側がマイナス（δ^-）、H原子側がプラス（δ^+）に偏った結合になっています。

共有結合に関与している原子が異なる電気陰性度をもつ場合、電子は電気陰性度の高い原子のほうに偏って分布します。これによって、結合内で電荷の偏りが生じます。物質内で正電荷と負電荷が空間的に分離する現象を**分極**といいます。また、大きさが等しく符号が反対の2つの電荷（正と負）が、わずかな距離を隔てて配置された状態を**双極子**といいます。

双極子は、正と負の電荷が空間的に分離した状態を表します。これは、一方の端に正電荷、もう一方の端に負電荷が存在する構造となっています。双極子間には、電気的な相互作用によって引力と斥力が働きます。同じ向きの双極子どうしは互いに引き合い、逆向きの双極子どうしは反発し合います。この相互作用は、双極子の向きと相対的な位置関係によって決まります。

双極子モーメントは、双極子の強さを表す量で、電荷の大きさ（q）と2つの電荷間の距離（r）の積で定義されます（図3-34）。その記号は、μで、国際単位はC・mですが、デバイ（D）とよばれる単位も併行して利用されています。

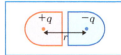

図3-34　双極子モーメント

$$\mu = q \cdot r (\text{C}\cdot\text{m}) = 電気素量（1.6022 \times 10^{-19}\text{ C}）\times r(\text{m}) \times \frac{共有結合のイオン結合性（\%）}{100}$$

表3-2　よくみられる結合の双極子モーメント [D]

結合	双極子モーメント	結合	双極子モーメント	結合	双極子モーメント
H－C	0.4	C－C	0	C＝C	0
H－N	1.31	C－N	0.22	C＝O	2.3
H－O	1.51	C－O	0.74	N＝O	2.0
H－F	1.94	C－F	1.41	C≡C	0
H－Cl	1.08	C－Cl	1.46	C≡N	3.5
H－Br	0.78	C－Br	1.38		
H－I	0.38	C－I	1.19		

表3-3　いくつかの化合物の双極子モーメント [D]

物質名	化学式	双極子モーメント	物質名	化学式	双極子モーメント
アンモニア	NH_3	1.47	アセトニトリル	CH_3CN	3.92
一酸化窒素	NO	0.15	エタノール	C_2H_5OH	1.69
塩化水素	HCl	1.08	ジエチルエーテル	$C_2H_5OC_2H_5$	1.15
オゾン	O_3	0.53	ギ酸	$HCOOH$	1.41
臭化水素	HBr	0.82	酢酸	CH_3COOH	1.74
二酸化窒素	NO_2	0.316	o-ジクロルベンゼン	$C_6H_4Cl_2$	2.50
水	H_2O	1.85	m-ジクロルベンゼン	$C_6H_4Cl_2$	1.72
ヨウ化水素	HI	0.44	p-ジクロルベンゼン	$C_6H_4Cl_2$	0
硫化水素	H_2S	0.97	フェノール	C_6H_5OH	1.54
二酸化炭素	CO_2	0	メタノール	CH_3OH	1.70

1 D ＝ 3.335 64×10⁻³⁰ C・m の関係があります。

2つの原子の電気陰性度差が大きいとき、分極の度合いが大きくなります。すなわち、双極子モーメントが大きくなります（表3–2）。極性が大きい化合物は双極子モーメントが大きく、小さな化合物は双極子モーメントが小さくなります。表3–3にいくつかの化合物が示す双極子モーメントの値を示しています。

3.7　分子の極性と分子の形状

3.7.1　無極性分子

2原子間で生じる極性をベクトルで表した場合に、分子の形状によって2原子間で生じる極性が打ち消され、分子全体でベクトルの和が0になる分子を**無極性分子**といいます（電気陰性度の差がおおよそ0.3未満）。分子全体として電荷の偏りがない状態になります。言い換えると、正（＋）の電荷の中心と負（－）の電荷の中心が一致している分子です。これは以下の場合に起こります。

(1) **同種原子からなる分子**：たとえば、H_2、O_2、Cl_2 のような二原子分子は、電気陰性度の差がないため、無極性です。

(2) **対称的な構造をもつ分子**：二酸化炭素 CO_2、三フッ化ホウ素 BF_3、四塩化炭素 CCl_4 のように、極性をもつ結合が対称的に配置されている場合、それぞれの双極子モーメントが打ち消し合い、分子全体としては無極性になります（図3–35）。

無極性分子には、①無極性溶媒に溶けやすい、②沸点が比較的低い、③ファンデルワールス力による弱い分子間相互作用を示すなどという特徴があります。

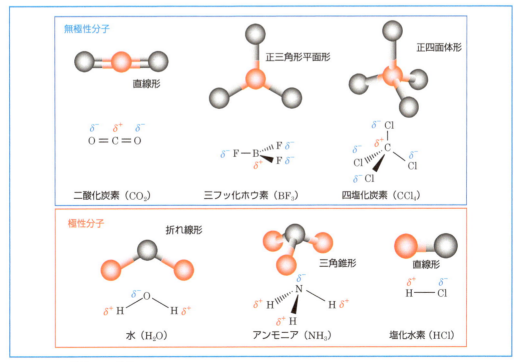

図 3–35　無極性分子と極性分子

3.7.2 極性分子

　正の電荷の中心と負の電荷の中心とが一致せず、離れている状態だと、分子全体として電荷の偏りが起こります。このように、分子全体でみたときに電荷の偏りがある分子を**極性分子**といいます（電気陰性度の差が0.3〜2.0）（図3-35）。これは以下の場合に起こります。

(1) **異なる原子間の結合**：電気陰性度の差が大きい原子間の結合は、電子の偏りを生じさせます。

(2) **非対称的な構造をもつ分子**：H_2OやNH_3のように、極性をもつ結合が非対称に配置されている場合、分子全体として極性をもちます。

　極性分子には、①極性溶媒に溶けやすい、②沸点が比較的高い、③双極子−双極子相互作用や水素結合などの強い分子間相互作用を示すといった特徴があります。

　分子の極性は、その分子の化学的・物理的性質に大きな影響を与えます。たとえば、水の高い沸点や特異な溶解性は、その強い極性に起因しています。薬学的には、薬物の極性はその吸収（absorption）、分布（distribution）、代謝（metabolism）、排泄（excretion）＝薬物動態（ADME、アドメ）に大きく影響します。たとえば、極性の高い薬物は一般的に水溶性が高く、腎臓からの排泄が速い傾向にあります。一方、脂溶性（無極性）の高い薬物は、血液脳関門を通過しやすい特徴があります。

国試にチャレンジ

問3-1 分子軌道法に基づく基底状態の分子の電子配置に関する記述のうち、正しいのはどれか。2つ選べ。　　　　　　　　　　　（第107回薬剤師国家試験　問91）
1　電子は特定の原子に属さず、分子全体に広がっている。
2　電子は一つの軌道に何個でも入ることができる。
3　一つの軌道に同じ向きのスピンをもつ電子が複数入ることができる。
4　電子はエネルギーの高い軌道から優先的に入ることがある。
5　結合次数は、(結合性軌道の電子数−反結合性軌道の電子数)/2で与えられる。

問3-2 非共有電子対（孤立電子対）がsp^2混成軌道に収容されているのはどれか。1つ選べ。
　　　　　　　　　　　　　　　　　　　　　　　　（第100回薬剤師国家試験　問7）

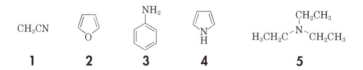

問3-3 双極子モーメントが最も大きい分子はどれか。1つ選べ。
　　　　　　　　　　　　　　　　　　　　　　　　（第98回薬剤師国家試験　問1）
　　1　HF　　2　HCl　　3　HBr　　4　HI　　5　H_2

問3-4 永久双極子モーメントをもつ分子はどれか。1つ選べ。
　　　　　　　　　　　　　　　　　　　　　　　　（第109回薬剤師国家試験　問1）
　　1　ベンゼン　2　メタン　3　二酸化炭素　4　水　5　四塩化炭素

第4章 化学結合——原子どうしの結びつき

私たちの身の回りに存在するあらゆる物質は、原子が結合することによって形成されています。水分子の中で水素と酸素が結びつき、食塩の結晶の中でナトリウムと塩素が引き合っています。これらの原子間の結びつき、すなわち化学結合は、物質の性質や反応性を決定する重要な要因となります。本章で学ぶ内容は、後の章で扱う有機化学、そして生化学の基礎となるものです。化学結合の概念を十分に理解することで、より複雑な分子システムや生体内での化学反応をスムーズに学ぶことができるでしょう。

4.1 イオン結合、イオン結晶、イオン強度

原子間の結びつきを**化学結合**といい、原子間の結合様式によって共有結合、イオン結合、配位結合、金属結合があります。これらの違いは、第1章で説明した電気陰性度によって決まります。

ナトリウム原子Na（価電子＝1）のように、価電子が少ない原子（価電子数：1～3個）は、電子を放出し、陽イオンになり、貴ガス元素と同じ電子配置をとります（図4-1）。一方、塩素原子Cl（価電子＝7）のように、価電子が多い原子（価電子数：6～7個）は、電子を受け取り陰イオンとなり、貴ガス元素と同じ電子配置をとります。

陽イオンと陰イオン間には、クーロン力が働きます。このように、電子の移動によって生じたイオン間のクーロン力による結合を**イオン結合**といいます。原子間の電気陰性度の差がおよそ1.7以上のときイオン結合をとりやすい傾向があります。

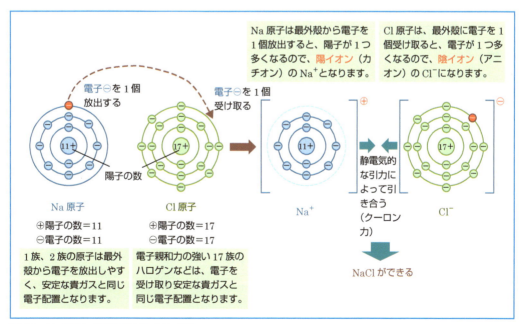

図4-1 Na原子とCl原子によるイオン結合

クーロン力は、電荷をもつ粒子や物体の間に働く電気的な力です。クーロン力は、電荷の積に比例し、距離の2乗に反比例します。また、同じ符号の電荷間では斥力（反発力）、異なる符号の電荷間では引力（吸引力）として働きます。この2つの特徴を合わせて、**クーロンの法則**といいます。定義的には、2つの点電荷間に働く力の大きさと方向を記述する物理法則となります。2つの物質に帯電する電荷量をそれぞれQ_A, Q_B [C]、距離をr [m]、両電荷間に働く力の大きさをF [N（ニュートン）] とすると、クーロンの法則は次式で表されます。

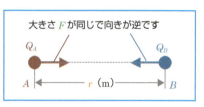

図4-2　クーロンの法則

$$F = \frac{1}{4\pi\varepsilon} \cdot \frac{Q_A Q_B}{r^2} \text{ [N]}$$

ここで、εは真空中の誘電率、rはイオン間の距離を表します（図4-2）。

例題4-1

　2つの点電荷$Q_A=+2$ μC、$Q_B=-3$ μCが、25 cm離れたところに置かれている。2つの電荷間のクーロン力の大きさを求めなさい。ただし、空気の誘電率は$\varepsilon=8.85\times10^{-12}$ F/mとする。

$Q_A = +2$ μC $= 2\times10^{-6}$ C
$Q_B = -3$ μC $= -3\times10^{-6}$ C
$r = 25$ cm $= 0.25$ m
クーロンの法則から、クーロン力Fは以下の式で求められます。

$$F = \frac{1}{4\pi\varepsilon} \cdot \frac{Q_A Q_B}{r^2} = \frac{1}{4\times 3.14\times 8.85\times 10^{-12}} \times \frac{2\times 10^{-6}\times (-3)\times 10^{-6}}{0.25^2}$$

$$= \frac{1}{111.156\times 10^{-12}} \times \frac{-6\times 10^{-12}}{0.0625} = \frac{-6}{6.94725} = -0.8636511 \fallingdotseq -0.864 \text{ N}$$

答：-0.864 N

電荷が異符号の場合（片方が正電荷、もう片方が負電荷）、$Q_A Q_B$の積が負になるため、力Fは負の値になります。この場合、電荷どうしは吸引します。

問4-1　2つの点電荷$Q_A=-4$ μC、$Q_B=-5$ μCが、40 cm離れたところに置かれている。2つの電荷間のクーロン力の大きさを求めなさい。ただし、空気の誘電率は空気の誘電率は$\varepsilon=8.85\times10^{-12}$ F/mとする。

　原子、分子、イオンが規則正しく立体的に配列されている固体物質を**結晶**といいます。陽イオンと陰イオンがクーロン力によって結びつき、規則正しく配列した固体結晶を**イオン結晶**といいます（図4-3）。イオン

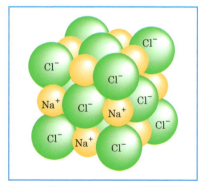

図4-3　塩化ナトリウム NaCl の結晶構造

結晶は、主に金属元素（陽イオン）と非金属元素（陰イオン）の間でイオン結合によって形成されます。代表的な例として、塩化ナトリウム NaCl、塩化カリウム KCl、炭酸カルシウム $CaCO_3$ などがあります。以下のような特徴があります。

高い融点と沸点：イオン結合は強い結合のため、状態変化には大きなエネルギーが必要です。

硬さと脆さ：強い結合で硬い一方、力を加えると同符号のイオンが接近して反発し、割れやすくなります。この性質を劈開といいます。

電気伝導性：固体状態では絶縁体ですが、融解状態や水溶液中では電気を通します。これは、イオンが自由に動けるようになるためです。

水溶性：多くのイオン結晶は水に溶けやすく、水溶液中で電解質として振る舞います。

図 4-4 のように、Na 原子をイオン化して Na^+ と電子に分離するのに 496 kJ/mol（5.14 eV、1 eV = 96.485 33 kJ/mol）のイオン化エネルギーが必要です。一方、ここで分離された電子を Cl が受け取り Cl^- になると、電子親和力として 349 kJ/mol（3.62 eV）分のエネルギーを放出します。

したがって、Na 原子と Cl 原子を Na^+ と Cl^- にするには、差し引き 147 kJ/mol（1.52 eV）のエネルギーが必要となります（**図 4-5**）。これは、核間距離が大きいと、Na 原子と Cl 原子で存在するほうが、Na^+ と Cl^- で存在するより安定であることを意味します。

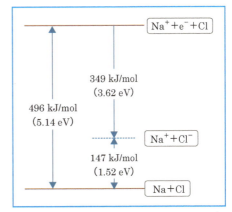

図 4-4 大きな核間距離での（Na + Cl）と（Na^+ + Cl^-）のエネルギー収支

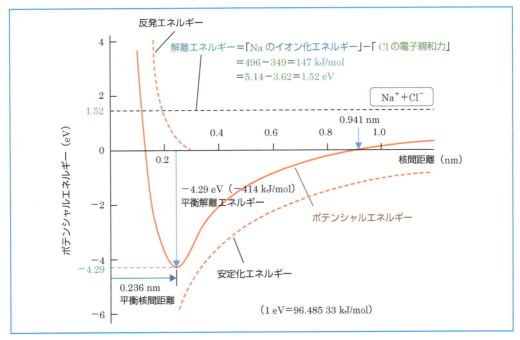

図 4-5 NaCl のポテンシャルエネルギー曲線

4.1　イオン結合、イオン結晶、イオン強度

Na⁺とCl⁻が十分に離れた大きな核間距離では、Na⁺とCl⁻で存在するより、電気的に中性なNa原子とCl原子として存在したほうが安定になります。

　しかし、図4-5のように、電気的に中性なNa原子とCl原子が近づいてもその間には引力が働かないのに対して、Na⁺とCl⁻が近づくとクーロン力が働き、エネルギーが下がります。

　このクーロン力による安定化エネルギーは、Na⁺とCl⁻が結合している距離$r = 0.236$ nmでは、-414 kJ/mol（-4.29 eV）という値になります。ポテンシャルエネルギーがマイナスの値ですが、これはNa⁺とCl⁻が無限に離れている場合に比べて、414 kJ/mol安定であることを意味します。もちろん、Na⁺とCl⁻が適切な結合距離よりさらに接近すると、原子核どうし、電子どうしのクーロン反発力が働き、エネルギー的に不安定になります。

　図4-5は、これらの安定化エネルギー、反発エネルギー、ポテンシャルエネルギーを、核間距離の関数として示しています。**ポテンシャルエネルギー**とは、安定化エネルギーと反発エネルギーを合わせたものです。図4-5から明らかのように、ポテンシャルエネルギー曲線は、ある核間距離で極小になります。この極小値をもつ平衡核間距離でNa⁺とCl⁻がイオン結合してNaClが形成されます。イオンや分子では、原子どうしが引力によって結びついています。しかし、原子どうしが近づきすぎると反発します。引力と反発力がつりあった距離を**平衡核間距離**といいます。

　電解質溶液中のすべてのイオン種の濃度と電荷を反映する数値を**イオン強度**といいます。イオン強度は、イオンの活量という概念と深く関連しています。**活量**とは、そのイオンが理想的な状態（他のイオンの影響を受けない状態）で存在するときと比べて、どれくらい活発に反応に関与しているかを示す尺度です。

　各イオンのモル濃度とその電荷の2乗の積を求めます。そして、すべてのイオンについて、その値を合計し、その半分の値をイオン強度とします。計算式は以下のとおりです。

$$I = \frac{1}{2} \times \sum_{i=1}^{n} (c_i \times z_i^2)$$

ここで、Iはイオン強度、c_iはイオンの濃度（mol/L）、z_iはイオンの電荷数です。

　イオン強度が高いほど、溶液中のイオン間の相互作用が強くなり、イオンの活量が低下します。これによって、化学反応の速度が遅くなったり、平衡がシフトしたりすることがあります。イオン強度は、反応速度や平衡定数に影響を与えることがあり、特に酸・塩基反応や沈殿反応において重要です。イオン強度は、溶液中のイオンの挙動を理解し、化学反応や測定の精度を向上させるために重要な概念です。

例題4-2

　0.1 mol/LのNaCl水溶液のイオン強度を求めなさい。ただし、NaClは完全に解離するものとする。

NaCl → Na⁺ + Cl⁻

NaClは完全に解離するので、［Na⁺］＝［Cl⁻］＝ 0.1 mol/L

　イオン強度は、$I = \dfrac{1}{2} \times \displaystyle\sum_{i=1}^{n} (c_i \times z_i^2)$ から、

$$I = \frac{1}{2}(0.1 \times (+1)^2 + 0.1 \times (-1)^2) = \frac{1}{2}(0.1 \times 1 + 0.1 \times 1) = \frac{1}{2} \times 0.2 = 0.1 \text{ mol/L}$$

答： 0.1 mol/L

問 4-2 0.05 mol/L の塩化カルシウム $CaCl_2$ 水溶液のイオン強度を求めなさい。ただし、$CaCl_2$ は完全に解離するものとする。

問 4-3 0.02 mol/L の塩化アルミニウム $AlCl_3$ 水溶液のイオン強度を求めなさい。ただし、$AlCl_3$ は完全に解離するものとする。

4.2 共有結合と共有結合結晶

非金属原子間では、最外殻の不対電子を互いに出し合って共有電子対を形成し、その電子対を共有することによって結合します。このような結合を**共有結合**といいます。個々の原子は、共有電子対を共有して貴ガスと同じ電子配置をとることで安定化します（図4-6）。

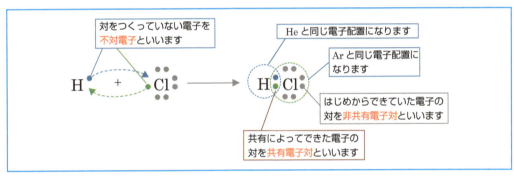

図4-6 水素原子Hと塩素原子Clの共有結合

共有結合には2種類あります。1つは原子間の結合軸上に結合電子対が存在する骨組みのような構造をとる**σ結合**、もう1つはp軌道どうしが側面で平行に重なり合う**π結合**です（図4-7）。共有結合がある場合、そのうちの1つは必ずσ結合です。すなわち、二重結合や三重結合などの不飽和結合では、そのうちの1つはσ結合で、残りがπ結合です（図4-8）。σ結合のほうがπ結合より強い結合になります。すなわち、σ結合のほうが切れにくいということになります。

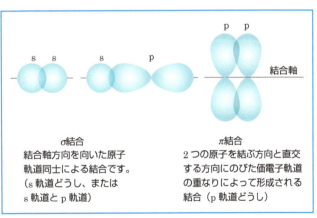

図4-7 σ結合とπ結合

1つの軌道に2個の電子が収容されているとき、これを**電子対**といいます（図4-9）。共有結

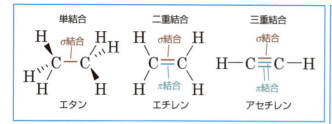

図 4-8 単結合、二重結合、三重結合にみられる σ 結合と π 結合

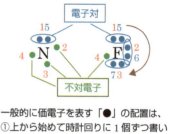

一般的に価電子を表す「●」の配置は、
①上から始めて時計回りに 1 個ずつ書いていきます。
②元素記号の四方に 1 個ずつ「●」が書かれたら、その次は元の「●」の横に並べて書きます。

図 4-9 電子対と不対電子

合に関与しない電子対は、**非共有電子対**、または、**孤立電子対**とよばれます。**ローンペア**ともいいます。非共有電子対は、省略されることが多いですが、その存在を忘れないことが重要です。

一方、原子や分子の最外殻にある、電子対を形成していない単独の電子を**不対電子**といいます。通常、電子は 2 個ずつペアになっていますが、不対電子はペアをつくっていません。したがって、化学的に不安定で、反応性が高い傾向があります。多くの遷移元素や遊離基（フリーラジカル）にみられます。ルイス構造式では、不対電子は単独の点「●」で表されます。不対電子は通常、他の不対電子と結合して安定な共有結合を形成しようとします。

構造式において、それぞれの原子から出る結合線の本数を**原子価**といい、その原子がもつ不対電子の数に相当します。たとえば、水素 H の原子価は 1、炭素 C は 4、窒素 N は 3、酸素 O は 2 です。

共有結合は、原子間で電子を共有することで形成される化学結合の一種です。この共有結合には、共有する電子対の数によって異なる種類があります。これらの結合の違いは、分子の構造、反応性、物理的性質に大きな影響を与えるため、化学や生物学、材料科学など多くの分野で重要な概念となっています。共有結合には、単結合、二重結合、三重結合があります。これらの結合について、それぞれの特徴と違いを改めて確認しましょう。

単結合：2つの原子間で1対 (2個) の電子を共有する結合です（図 4-10）。1本の結合線 (−) を原子間に結んで、A−B のように表記します。例として、H−H（水素分子）、H_3C−CH_3（エタンの炭素間結合）などがあります。結合周りの自由回転が可能です。また、比較的弱い結合です。図 4-10 中の構造式において、非共有電子対「•̇」は、省略されることが多いですが、その存在を忘れないことが重要です。

二重結合：2つの原子間で2対 (4個) の電子を共有する結合です。1つの σ 結合と1つの π 結合からなります。2本の結合線 (−) を原子間に結んで、A=B のように表記します。

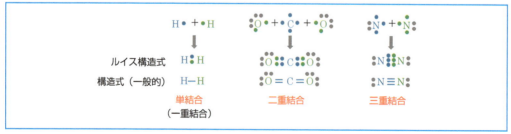

図 4-10 単結合、二重結合、三重結合の表し方

例として、H₂C＝CH₂（エチレンの炭素間結合）、C＝O（カルボニル基）などがあります。単結合より短く、強い結合です。また、結合周りの回転ができないため、シストランス異性体（12.4.1項で説明）が生じることがあります。

三重結合：2つの原子間で3対（6個）の電子を共有する結合です。3本の結合線（－）を原子間に結んで、A≡Bのように表記します。例として、HC≡CH（アセチレンの炭素間結合）、C≡N（シアノ基）などがあります。1つのσ結合と2つのπ結合からなります。最も短く、最も強い結合です。結合が直線的で、分子の形が棒状になります。

たとえば、アスピリンのカルボキシ基 $\left(-C\diagdown^{O}_{OH}\right)$ には、単結合と二重結合が含まれており、この構造が薬理作用に重要です。また、ビタミンAの構造中の複数の二重結合は、その生理活性に不可欠です。結合の種類によって分子の形状や反応性が大きく変わるため、これらの概念を理解することは、薬物の作用機序や代謝を理解する上で非常に重要です

原子が共有結合によって三次元的に連結された固体構造を共有結合結晶といいます（図4-11）。この結晶では、各原子が周囲の原子と強い共有結合を形成し、巨大な分子のような構造をつくります。構成する元素は非金属です。代表的な例としては、ダイヤモンドや石英SiO₂があります。ダイヤモンドでは、炭素原子が他の4つの炭素原子と共有結合を形成し、強固な三次元網目構造をつくっています。共有結合結晶には、以下のような特徴があります。

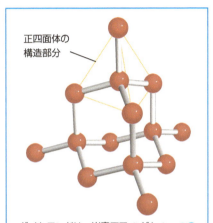

ダイヤモンドは、炭素原子Cがもつ4つの価電子が隣り合うC原子の価電子と共有結合し、正四面体の構造が繰り返された立体網目状構造をとります。

図4-11　ダイヤモンドの構造

高い硬度：原子間の結合が強固なため、非常に硬い物質となります。
高い融点：結合を切断するのに大きなエネルギーが必要なため、融点が高くなります。
電気伝導性：自由電子がほとんどないため（黒鉛は例外）、通常は絶縁体ですが、一部の半導体（シリコンなど）も共有結合結晶です。
不溶性：多くの溶媒に溶けにくい性質があります。

4.2.1　ルイス構造式

分子の構造を元素記号と電子対や結合線を使って表し、原子間の結び方をわかりやすく示したものを構造式といいます。共通の化学的性質を示す原子団を官能基といい（表4-1）、官能基を用いて表した式を示性式といいます。原子団とは、化合物内で特定の化学的性質をもつ原子の集まりをいいます。

1個の不対電子をもつ原子は1本の共有結合を、2個だと2本、3個だと3本の共有結合をそれぞれつくることができます。酸素Oの場合、

表4-1　共通の化学的性質を示す代表的な原子団

官能基	構造式	示性式
ヒドロキシ基	－O－H	－OH
カルボニル基	－C－ ‖ O	＞C＝O
カルボキシ基	－C－O－H ‖ O	－COOH
ホルミル基	－C－H ‖ O	－CHO
アミノ基	－N－H ｜ H	－NH₂

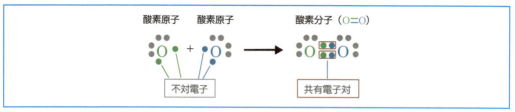

図 4–12　酸素分子の共有結合

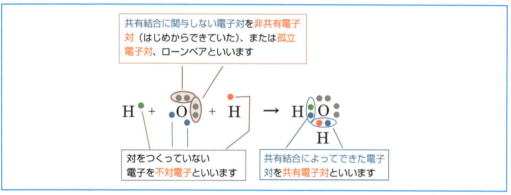

図 4–13　ルイス構造式による化学反応式

　上と左の 2 つずつの電子は電子対を形成しています。下と右に 1 つずつある電子は不対電子になります。これによって、計 2 本の共有結合をつくることができます（**図 4–12**）。

　水分子 H_2O は、1 個の酸素原子が 2 個の水素原子と電子を出し合って電子対をつくり、これを共有することで結合しています（**図 4–13**）。これによって、酸素は最外殻に 8 個の電子を、水素は 2 個の電子をもつことができています。元素記号の周りに、価電子を記号「●」で示した化学式を**ルイス構造式**（点電子構造式）といいます。図 4–12 と図 4–13 はルイス構造式で表したものです。

　原子が最外殻に 8 個の電子をもつと化学的に安定になるという経験則を**オクテット則**といいます。主に、第 2 周期と第 3 周期の非金属元素に適用されます。多くの有機化合物にも適用できる便利な規則です。水素とヘリウムは例外で、2 個の電子で安定になります。カルボカチオン（炭素陽イオン）など、電子不足の状態の分子やイオンもオクテット則を満たしません。

　オクテット則は共有結合やイオン結合の形成を説明するのに役立ちます。原子は電子を共有したり、授受したりすることで 8 個の最外殻電子を得ようとします。周期表の右側の元素（特に 16 族と 17 族）は電子親和力が大きく、電子を受け取ってオクテットを完成させやすい傾向があります。遷移金属や無機化合物の一部では、オクテット則が適用できない場合があります。

　オクテット則は化学の基本原理のひとつですが、すべての化合物に適用できるわけではありません。しかし、多くの化合物の構造や反応性を理解する上で非常に有用なツールとなっています。

　先に、不対電子をもつ原子どうしで共有結合が形成されると述べましたが、一方の原子が非共有電子対（2 個の電子）を出して、2 つの原子で共有する場合があります。こうしてできる共有結合を**配位結合**といいます。

4.2.2 結合エネルギー（結合解離エネルギー）

　分子内の共有結合を切断するときに必要なエネルギーを結合解離エネルギーといいますが、単に結合エネルギーと示されることが多いです（表4-2、表4-3）。二原子分子では、その解離熱から容易に結合エネルギーが求められます。たとえば、H−Hの結合エネルギーは、水素の解離熱から436 kJ/molとなります。

　多原子分子は、単に全体としての解離熱は求められますが、個々の結合エネルギーは状況により異なり、単純には決められません。そこで、同等の結合をもつ多原子分子では、便宜的に

表4-2　平均結合エネルギーと結合距離

	結合	エネルギー (kJ/mol)	距離 (pm)	結合	エネルギー (kJ/mol)	距離 (pm)	結合	エネルギー (kJ/mol)	距離 (pm)	結合	エネルギー (kJ/mol)	距離 (pm)
単結合	H−H	436	74	C−P	265	187	O−S	265	151	Si−I	215	240
	H−C	415	109	C−S	260	181	O−Cl	205	164	P−P	215	221
	H−N	390	101	C−Cl	330	177	O−Br	234	172	P−Cl	330	204
	H−O	464	096	C−Br	275	194	O−I	200	194	P−Br	270	222
	H−F	569	092	C−I	240	213	F−F	160	143	P−I	215	246
	H−Si	395	148	N−N	160	146	F−Si	540	156	S−S	215	204
	H−P	320	142	N−O	200	144	F−P	489	156	S−Cl	250	201
	H−S	340	151	N−F	270	139	F−S	285	158	S−Br	215	225
	H−Cl	432	127	N−P	210	177	F−Cl	255	166	S−I	~170	234
	H−Br	370	141	N−Cl	200	191	F−Br	235	178	Cl−Cl	243	199
	H−I	295	161	N−Br	245	214	F−I	263	234	Cl−Br	220	214
	C−C	345	154	N−I	159	222	Si−Si	230	234	Cl−I	210	243
	C−N	290	143	O−O	140	148	Si−P	215	227	Br−Br	190	228
	C−O	350	143	O−F	160	142	Si−S	225	210	Br−I	180	248
	C−F	439	133	O−Si	370	161	Si−Cl	359	201	I−I	150	266
	C−Si	360	186	O−P	350	160	Si−Br	290	216			
多重結合	C=C	611	134	C≡N	891	116	N=N	418	122	N≡O	1020	106
	C≡C	837	120	C=O	741	123	N≡N	946	110	O=O	498	121
	C=N	615	138	C≡O	1080	113	N=O	607	120			

1 pm = 10^{-12} m

表4-3　平均結合エネルギー

C−C 結合	kJ/mol	C−H 結合	kJ/mol	O−H 結合	kJ/mol
CH_3-CH_3	368	$H-CH_3$	434	H−OH	464
$CH_3-C_2H_5$	357	$H-\dot{C}H_2$	461	$H-O_2H$	376
$CH_3-C(CH_3)_3$	344	$H-\ddot{C}H$	427	CH_3O-H	436
$CH_3-C_6H_5$	417	$H-C_2H_5$	412	CH_3COO-H	442
$CH_3-CH=CH_2$	466	$H-C(CH_3)_3$	387		
$CH_3-C\equiv CH$	465	$H-C_6H_5$	460	N−H 結合	kJ/mol
CH_3-CH_2OH	350	$H-CH=CH_2$	455	$H-NH_2$	432
CH_3-COOH	403	$H-C\equiv CH$	500	$H-\dot{N}H$	388
CH_3-COCH_3	355	H−CHO	360		
CH_3-CN	513	$H-CH_2OH$	393	S−H 結合	kJ/mol
$C_2H_5-C_2H_5$	346	H−COOH	374	H−SH	383
$C_6H_5-C_6H_5$	468				

各結合エネルギーの平均をとります。これを**平均結合エネルギー**といいます。単に**結合エネルギー**ということもあります。

結合エネルギーは、ばらばらになっている原子が結合するときに放出するエネルギーともいえます。たとえば、O＝O の結合エネルギーが 498 kJ/mol であるということは、O＝O の 1 mol を切断するために 498 kJ のエネルギーが必要、もしくは、ばらばらの O 原子を結合するときに 498 kJ のエネルギーを放出するということです。

1 mol のメタン CH_4 が燃える場合、C－H 結合 4 mol と O＝O 結合 2 mol を切るために、2656 kJ のエネルギーを必要とし、2 mol の C＝O 結合と 4 mol の H－O 結合が生じるときに 3338 kJ を放出します。

$$CH_4 + 2O_2 \rightarrow CO_2 + 2H_2O$$

682 kJ（3338 － 2656 kJ）は、生成系のほうが大きな結合エネルギーをもつことを示しています。すなわち、弱い結合が切れて、より強い結合ができます。より強い結合ができた分だけ安定となるので、エネルギーの放出（発熱）が起こります。

4.2.3　結合距離

互いに結合している 2 原子の原子核と原子核との間の長さを**結合距離**といいます（図 4-14）。共有結合にはそれぞれ固有の長さがあります（**表 4-2**）。この長さは、2 つの原子の振動を考慮しない場合の平均的な距離です。

2 つの水素原子の距離を近づけていくと、両者の間には電子と原子核間のクーロン引力と 2 つの原子核間の静電的な斥力（反発力）が働きます。

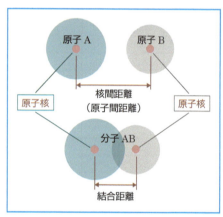

図 4-14　結合距離と原子間距離

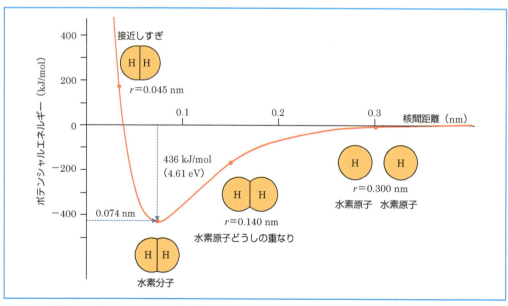

図 4-15　水素分子のポテンシャルエネルギー曲線

核間距離 r が短くなっていくと、電子-核間のクーロン力が大きくなります。しかし、距離が近づきすぎると、核間反発が大きくなるため、エネルギーは再び上昇します。

図4-15のような、エネルギーが最小になる点が平衡核間距離で、0.074 nmになります。この極小点で2つの水素原子が結合することによって、エネルギーが低くなり水素分子が生成します。そのときのエネルギーは436 kJ/mol（4.61 eV）で、**共有結合エネルギー**ともよばれます。

4.3 金属結合

金属原子にみられる**金属結合**は、金属原子が価電子を放出して陽イオンとなり、放出された電子が規則正しく並んだ陽イオンの間を自由に移動することによって、原子どうしの反発を抑えて結合を形成する結合様式です。

図4-16に金属結合のモデルを示します。金属結合では、金属原子の価電子が金属原子から離れ、結晶全体に拡散して自由に動き回ります。この価電子の動きによって生じる交換力が陽イオン化した金属原子を規則正しく配列させた状態を維持しています。このような金属結晶の中を自由に動き回る電子を**自由電子**といいます。電子の移動は電荷の移動を意味しますが、全体としては平均化されて電気的には中性です。

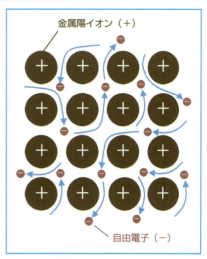

図 4-16　金属結合のモデル

金属に電圧を加えると電子が容易に移動することから電気伝導性がよい結晶体になります。電気伝導性の高い物質を**導体**といいます。一方、電気をほとんど通さない物質を**絶縁体**といいます。また、導体と絶縁体の中間的な性質をもつ物質を**半導体**といいます。

金属結晶における結合エネルギーは、金属の種類によって異なります。たとえば、アルカリ金属では最外殻電子のみが放出され、自由電子の数が少ないため結合エネルギーが弱くなります。一方、タングステンのように内殻電子も関与する場合、自由電子の数が多くなり、結合エネルギーが高くなります。

4.4 配位結合

配位結合は、共有結合と異なり一方の原子またはイオンにある非共有電子対を相手に提供し、電子対を共有することで形成されます。たとえば、オキソニウムイオン H_3O^+（ヒドロニウムともいいます。本書では、IUPAC 命名法に従い、オキソニウムイオンとします）やアンモニウムイオン NH_4^+ は図4-17のように形成されます。水分子 H_2O やアンモニア分子 NH_3 は、それぞれ非共有電子対をもっています。一方、水素イオン H^+ はK殻の1s軌道に電子がなく、1s軌道が空軌道になっています。このとき、水やアンモニアの非共有電子対が水素イオンに供与され、電子対が共有されます。配位結合は、形成過程は異なりますが、一度形成されれば他の共有結合と区別がつきません。

配位結合の例として、錯イオンがあります。**錯イオン**は、非共有電子対をもつ配位子とよば

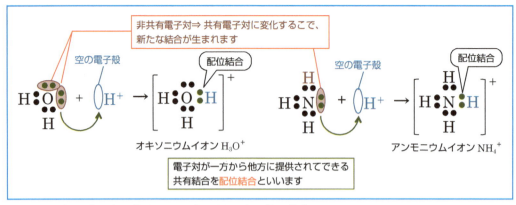

図4-17 オキソニウム（H_3O^+）とアンモニウムイオン（NH_4^+）の生成

れる化学種（たとえば、H_2O、NH_3、Cl^-など）が、金属イオンのd軌道の空軌道に配位結合してできるイオンです。$[Cu(NH_3)_4]^{2+}$、$[Zn(NH_3)_4]^{2+}$は、代表的な錯イオンです。

錯体は、中心となる金属イオンに複数の配位子が配位結合した化合物です。具体的には、配位子がもつ非共有電子対を金属イオンに供与することで、安定した結合を形成します。この結合によって、錯体の構造が決まり、化学的性質や反応性が左右されます。

たとえば、ヘモグロビンに含まれる鉄錯体は、鉄イオンが酸素分子と結合する際に重要な役割を果たしています。配位子は通常、水やアンモニアなどの分子で、これらが金属イオンに電子対を供与し、安定な錯体を形成します。

配位結合の強さや配位数（結合している配位子の数）は、錯体の安定性や反応性を左右します。錯体は化学反応や生体機能において重要な役割を担っており、その特性は多くの科学分野で応用されています。

本章では、イオン結合、共有結合、金属結合、配位結合という主要な化学結合について学びました。これらの結合様式は、物質の性質や反応性を決定する重要な要因であり、薬学において分子の構造や相互作用を理解する上で不可欠です。結合エネルギーや結合距離といった概念は、化学反応の理解や新薬設計に直接応用できます。ここで学んだ化学結合の基礎は、今後の有機化学や生化学の学習において重要な基盤となります。

国試にチャレンジ

問4-1 塩化水素（気体）のH原子とCl原子の間の結合として正しいのはどれか。1つ選べ。
（第106回薬剤師国家試験　問4）

　1　共有結合　　2　イオン結合　　3　水素結合　　4　金属結合　　5　疎水結合

問4-2 不対電子を1つもつのはどれか。1つ選べ。　（第107回薬剤師国家試験　問9）

　1　CO　　2　NO　　3　SO_3　　4　O_2　　5　N_2

問4-3 イオン間に働くクーロン力の特徴として誤っているのはどれか。1つ選べ。
（第106回薬剤師国家試験　問5）

　1　媒質の比誘電率に反比例する。
　2　イオン間の距離に反比例する。
　3　イオンのもつ電荷の大きさに比例する。
　4　同じ符号の電荷をもつイオン間では斥力となる。

5 真空中で最も強くなる。

問4-4 メチルカチオンのルイス構造式として正しいのはどれか。1つ選べ。

(第105回薬剤師国家試験　問6)

$$H:\overset{\displaystyle H}{\underset{\displaystyle H}{\overset{\cdots}{C}{}^{+}}}{:} \qquad H:\overset{\displaystyle H}{\underset{\displaystyle H}{\overset{\cdots}{C}{}^{-}}}{:} \qquad H:\overset{\displaystyle H}{\underset{\displaystyle H}{\overset{\cdots}{C}}}\cdot \qquad H:\overset{\displaystyle H}{\underset{\displaystyle H}{\overset{\cdots}{C}{}^{+}}} \qquad H:\overset{\displaystyle H}{\underset{\displaystyle H}{\overset{\cdots}{C}{}^{-}}}$$

1 　　　　**2** 　　　　**3** 　　　　**4** 　　　　**5**

Column 　　　　　　使い捨てカイロ

　寒い日の簡便な防寒対策のひとつとして、使い捨てカイロが人気です。その発熱の仕組みをみてみましょう。鉄は、水と接触した状態で放置すると、サビが出てきます。これは、鉄の酸化、つまり鉄が空気中の酸素と反応して、水酸化鉄（Ⅲ）が生成するときに放出されるエネルギーを利用しています。その化学反応式は、次のように示されます。

$$4Fe(s) + 3O_2(g) + 6H_2O(aq) \;\Rightarrow\; 4Fe(OH)_3 \;+\; 熱（401.7\,kJ/mol）$$

　　　　鉄　＋　酸素　＋　水　　　　　　　水酸化鉄（Ⅲ）

主な成分は以下のとおりです。
- **鉄粉**：カイロの必須成分で、酸化反応を引き起こして熱を発生させます。鉄粉の粒子サイズが反応速度に影響を与えます。
- **水**：水と酸素の反応を促進します。
- **塩化ナトリウム**：電解質として働き、鉄粉の酸化反応を促進します。
- **バーミキュライト**：保水材（「ヒル石」からつくられる人工用土）
- **活性炭**：吸湿性があり、湿気を吸収して鉄粉が酸化するための水分を供給します。また、酸素を鉄粉に供給する役割も果たします。
- **本体**：通常クイプは、空気を通さない不織布で、小さな穴を開け、反応に必要な酸素を制御しつつ、内容物が漏れ出さないようにします。
- **外袋**：使用前に空気の侵入を防ぐため、特殊なフィルムを採用しています。

第5章 分子間相互作用—分子どうしの結びつき

私たちの身の回りには無数の分子が存在し、それらは常に他の分子と相互作用しています。なぜ、水は100 ℃で沸騰するのか。なぜ、DNAは二重らせん構造を形成するのか。これらの現象の背後にあるのが分子間相互作用です。

本章では、水素結合、静電的相互作用、ファンデルワールス力、疎水性相互作用など、さまざまな分子間力について学びます。これらの力を理解することは、化学反応のメカニズムを解明し、新しい薬剤を設計し、さらには生命の謎に迫るための鍵となります。分子の世界で繰り広げられる壮大なドラマを一緒に紐解いていきましょう。

5.1 水素結合

私たちの身の回りには無数の分子が存在し、それらは常に他の分子と相互作用しています。なぜ水は100 ℃で沸騰するのでしょうか。なぜDNAは二重らせん構造を形成するのでしょうか。これらの現象の背後にある重要な力のひとつが水素結合です。

水素結合は、電気陰性度の高い原子（主にフッ素F、酸素O、窒素N、塩素Cl）と共有結合した水素原子（F−H、O−H、N−H、Cl−Hなど）が、その近くに存在する別の高い電気陰性度をもつ原子上の非共有電子対との間で形成される特別な相互作用です。水素結合は、分極した極性共有結合をもつ分子間で生じる静電引力（クーロン力）の一種ですから、双極子間の静電気的な引力や電荷の移動など分子間力によって安定しています。

したがって、図5-1に示されるようにN、O、F上の非共有電子対を示すのが、正しい表記法になります。たとえば、水では分子と分子の間でH（δ⁺）とO（δ⁻）が静電気的な引力による水素結合が形成されます。しかし、スペースの関係で非共有電子対が省略されることが多いです。代表的な分子間水素結合としては、NH_3、H_2O、HFなどがあります。

なお、電気陰性度とは、原子が共有電子対を引きつける力の強さを表す尺度です。また、非共有電子対とは、原子がもつ電子のうち、他の原子と共有されていない電子のペアです。

水素結合には、以下のような特徴があります。

(1) **構造的要因**：水素結合は、水素原子が電気陰性度の高い原子に結合している場合に発生します。これによって、水素原子は部分的に正の電荷を帯び、周囲の電気陰性の原子（部分的に負の電荷）との間に引力が生じます（図5-1）。

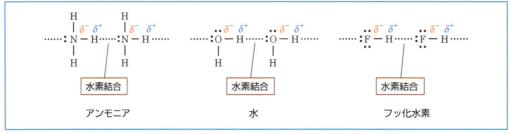

図5-1　水素結合の例（アンモニア、水、フッ化水素）

(2) **方向性**：非常に強い方向性をもち、直線的な配向を好みます。

(3) **結合の強さ**：イオン結合や共有結合より弱いですが、ファンデルワールス力より強い結合です。

(4) **結合エネルギー**：通常20〜30 kJ/molの範囲にあり、これは共有結合の結合エネルギー（200〜400 kJ/mol）の約1/10程度です。

(5) **特異性**：特定の原子間でのみ形成される特異的な相互作用です。

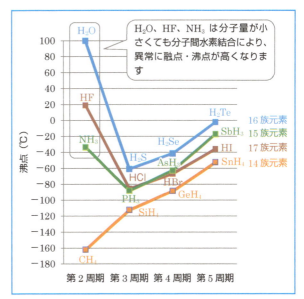

図 5-2 水素化合物の沸点

水素結合の影響は、日常生活でもよくみられます。たとえば、水 H_2O の沸点が100 ℃と高いのに対し、アンモニア NH_3 の沸点は−33.5 ℃と低いです。これは水分子間の水素結合がアンモニア分子間のものより強いためです（図5-2）。水分子どうしがより強く結びついているため、バラバラになりにくいのです。

水素結合は、多くの生物学的プロセスにおいても以下のような重要な役割を果たしています。

(1) **DNAの二重らせん構造**：塩基対間の水素結合によって維持されています（図5-3）。

(2) **タンパク質の高次構造**：二次構造（α-ヘリックスやβ-シート）や三次構造の形成に関与しています。

(3) **分子認識**：酵素と基質、抗原と抗体、リガンドと受容体の間における特異的な結合や安定性に寄与します。

これらのプロセスにおいて、水素結合は分子間の認識や結合の形成に重要な影響を及ぼします。水素結合は分子間だけでなく、分子内でも形成されることがあります。たとえば、サリチル

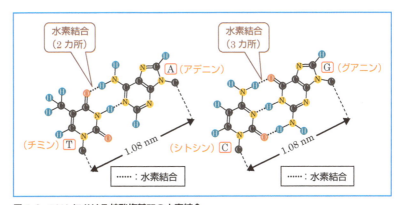

図 5-3 DNAにおける核酸塩基間の水素結合

酸では、ヒドロキシ基(−OH)の水素Hとカルボキシ基(−COOH)の酸素Oとが分子内で水素結合を形成します(図5-4)。同じように、*o*-ニトロフェノールでも、ヒドロキシ基(−OH)の水素とニトロ基(−NO₂)の酸素とが分子内で水素結合を形成します。

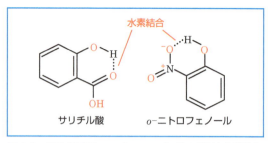

図5-4 サリチル酸と *o*-ニトロフェノールの分子内水素結合

また、氷の結晶構造(8個の水分子がかご状構造を形成)も水素結合によって形成され、1つの水分子が4つの水素結合に参加できる特徴的な構造をもちます(図5-5)。

アルコールは水と構造がよく似ていることから、いくつもの分子どうしが水素結合を形成します。それに対して、酢酸などのカルボン酸は、固体や液体状態において、2つの分子間で2カ所に水素結合を形成して二量体をつくります(図5-6)。しかし、沸点(118℃)を超えると気体状態になり、水素結合が切れて単量体になります。

水素結合の理解は、新薬開発、材料科学、環境科学など、さまざまな分野で応用されています。たとえば、薬物の設計では、薬物分子と標的タンパク質との間の水素結合を最適化することで、より効果的な医薬品を開発することができます。このように、水素結合は分子の世界で重要な役割を果たしており、私たちの日常生活や健康に密接に関わっています。

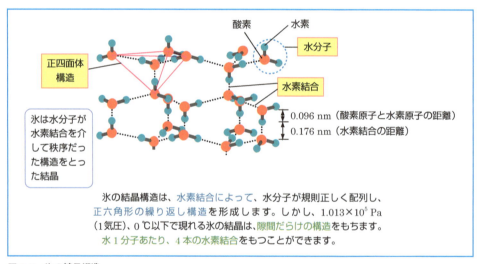

図5-5 氷の結晶構造

図5-6 アルコールとカルボン酸の分子間水素結合

問 5-1 分子間に水素結合を形成しやすい分子はどれか。
1 メタン CH_4 2 エタン C_2H_6 3 メタノール CH_3OH
4 二酸化炭素 CO_2 5 塩化水素 HCl

5.2 静電的相互作用

正電荷と負電荷をもつ粒子間に働く静電気的で引き合う作用を**静電的相互作用**（**静電結合**ともいいます）とよびます。このときに生じている力を**クーロン力**（F）といい、次の式で表すことができます。

$$F = \frac{1}{4\pi\varepsilon} \cdot \frac{Q_A Q_B}{r^2} \ [\text{N}]$$

ここで、Q_AとQ_Bは電荷、εは誘電率、rはイオン間の距離です（図5-7）。なお、**誘電率ε**は、物質が電場にどの程度影響を与えるかを示す物理量です。誘電率が高い物質（例：水中）では、電荷間の相互作用が弱められます。これは、物質中の分子が電場に反応して配向し、元の電場を打ち消す方向に働くためです。生体内では、水の高い誘電率が静電的相互作用を弱め、イオンの溶解や生体分子の安定性に重要な役割を果たしています。

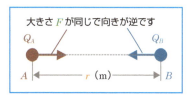

図5-7 クーロンの法則

クーロン力は電荷の積に比例し、誘電率εと距離rの2乗に反比例します（**クーロンの法則**）。静電的相互作用は、すべての原子間・分子間に働くクーロン力に基づく力です。この力には、引力（異種の電荷の場合）と斥力（反発力）（同種の電荷の場合）があります。

静電的相互作用には、以下のような特徴があります。

(1) **構造的要因**：静電的相互作用は、電荷をもつ粒子間で働くクーロン力に基づく力です。陽イオン（正の電荷）と陰イオン（負の電荷）の間に働く引力が典型的な例です。この相互作用は、分子の構造に依存し、電荷の位置や大きさが重要です。

(2) **方向性**：静電的相互作用は、基本的に方向性がありません。これは、電荷どうしの引力や斥力が距離に依存するためで、特定の方向に依存することはありません。ただし、分子全体の形状や他の結合との相互作用によって、実際にはある程度の方向性が生じることがあります。

(3) **強さ**：静電的相互作用の強さは、クーロンの法則に従い、電荷の積に比例し、距離の2乗に反比例します。したがって、電荷が大きく、距離が短いほど、相互作用は強くなります。このため、静電的相互作用は通常、水素結合やファンデルワールス力より強いですが、共有結合やイオン結合ほど強くはありません。

(4) **結合エネルギー**：静電的相互作用の結合エネルギーは、通常約5～200 kJ/molの範囲にあります。しかし、この範囲は、相互作用する電荷の大きさや距離、そして周囲の媒質によって変わります。

① **距離依存性**：結合エネルギーは、電荷間の距離の2乗に反比例します。つまり、距離が短いほどエネルギーが高くなります。

② **媒質の影響**：結合エネルギーは、媒質（たとえば、水などの溶媒）の誘電率にも影響されます。誘電率が高いほど、静電的相互作用は弱くなります。

静電的相互作用は、多くの生物学的プロセスにおいて以下のような重要な役割を果たしています。

(1) **タンパク質の構造**：タンパク質内のアミノ酸残基間の静電的相互作用は、タンパク質の立体構造（三次構造と四次構造）を安定化し、その機能に影響を与えます。

(2) **細胞膜の機能**：イオンチャネルやトランスポーターの働きにおいて、イオンの移動を制御する重要な力として機能します。

(3) **分子認識**：酵素と基質、抗原と抗体、リガンドと受容体の間における特異的な結合や安定性に寄与します。

(4) **化学反応**：反応物や生成物間の静電的相互作用は、反応速度や平衡に影響を与えます。

　これらのプロセスにおいて、静電的相互作用は分子間の認識や結合の形成に重要な影響を及ぼします。

　イオン結合と静電的相互作用は混同しやすいので、以下にその違いを説明します。

イオン結合
・異なる電荷をもつ原子のイオン間に静電的引力で形成される化学結合です。
・主に金属と非金属の間で形成されます。
・イオン結合によって形成された物質は、通常、結晶構造をもちます（例：塩化ナトリウム）。
・特定のイオン間（例：Na^+とCl^-）で生じます。

静電的相互作用
・異なる電荷をもつ粒子のイオン間に働く静電的引力で形成される結びつきです。
・プラスの電荷とマイナスの電荷の間で引き合う力があります。
・すべての電荷をもつ粒子間で発生します。

問5-2　静電的相互作用に関する記述として正しいものはどれか。
1　同種の電荷間には引力が働く。　**2**　異なる電荷をもつ粒子間に働く引力である。
3　分子間でのみ発生する。　　　**4**　常に強い引力である。
5　一定の距離を超えると必ず斥力になる。

5.3　ファンデルワールス力

　ファンデルワールス力は、あらゆる分子間に働く弱い引力であり、分子の電子分布のゆらぎや永久双極子によって生じます。この力は分子間の相互作用において重要な役割を果たし、主に、分散力（瞬間双極子－誘起双極子間力）、配向力（永久双極子－永久双極子間力）、誘起力（永久双極子－誘起双極子間力）という3つの要素から構成されています。

　ファンデルワールス力は生体内で非常に重要な役割を果たしています。以下にその主な役割を示します。

(1) **タンパク質の高次構造**：アミノ酸残基間の弱い相互作用の集積が、タンパク質の三次構造を安定化させます。

(2) **細胞膜の安定性**：リン脂質二重層の疎水性部分間でファンデルワールス力が働き、細胞膜の構造を維持します。

(3) **分子認識**：酵素と基質の間、抗原と抗体の間、受容体とリガンドの間で、ファンデ

ルワールス力が働き、特異的な結合を可能にします。
(4) **細胞接着**：細胞表面の分子間でファンデルワールス力が働き、細胞どうしの接着や組織の形成に寄与します。
(5) **DNA二重らせん構造の安定化**：塩基対間のスタッキング相互作用（π–π相互作用）は、ファンデルワールス力の一種であり、DNAの二重らせん構造の安定性に寄与します。

π–π相互作用は、芳香族化合物や不飽和結合をもつ分子間に働く非共有結合的な相互作用の一種です。この相互作用は、π電子雲の一時的な分極によって生じます。一方の分子のπ電子雲が瞬間的に偏ることで、隣接する分子のπ電子雲にも影響を与え、引力が生じます。π–π相互作用は比較的弱く、通常0.5〜5 kJ/molの範囲です。これは分子の平面性と電子の非局在化に起因し、タンパク質の高次構造や分子認識など、生体内の多くのプロセスで重要な役割を果たしています。

5.3.1 分散力（瞬間双極子－誘起双極子相互作用）

第一の要素は分散力（ロンドン分散力）で、ファンデルワールス力の主要な構成要素です。**分散力**は、瞬間双極子－誘起双極子相互作用によって生じ、あらゆる分子間、さらには無極性分子間でも作用します。分子内の電子分布が瞬間的に偏ることで瞬間双極子が生じ、これが近接する分子に誘起双極子を生成し、これらの双極子間に引力が働きます（図5-8）。たとえば、貴ガス原子間でも分散力が働くため、液化が可能となります。

ここで、**瞬間双極子**とは、電子の動きによって一時的に生じる電荷の偏りを指します。これは非常に短い時間で変化し続けています。一方、**誘起双極子**とは、外部の電場によって原子や分子に生じる双極子モーメントのことです。なお、**双極子モーメント**とは、正負の電荷が分離した状態で、電荷の大きさと分離距離の積で表されます。

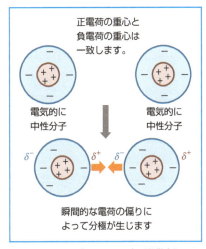

図 5-8　ファンデルワールス力（分散力）

5.3.2 配向力（永久双極子－永久双極子相互作用）

第二の要素は配向力（ケーソム力）で、永久双極子（常に分極している分子の有する双極子）をもつ分子間に働く静電気的な引力です。**配向力**は永久双極子間相互作用によって生じ、極性分子間に作用します。分子内で電荷の偏りがある場合、その分子は双極子モーメントをもちます。このような分子が近づくと、お互いの電荷の偏りによって引き合う力が生じます。永久双極子間相互作用の強さは比較的弱く、通常1〜5 kJ/mol程度のエネルギーをもちます。この相互作用は分子の双極子モーメントの大きさと分子間の距離に依存し、距離が近いほど強くなります。また、やや方向性がありますが、水素結合ほど厳密ではありません。

永久双極子間相互作用は多くの極性分子間に働くため、物質の溶解性や沸点などの物理的性質に広く影響を与えます。たとえば、アセトンCH_3COCH_3分子間の相互作用はこの力によるものです。生体内では、膜タンパク質の配向や一部の酵素－基質相互作用に関与しています。

水分子間の水素結合も、強い配向性をもつ相互作用の一例として考えられます。

クロロホルム$CHCl_3$では、電荷が電気陰性度の高いClに引っ張られて、

$$CH(\delta^+) - Cl_3(\delta^-)$$

のような電子の偏りができています（図5-9）。この偏りから生じる双極子の相互作用が、配向力です。電気陰性度の差が大きいほど、配向力も強くなります。

水素結合は、水分子H_2Oが$H(\delta^+) - O(\delta^-) - (\delta^+)H$という双極子を形成し、2つの分子間の双極子が相互作用します。

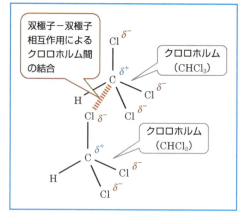

図5-9 ファンデルワールス力（配向力）

5.3.3 誘起力（永久双極子－誘起双極子相互作用）

第三の要素は誘起力（デバイ力）で、永久双極子をもつ分子と、それによって分極された分子との間に働く力です。**誘起力**は、**永久双極子－誘起双極子相互作用によって生じ、極性分子と無極性分子の間に働きます**（図5-10）。分子の分極率に依存し、永久双極子をもつ分子が近接すると、他の分子に電荷の偏りを誘起し、誘起された双極子と永久双極子の間に引力が生じます。

これまで説明した3つの要素のうち、分散力の寄与が最も大きいので、ファンデルワールス力といえば、ふつう分散力を意味します。

生体分子は、一般に多数の原子が結合した高分子化合物なので、その分極の程度も多様になります。したがって、生体分子間に作用するファンデルワールス力の内容も分子の種類に応じて著しく変化することになります。

こうした**ファンデルワールス力（分散力）**による分子間結合の結合力や結合距離に関する理論のひとつとして**レナードジョーンズ・ポテンシャル**があります（図5-11）。

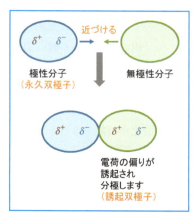

図5-10 ファンデルワールス力（誘起力）

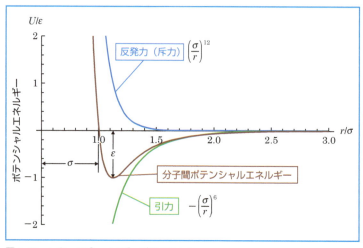

図5-11 レナードジョーンズ・ポテンシャル

2つの分子が、ある距離だけ離れているときに、最もエネルギー的に安定な状態にあるとします。この距離より近づけようとすると斥力（反発力）が働き、遠ざけようとすると引力が働くため、近づけるにも引き離すにもエネルギーを供給しなければなりません。

結局、どちらの方向に分子間距離が変化しても、分子対のポテンシャルエネルギーは増加することになります。

$$U(r) = 4\varepsilon\left[\underbrace{\left(\frac{\sigma}{r}\right)^{12}}_{斥力} - \underbrace{\left(\frac{\sigma}{r}\right)^{6}}_{引力}\right]$$

ここで、$U(r)$はポテンシャルエネルギー、εはポテンシャルエネルギーの深さ、σはポテンシャルエネルギーが0となる距離です。

この式から、次のことが読み取れます。

(1) 分子間に働く斥力は、距離rの12乗（r^{12}）に反比例し、距離が減少すると急激に増加します。

(2) 分子間引力は、距離rの6乗（r^{6}）に反比例し、距離が短くなると増加（図5-14では減衰）します。

(3) ポテンシャルエネルギーは、分子間距離が無限大とσのときに0となります。

(4) ポテンシャルエネルギーの極小値は$-\varepsilon$です。

ファンデルワールス力は、気体の液化や固体の凝集など物質の状態変化、タンパク質の折りたたみ、酵素−基質相互作用、抗原抗体反応など生体内の分子認識、接着剤の性能や摩擦、表面張力などの材料科学、さらにはナノスケールでの分子操作や自己組織化など、多岐にわたる分野で重要な役割を果たしています。個々の相互作用は弱いものの、大きな分子や多数の分子が関与する場合には、全体として大きな影響を及ぼすため、化学、生物学、材料科学など多くの分野でその理解が重要となっています。

この力の特徴として、距離の6乗に反比例して急速に減衰することや、分子の大きさや形状によって強さが変化することも注目に値します。また、ファンデルワールス力の理解は、ナノテクノロジーや新材料開発など、最先端の科学技術分野においても重要な役割を果たしています。

問5-3 ファンデルワールス力の主要な要素として正しいものはどれか。

1 配向力　　**2** 共有結合力　　**3** イオン結合　　**4** 水素結合　　**5** 金属結合

問5-4 レナードジョーンズ・ポテンシャルにおいて、分子間距離が小さくなると何が起こるか。

1 引力が急激に増加する。　　　　　　**2** 斥力が急激に増加する。

3 ポテンシャルエネルギーが減少する。　　**4** 分子間距離が無限大になる。

5 分散力が消失する。

5.4　疎水性相互作用

水との間に親和性を示す化学種や置換基の物理的特性を**親水性**といいます。一方、水と相互作用が小さく、水と親和性が小さい性質を**疎水性**といいます。水分子は分子内に電荷の偏りをもっているので、水分子どうしは水素結合で結ばれています。水の中に疎水性の分子を入れると、水からはじかれる形で疎水性分子の集合体ができます。

疎水性相互作用とは、水溶液中で非極性分子や非極性基が水分子を排除しながら集まり、凝集する現象です。この相互作用は、直接的な引力ではなく、水分子の構造化によるエントロピー効果に基づいています。水は極性分子であるため、水分子どうしは水素結合によって強く引き合っています。疎水性分子はこの水素結合網に混ざることができず、水分子によって排除されます。疎水性分子どうしが集まると、水分子が疎水性分子を包み込む必要がなくなり、水分子の自由度が増加します。自由度の増加はエントロピーの増加を意味するため、疎水性分子どうしが集まることはエネルギー的に有利となります。

ここで**エントロピー**とは、系の乱雑さや無秩序さを表す熱力学的な量です。エントロピーが増加するということは、系がより安定した状態に向かうことを意味します。疎水性分子が集まることで水分子の自由度が増加し、系全体のエントロピーが増加するため、この過程は自発的に進行します。

疎水性相互作用には、以下のような特徴があります。

(1) **構造的要因**：疎水性相互作用は、水などの極性溶媒で、非極性分子や、分子の一部が近づくことで生じます。これは、水分子が互いに強い水素結合を形成しようとする結果、疎水性分子が互いに集まって水との接触面積を最小化するためです。

(2) **方向性**：疎水性相互作用には特定の方向性はありません。これは、電荷や極性に基づく相互作用ではないためです。分子は、単に水から遠ざかるように集まります。

(3) **強さ**：疎水性相互作用の強さは、個々の相互作用としては弱いですが、多数の疎水性分子が集まることで全体として大きな効果を生みます。

(4) **結合エネルギー**：疎水性相互作用の結合エネルギーは、通常5〜10 kJ/mol程度とされています。ただし、これは疎水性相互作用の全体的な効果を示すもので、具体的な状況や分子の種類によって異なる場合があります。

疎水性相互作用は、多くの生物学的プロセスにおいて以下のような重要な役割を果たしています。

(1) **タンパク質の高次構造**：疎水性側鎖をもつアミノ酸残基が内部に集まることで、タンパク質の三次構造が安定化されます（図5-12）。

(2) **生体膜の形成**：脂質二重層の形成は、疎水性相互作用によって長鎖脂肪酸の尾部が集まることで実現します。

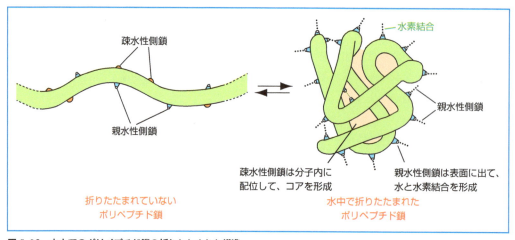

図 5-12　水中でのポリペプチド鎖の折りたたまれた構造

(3)　分子認識：酵素と基質、抗原と抗体、リガンドと受容体の間における特異的な結合や安定性に寄与します。

これらのプロセスにおいて、疎水性相互作用は分子の配置や機能に大きな影響を与えます。

疎水性相互作用の特徴として、温度上昇とともに強くなります（通常の分子間力とは逆の傾向）。水素結合やイオン結合より弱いが、多数集まると大きな効果を示します。また、生体分子の立体構造形成に重要な役割を果たしています。

第4章と第5章で学んださまざまな結合名とそのエネルギーの一覧を**表5-1**に示します。

表5-1　化学結合の種類と結合エネルギー

結合様式			結合エネルギー (kJ/mol)
一次的結合 (強い結合)	化学結合	イオン結合	400〜4000
		共有結合	150〜1100
		金属結合	100〜850
		配位結合	150〜400
二次的結合 (弱い結合)	水素結合	F−H…:F	155〜161
		O−H…:N	20〜30
		O−H…:O	20〜30
		N−H…:N	15〜20
		N−H…:O	10〜30
	静電的相互作用		5〜40
	ファンデルワールス力	分散力	0.1〜40
		配向力	0.5〜3
		誘起力	0.1〜2
	疎水性相互作用		4〜12

問5-5　疎水性相互作用が最も重要な役割を果たすのはどれか。
　　1　水の沸点が高いこと　　　　　2　タンパク質の三次構造の形成
　　3　塩化ナトリウムの結晶構造　　4　水素の液化
　　5　アルコールの水溶性

　本章では、分子間相互作用の主要な形態について学びました。これらの力は一見小さくみえますが、協調して働くことで私たちの世界を形作る驚くべき現象を生み出します。水素結合、静電的相互作用、ファンデルワールス力、疎水性相互作用の理解は、薬学における新薬開発や薬物動態の研究に不可欠です。

　分子間相互作用を理解することは、私たちを取り巻く世界の根本的な仕組みを知ることであり、生命の神秘に迫ることでもあります。

国試にチャレンジ

問5-1　分子間相互作用に関する記述のうち、正しいのはどれか。2つ選べ。

（第109回薬剤師国家試験　問91）

　　1　クーロン力は電荷間距離の2乗に反比例する。
　　2　分散力は分子間に働く反発力である。
　　3　水中における界面活性剤のミセル形成はイオン結合による。
　　4　疎水性相互作用は水溶液中のタンパク質の高次構造の形成及び安定化に寄与している。
　　5　核酸塩基対は配位結合により形成される。

問5-2　分子間相互作用と、それが支配的に働く現象の組合せとして正しいのはどれか。2つ選べ。

（第103回薬剤師国家試験　問91）

分子間相互作用	現　象
1　静電的相互作用	水中で非イオン性界面活性剤はミセルを形成する。
2　イオン−双極子相互作用	水中でイオンは水和イオンとして存在する。
3　分散力	n−ヘキサンの沸点はメタンの沸点よりも高い。
4　水素結合	塩化ナトリウムの飽和水溶液から塩化ナトリウム結晶が形成される。
5　疎水性相互作用	DNA 中のアデニン−チミン間に塩基対が形成される。

問 5–3　分子間相互作用の名称と特徴の組合せとして正しいのはどれか。2つ選べ。

（第105回薬剤師国家試験　問98）

1　分散力：無極性分子同士を含め、全ての物質の間に働く相互作用で、物質の分極率が大きいほど強くなる。

2　水素結合：電気陰性度の大きな原子に結合した水素原子と、別の電気陰性度の大きな原子間で形成される相互作用で、共有結合と同程度の相互作用エネルギーを示す。

3　疎水性相互作用：水中における疎水性分子同士の発熱的な相互作用で、相互作用エネルギーは分子間距離の6乗に反比例する。

4　静電的相互作用：イオン間の相互作用で、その相互作用エネルギーはイオン間距離の2乗に反比例し、媒体の誘電率に比例する。

5　電荷移動相互作用：電子供与体と電子受容体の間の相互作用であり、ヨウ素（I_2）−デンプン反応で青紫色に着色する要因となる。

問 5–4　分子間相互作用に関する記述のうち、正しいのはどれか。2つ選べ。

（第100回薬剤師国家試験　問91）

1　酸素原子の電気陰性度は硫黄原子より大きいため、分子間に働く水素結合はH_2Oの方がH_2Sよりも強い。

2　静電的相互作用によるポテンシャルエネルギーは、距離の2乗に反比例する。

3　分散力は、ロンドン力とも呼ばれ、そのポテンシャルエネルギーは距離の4乗に反比例する。

4　ファンデルワールス相互作用は、分子間の距離により引力として働く場合と斥力として働く場合がある。

5　疎水性相互作用はファンデルワールス相互作用により説明される。

Column　シクロデキストリン（cyclodextrin）

　シクロデキストリンは、数分子のD−グルコースがα−1,4グリコシド結合によって結合し、環状構造をとった環状オリゴ糖の一種です。

　シクロデキストリンの側面は水酸基が豊富のため親水性ですが、内側は疎水性の空洞です。イメージとしては、底のない肉厚の植木鉢のようなものです。このため、空洞に疎水性化合物を取り込みやすい特性があります。

　これらの性質の応用例には、「ねりワサビ」があります。β−シクロデキストリン（7個のグルコース単位）は揮発性であるワサビの辛味成分（アリルイソチオシアネート）を空洞に取り込み安定化しているので、揮発性を抑えることによって、辛味成分の長期間保存を可能としています。

第6章 物質の状態とその変化

薬学部において「物質の状態とその変化」を学ぶのは、薬物の製造、投与、吸収、代謝、排出など、薬学のさまざまな場面で物質の状態変化が関係するためです。物質の物理化学的性質を把握し、最適な製剤化や投与方法を設計するには、この分野の知識が不可欠です。効果的で安全な薬物療法を提供するには、この基礎知識の習得が重要となります。

6.1 物質の状態と状態変化

物質は、一般的に常温常圧で**固体**、**液体**、**気体**のいずれかの状態で存在します。この3つの状態を**物質の三態**あるいは単に**三態**とよびます。

図6–1 物質の三態と状態変化

固体：固体は、一般に分子や原子が互いに強く結びついており、結晶性固体では規則正しく配列されていますが、アモルファス固体では不規則に分布しています。いずれの場合も、粒子はおおよそ一定の位置を保ちながらわずかに振動しています。このため、固体は決まった形状と体積をもちます。

液体：液体は、分子が不規則に配列されており、互いに位置を変えることができます。このため、液体は流動性があり、容器の形に合わせて変化しますが、体積は一定です。

気体：気体は、粒子間の距離が大きく、粒子が自由に運動しています。このため、気体は容器全体に拡散し、空間全体に広がります。また、形は容器に依存して変化します。

一般に、物質は温度や圧力の変化によって状態を変化させます。たとえば、水は冷却すると氷になり、加熱すると水蒸気になります。このような変化を**状態変化**とよびます（図6–1）。状態変化には、以下の6種類があります。

融解：固体の分子が熱エネルギーを吸収し、液体に転換する物理変化（例：氷（固体）が水（液体）に変わる現象）です。

凝固：液体の分子が熱エネルギーを放出し、固体に転換する物理変化（例：水（液体）が氷（固体）に変わる現象）です。

蒸発：液体の表面から分子がエネルギーを得て気体に転換する物理変化（例：水が自然に蒸発して水蒸気になる現象）です。気化ともよばれます。

凝縮：気体の分子が熱エネルギーを放出し、液体に転換する物理変化（例：空気中の水蒸気（気体）が水滴（液体に変わる現象）です。液化ともよばれます。

昇華：固体の分子が熱エネルギーを吸収し、液体になることなしに、直接気体に転換する物理変化（例：ドライアイス（固体）が常温常圧下で二酸化炭素（気体）に直接変わる現象）です。

凝華：気体の分子が熱エネルギーを放出し、液体になることなしに、直接固体に転換する物理変化（例：水蒸気が冷やされて直接氷に変わる現象）です。

6.2 相と相律

明確な境界によって区別される物質の均一な部分を相とよびます。物質が固体、液体、気体で存在する状態をそれぞれ固相、液相、気相ということもあります。気体は一般に、どのような割合でも混合するため、成分が2つ以上の混合物でも気相としては常に1相です。

固体の場合、同じ化学組成でも結晶構造が異なれば別の相とみなされます。液体の場合、任意の割合で均一に混ざるとき（例：エタノールと水）は1相となりますが、水と油のようにほとんど混ざらないときは2相となります。

物質系は、構成する相（状態）の数によって分類されます。1つの相からなる物質系を均一系または単相とよび、2つ以上の相からなる物質系を不均一系または多相とよびます。水を例にとると、水は同じ化学組成をもちながら、気体（水蒸気）、液体（水）、固体（氷）の3つの状態で存在できます。これらの相が共存する平衡状態は、圧力、温度、各相の組成によって決まります。

ある系において、相平衡を保ったまま独立に調整できる変数（示強性状態変数）の数を自由度または可変度といいます。この変数には温度、圧力、成分の組成があります。ある系で成分の数をC、平衡にある相の数をPとすると、その自由度Fは、
$F = C - P + 2$で表されます。この関係はギブズの相律とよばれます。

自由度が0、1、2、3である系をそれぞれ不変系、一変系、二変系、三変系とよびます。この相律の有用性の具体例は6.4節の状態図の説明で示します。

6.3 相平衡と相転移

物質が複数の状態（相）で存在する際、それぞれの相が安定したバランスを保っている状態を相平衡といいます。たとえば、水が液体と水蒸気の両方の状態で存在し、蒸発と凝縮が同じ速度で起こっている状態が相平衡です。このときの気体の圧力を蒸気圧とよびます。平衡状態では、系内の条件が変化すると平衡が移動します。

この平衡の移動に関しては、ルシャトリエの原理が適用されます。平衡状態では、外部条件（濃度、温度、圧力など）が変化すると、系がその影響を打ち消す方向に変化し、平衡が移動します。たとえば、ある物質Mが液体と気体の平衡状態にある場合、以下のモデル式を考えます。

$$M（液体）+ 蒸発熱 \rightarrow M（気体）$$

この反応は吸熱反応です。温度を上げると吸熱反応が進行し、液体が蒸発して気体になります。圧力を大きくすると、気体が凝縮します。

相転移は、物質がある相から別の相へ変わる現象です。たとえば、氷が溶けて水になる現象や、水が蒸発して水蒸気になる現象が相転移です。

6.4 状態図

薬学の分野でも、一成分系の相平衡、二成分系の相平衡、三成分系の相平衡の考察を必要とする場合があります。ここではそれらの入門として、一成分系の水と二酸化炭素に限定して学

びます。はじめに、ギブズの相律で学んだ自由度を考えます。一成分系での相の数が1であれば、純気体、純液体、純固体の状態であり、自由度は2であり、温度や圧力などの状態変数を自由に選ぶことができます。その2つの変数を指定すると、他の状態変数（密度、屈折率、モル体積など）は決まります。一成分系では、自由度は最大2であるため、2つの状態変数を座標軸にとって、相の間の平衡関係を図示できます。物質の状態は温度と圧

図6-2　状態図

力によって変化し、この関係を図示したものを**状態図**とよびます（図6-2）。物質の状態と状態変化を理解する上で、状態図は重要な概念です。状態図は、温度と圧力の関係から物質の状態を表したグラフです。状態図には、固体、液体、気体の3つの相が示されています。

固体、液体、気体と表示された平面領域では、固相、液相、気相のみの自由度2の領域であり、相は変化することなく、温度と圧力を自由に変えることができます。曲線OC上では固相と液相の2相が共存し、曲線OA上では液相と気相、OB上では固相と気相が共存します。具体的には、曲線OC上では氷と水が存在可能ですが、自由度が1であるため温度を指定すれば圧力は自動的に決まります。すなわち、曲線OCは固相と液相が平衡関係にあるときの圧力と温度の関係を表しています。このように、固体と液体が共存できる温度と圧力の関係を示す曲線（曲線OC）を**融解曲線**といいます。この曲線上では、温度を上げると固体が液体に変化します。また、多くの物質では圧力を上げると液体が固体に変化しますが、水（H_2O）などの例外があります。

固体と気体が共存できる温度と圧力の関係を示す曲線（曲線OB）を**昇華圧曲線**といいます。この曲線上で、温度を上げると固体が気体に、圧力を上げると気体が固体に変化します。この昇華圧曲線より下にある温度と圧力のもとでは、物質は気体として存在し、水では水蒸気となります。ドライアイスが直接気体になる現象（昇華）は、この曲線上の変化の一例です。

液体と気体が共存できる温度と圧力の関係を示す曲線（曲線OA）を**蒸気圧曲線**といいます。この曲線上で、温度を上げると液体が気体に、圧力を上げると気体が液体に変化します。

非常に高温、高圧の条件（水では374 ℃、22.06 MPa、二酸化炭素では31.1 ℃、7.38 MPa）になると、蒸気圧曲線の端に**臨界点**とよばれる点（点A）があります。臨界点は、気体の運動性と液体の溶解性を併せもつ非常に特殊な状態となります。この臨界点での温度、圧力、モル体積をそれぞれ臨界温度、臨界圧、臨界体積とよび、それらをまとめて、その物質の**臨界定数**といいます。水の臨界温度は374 ℃、臨界圧は22.06 MPa、臨界体積は56.0 cm^3/molです。臨界点Aでは、液相の密度と気相の密度が等しくなり、両者の区別がつかなくなります。臨界温度以上の温度、臨界圧以上の圧力では、液相と気相の区別がなくなり1つの相となります。この臨界点を超えると、気体と液体の区別ができない状態になります。この状態を**超臨界状態**とよび（図6-2の紫色の部分）、この状態の物質は、**超臨界流体**とよびます。

3本の曲線が交わる点（点O）は**三重点**とよばれ、この点では気体、液体、固体が共存しています。三重点は、特定の圧力と温度で固相・液相・気相が共存する点であり、一般に物質固有の特性です。そのため、三重点は温度標準の基準点として利用されます。この点では、自由度は0で、温度も圧力もその物質に固有の定数となります。水の三重点は、温度0.01 ℃（273.16 K）、

圧力611.6 Paです。

一定圧力のもとで、液体を加熱すると、液体内部から継続的に気体が発生することがあります。この現象を沸騰といい、沸騰が起こる温度を沸点といいます。一定圧力のもとで、固相と液相が平衡にある温度を融点（凝固点）とよびます。言い換えると、固体が融解する温度を融点、液体が凝固する温度を凝固点といいます。水の融点は、1.013×10^5 Pa（1気圧）で0 ℃であることはよく知られていますが、上記の図6-2では点Dとして示されています。状態図中の点Oは融点でなく、三重点ですので注意してください。

通常の凝固点以下の温度になっても固体に変化しない現象を液体の過冷却といいます。水は過冷却されやすい物質で、冷蔵庫内で冷却すると、0 ℃を下回っても氷にならず、−20 ℃程度まで液体のままでいることがあります。しかし、過冷却状態の水に振動を与えたり、微小な氷の結晶を加えたりすると、瞬時に凝固が始まります。過冷却状態の水は安定な相ではなく、準安定な状態であり、その蒸気圧は同じ温度の氷の蒸気圧より大きくなります。

これらの曲線は、物質の状態変化を理解する上で非常に重要です。状態図とこれらの曲線を理解することで、さまざまな物質の性質をより深く理解することができます。

ここでは、水と二酸化炭素について、状態図を詳細に考えてみます。水の状態図（図6-3）では、融解温度曲線（曲線OC）の傾きが負（左上がり）になっています。これは圧力が高くなるほど融解温度が下がるという傾向があることを示しています。

つまり、圧力が加わると氷は融点が低くなり、水はより低い温度でないと凍らなくなります。このことは固体の融解にあたり圧力の増加とともに融点が降下する現象を示しています。この現象はアイススケートでスムーズに滑走ができる理由でもあります。この融点降下の現象は、固体が融解で体積が減少することに起因していますが、水やビスマス、アンチモンなど、特殊な例です。クラペイロン・クラウジウスの式を用いれば詳細な理論的議論ができます。

水の状態図では、三重点の位置（圧力6.116×10^2 Pa、温度0.01 ℃）が標準大気圧（1.013×10^5 Pa＝1 atm）より低い位置にあります。一方、二酸化炭素の状態図（図6-4）では、融解温度曲線（曲線OC）の傾きが正（右上がり）になっています。これは、圧力が高くなると、融点が高くなる傾向があることを示しています。

状態図は物質ごとに固有の形状をしていますが、ほとんどの物質の状態図では、二酸化炭素の状態図と同様に融解曲線の傾きは正になっています。

水は非常に強い水素結合が存在するため、液体のほうが密な構造をつくりやすくなります。

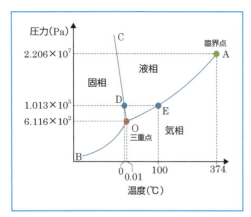

図6-3　水の状態図

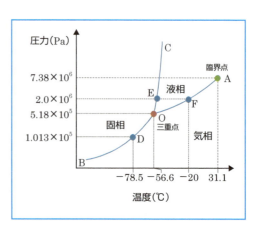

図6-4　二酸化炭素の状態図

一方、二酸化炭素は水素結合をもたないため、固体のほうが液体より密度が高く、水とは逆の性質を示します。

物質が液体の状態を経ずに、固体から気体に変わる現象が昇華です。そして、固相と気相が安定に共存できる状態を**昇華点**といいます。二酸化炭素の状態図で標準大気圧の1.013×10^5 Paのところから水平線を引くと、昇華圧曲線と点Dで交わります。この点が昇華点であり、その温度は-78.5 ℃です。このことから、日常の温度かつ大気圧のもとでは、二酸化炭素の固体であるドライアイスが直接昇華することが理解できます。

また、三重点の臨界圧力である5.18×10^5 Pa以下において、二酸化炭素は液体状態で存在しないことが状態図から理解できます。圧力が5.18×10^5 Pa以上で7.38×10^6 Pa以下の、たとえば2×10^6 Paあたりでドライアイスを温めると、点Eで融解し、液体の二酸化炭素が得られます。そして、点Fで沸騰が起こります。逆に、気体をその圧力で冷却すれば、凝縮、そして凝固が起こることが理解できます。

二酸化炭素の状態図では、固相、液相、気相の三相が共存する三重点の位置（温度-56.6 ℃、5.18×10^5 Pa）が大気圧より高い位置にあります。このことから、大気圧下で固体の二酸化炭素（ドライアイス）の温度を上げていくと、昇華して直接気体の二酸化炭素に変わることがわかります。二酸化炭素の臨界点である点Aは、臨界温度31.1 ℃、臨界圧力7.38×10^6 Paです。

注意点として、状態図をわかりやすく描く上で、圧力などの単位がしばしば統一されていないことがあります。圧力の単位の換算を示しておきます。記号atmは、地球の平均的な大気圧を基準にした単位で標準大気圧を示しています。1 atm $= 1.013 \times 10^5$ Paと定義されます。TorrとmmHgは実質的に同じ単位で、1 Torr $=$ 1 mmHgです。これらは歴史的に使用されてきた圧力の単位ですが、現在の国際単位系（SI）では、Paが圧力の標準単位として採用されています。1 Torr（1 mmHg）$=$ 133.3 Paに相当します。また、760 Torr（760 mmHg）は1 atmに相当します。

$$1 \text{ atm（標準大気圧）} = 760 \text{ mmHg} = 760 \text{ Torr} = 1.013 \times 10^5 \text{ Pa} = 1013 \text{ hPa}$$

6.5　固体状態

固体状態では、物質を構成する粒子（原子・分子、イオンなど）の間に働く引力が非常に強く、粒子は一定の位置に固定されています。この引力のエネルギーは、粒子の熱運動エネルギーに比べて非常に大きいため、粒子は激しく動くことはありません。ただし、完全に静止しているわけではなく、振動しています。

固体は外力を加えても変形しにくく、圧縮されにくい性質があり、他の状態に比べて密度が高いです。固体には、1つの成分からなる場合でも、異なる結晶形をとることがあります。これを**結晶多形**とよびます。たとえば、硫黄には斜方晶系の斜方硫黄と単斜晶系の単斜硫黄があり、どちらも環状のS_8分子から構成されていますが、分子の配列が異なるため、結晶の形や物理特性が異なります。

6.6　液体状態

液体状態では、物質を構成する粒子間に働く引力のエネルギーと粒子の熱運動エネルギーが

ほぼ同じです。そのため、粒子は一定の位置に固定されず、自由に動くことができます。これによって、液体は外力を加えると容易に変形し、流動性を示します。ただし、密度や圧縮性に関しては固体と大きな差がありません。この性質を利用して、油圧ジャッキなどの機械がつくられています。通常、一成分系の液相は均一ですが、ヘリウムだけは例外で、液体ヘリウムⅠと液体ヘリウムⅡという2つの異なる液相が存在します。

6.7　希薄溶液の性質

希薄溶液は、溶質の濃度が比較的低い溶液を指します。不揮発性溶質の希薄溶液には、浸透圧上昇、蒸気圧降下、沸点上昇、凝固点降下などの特徴的な性質があります。これらの性質は、溶質の種類に関係なく、溶質粒子（分子またはイオン）の数のみによって決まります。このような性質を束一的性質とよびます。希薄溶液では、蒸気圧降下、沸点上昇、凝固点降下、浸透圧上昇が束一的性質を示します。

束一的性質の起源は、溶媒の化学ポテンシャル（一定の温度と圧力下で、系の中の注目成分1 molあたりのギブズエネルギー）が溶質の存在により低下することにあります。この低下は、溶媒と溶質の混合によるエントロピーの増加に起因します。その結果、溶液中の溶媒は蒸発しにくくなり、蒸気圧が降下し、沸点が上昇します。

A　浸透圧

純溶媒が、半透膜を通して溶液側に移動しようとする圧力を浸透圧といいます。浸透現象は、溶液と純溶媒、または濃い溶液と薄い溶液を半透膜で隔てたときに観察されます。

半透膜とは、溶媒分子を通すが溶質分子を通さない膜のことです。半透膜の片側に純溶媒を置き、もう片側に溶液を置くと、溶媒は濃度が低い側（純溶媒）から濃度が高い方向側（溶液）に移動します（図6-5）。この移動は、溶液の濃度を均一にしようとする自然の力によるものです。

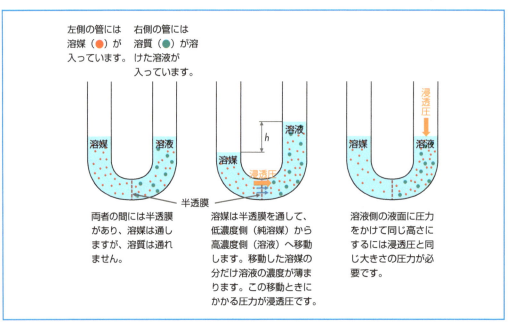

図6-5　浸透圧の概念図

医学の分野では、輸液療法において低張液や高張液は細胞に損傷を与えるため、輸液製剤の浸透圧調整が重要となります。また、薬学の分野では、薬物の吸収や分布、排出に浸透圧が大きな影響を及ぼします。経口投与された薬物は腸管内の浸透圧勾配に従って吸収されます。したがって、薬物動態を正確に予測するには、浸透圧の影響を考慮する必要があります。

希薄溶液の浸透圧Π（バイ）は、次のファントホッフの式で表されます。

$$\Pi V = cRT \cdots ①$$

ここで、V：溶液の体積、c：溶液中の溶質の物質量、R：気体定数$(8.314\,\mathrm{J/(mol \cdot K)})$、$T$：絶対温度です。この式は、理想気体の状態方程式と類似しています。つまり、希薄溶液の浸透圧は、同じ温度で溶質が気体になって同じ体積を占めるときの圧力に等しいと考えられます。

電解質溶質（塩化ナトリウムや酢酸など）の場合、解離によってイオン数が増加するため、以下の補正式を用います。

$$\Pi V = icRT \cdots ②$$

ここで、iはファントホッフ係数とよばれ、解離度に基づいて決定されます。なお、非電解質溶質では、$i=1$となります。

$$i = 1 + \alpha(n-1)$$

αは解離度、nはイオンの数です。

分子量(M)、質量$(m\,\mathrm{g})$、物質量$(c\,\mathrm{mol})$の溶質は$cM = m$ と表せますので、物質量(c)の式に直すと、$c = \dfrac{m}{M}$ となります。これを浸透圧の②式に代入すると、$\Pi V = i\dfrac{m}{M}RT$となります。これを溶質の分子量の式に変形すると、

$$M = \frac{imRT}{\Pi V}$$

となり、分子量を求める式になります。この式を使えば、与えられた浸透圧、温度、溶液の体積、溶質の質量から、溶質の分子量を求めることができます。

浸透では、溶媒が、半透膜を通じて溶質の低濃度側から高濃度側に移動します。この自然なプロセスに逆らって、溶液側に圧力をかけて、半透膜を通じて高濃度側の水を低濃度側に移動させる現象を逆浸透といいます。

逆浸透の結果、半透膜を通過した水は純水に近い状態となり、不純物や塩分は溶液側に残ります。この特性を利用して、海水を淡水に変える海水淡水化や、上水道水や井戸水の浄化が行われて、安全な飲料水を得ることができます。医療分野においては、腎不全患者の血液を浄化する人工透析装置や注射用の高純度水を得るために逆浸透が利用されています。

例題6-1

37 ℃における0.9％塩化ナトリウム水溶液の浸透圧を求めなさい。ただし、塩化ナトリウムの式量は58.44、37 ℃における解離度は0.89とする。また、気体定数は$8.314 \times 10^3\,(\mathrm{Pa \cdot L/(mol \cdot K)})$とする。

塩化ナトリウムNaClは電解質ですから、ファントホッフ係数を利用した補正式を利用して浸透圧を求めます。

まず、ファントホッフ係数iを求めます。NaCl水溶液の場合は、1つの分子がNa$^+$とCl$^-$に分かれますので、イオンの数は2になります。

$$i = 1 + 0.89(2-1) = 1.89$$

次に、0.9 % NaCl水溶液のモル濃度（$= c/V$）を求めます。1 LあたりNaClが9 g入っているので、

$$\frac{9}{58.44} = 0.154 \text{ mol/L}$$

最後に、$\Pi = i(c/V)RT$に必要な値を代入して浸透圧を求めます。

$$\Pi = 1.89 \times 0.154 \text{ mol/L} \times (8.314 \times 10^3 \text{ Pa} \cdot \text{L (mol} \cdot \text{K)}) \times 310.15 \text{ K}$$
$$= 750.5 \times 10^3 = 7.51 \times 10^5 \text{ Pa}$$

ヒトの血液の浸透圧は通常7.51×10^5 Paです。

答：7.51×10^5 Pa

気体定数は異なる単位系で表されることがあります。使用する単位系に応じて適切な値を選ぶ必要があります。使用する式や問題に合わせて適切な単位系の気体定数を選択してください。以下に代表的な気体定数の値を示します。

$$R = 8.314 \text{ J/ (K} \cdot \text{mol)} = 8.314 \times 10^3 \text{ Pa} \cdot \text{L/ (K} \cdot \text{mol)} = 8.314 \text{ Pa} \cdot \text{m}^3\text{/ (K} \cdot \text{mol)}$$
$$R = 0.0821 \text{ atm} \cdot \text{L/ (K} \cdot \text{mol)} = 0.0821 \times 10^{-3} \text{ atm} \cdot \text{m}^3\text{/ (K} \cdot \text{mol)}$$

問6-1 5 %グルコース水溶液の浸透圧を求めなさい。ただし、グルコースの分子量は180.16、気体定数は8.314×10^3（Pa・L/(mol・K)）とする。

B 蒸気圧降下

不揮発性溶質を溶かすことで、溶液の蒸気圧が純溶媒より低くなる現象を**蒸気圧降下**といいます（図6-6）。この現象は、ラウールの法則に従います。

ラウールの法則とは、「希薄溶液では、各成分の蒸気分圧は、その成分のモル分率と純粋な状態での蒸気圧の積で表される」という法則です。

このとき、蒸気圧降下度は溶媒の種類と溶質のモル分率に依存し、溶質の種類には無関係です。すなわち、溶液中の溶質（分子、イオン）粒子の総数のみに依存して変化します。このラウールの法則は、ヘンリーの法則（希薄溶液を構成する溶質が不揮発性物質の場合）とともに二成分系の状態図（圧力－組成図）などを考察する上で有用です。

C 沸点上昇

液体の蒸気圧は温度上昇とともに高くなり、ある温度で大気圧と等しく（蒸気圧＝大気圧）なります。この温度が**沸点**であり、標準大気圧1.013×10^5 Pa（1 atm）における沸点を**標準沸点**とよびます。通常、単に沸点といえば、この標準沸点を指しています。

ある不揮発性の溶質分子を溶媒分子に溶かすことによって、その溶液の沸点が、純粋な溶媒の沸点より高くなる現象を**沸点上昇**といいます（図6-6）。溶液を加熱すると、純溶媒の場合に比べて蒸気圧が低下するため、沸点が上昇します。

沸点上昇は、溶媒の沸点（T_b）と溶液の沸点（T）との温度差（$\Delta T = T - T_b$）としても定義されます。溶媒の沸点近傍において、溶液の沸点上昇（ΔT_b）は溶質のモル濃度（m_B）に比例します。この比例関係は次式で表されます。

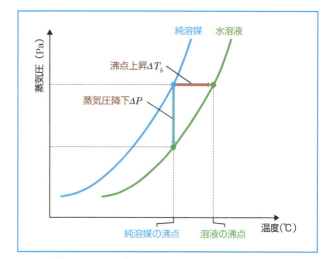

図6-6 蒸気圧降下と沸騰上昇

$$\Delta T_b = K_b \cdot i \cdot m_B \cdots ①$$

ここで、K_b：モル沸点上昇定数（溶媒固有の値）、i：ファントホッフ係数、m_B：溶質の質量モル濃度（溶媒1 kgに溶けている溶質の量（mol））です。たとえば、水のモル沸点上昇定数K_bは0.513 K・kg/molです。また、ファントホッフ係数は、

$$i = 1 + \alpha(n - 1)$$

で求まります。ここで、αは解離度、nはイオンの数です。なお、非電解質溶質のファントホッフ係数$i = 1$です。

モル質量M（g/mol）の解離も会合もしない溶質w（g）を溶媒W（g）に溶かした溶液の質量モル濃度m_Bは次のようになります。

$$m_B = \frac{w}{M} \times \frac{1000}{W} \cdots ②$$

②式を①式に代入すると、

$$\Delta T_b = K_b \left(\frac{w}{M} \times \frac{1000}{W} \right)$$

と導かれ、未知の分子量Mを求めることができます。このように、沸点上昇度の測定から、溶質の分子量を求めることができます。

例題6-2

0.05 mol/kgのグルコース水溶液の沸点上昇を求めなさい。ただし、水のモル沸点上昇定数K_bは0.513 K・kg/molとする。

解答

グルコース水溶液は非電解質ですから、ファントホッフ係数$i = 1$です。
したがって、沸点上昇ΔT_bは、

$$\Delta T_b = K_b \cdot i \cdot m_B = 0.513 \text{ K}\cdot\text{kg/mol} \times 1 \times 0.05 \text{ mol/kg} = 0.0256 ≒ 0.026 \text{ K}$$

となります。

答：0.026 K

この結果を解釈すると、精製水の沸点（100 ℃、標準大気圧下）から0.026 ℃上昇することを意味します。この溶液は約100.026 ℃で沸騰し始めることになります。

問6-2 0.05 mol/kgの塩化ナトリウム水溶液の沸点上昇を求めなさい。ただし、水のモル沸点上昇定数は0.513 K・kg/molとする。また、解離度は0.93とする。

D 凝固点降下

溶液の凝固点は、純溶媒の凝固点より低くなる現象を**凝固点降下**といいます。凝固点降下 ΔT_f は、以下の式で表されます。

$$\Delta T_f = K_f \cdot i \cdot m_B \cdot = K_f \cdot i \cdot \left(\frac{w}{M} \times \frac{1000}{W} \right)$$

ここで、K_f：モル凝固点降下定数（溶媒固有の値）、i：ファントホッフ係数、m_B：溶質の質量モル濃度です。たとえば、水のモル凝固点降下定数 (K_f) は 1.86 K・kg/molです。ファントホッフ係数は、

$$i = 1 + \alpha(n-1)$$

で求まります。ここで、α は解離度、n はイオンの数です。なお、非電解質のファントホッフ係数は、$i = 1$ です。

以上のように、希薄溶液の束一的性質は、溶質の種類によらず、溶質の濃度のみで決まります。未知の溶質の分子量を決定するのに利用できます。たとえば、沸点上昇や凝固点降下の測定値から、溶質の分子量を計算することができます。

> **例題6-3**
> 1.0 %グルコース（分子量180.16）水溶液の凝固点降下を求めなさい。ただし、水のモル凝固点降下定数 (K_f) は1.86 K・kg/molとする。

非電解質による水の凝固点降下 ΔT_f は、水のモル凝固点降下定数 K_f と質量モル濃度 m_B の積で求められます。

$$\Delta T_f = K_f \cdot i \cdot m_B = 1.86 \text{ K}\cdot\text{kg/mol} \times m_B \text{ mol/kg}$$

1.0 %グルコース水溶液の質量モル濃度は、1 Lの水溶液にはグルコースが10 g含まれることから

$$\frac{10 \text{ g/L}}{180.16 \text{ g/mol}} = 0.0555 \text{ mol/L} = 0.0555 \text{ mol/kg (水1 L = 1 kg)}$$

となります。また、グルコース水溶液は非電解質ですから、ファントホッフ係数 $i = 1$ です。

したがって、凝固点降下度 ΔT_f は、

$$\Delta T_f = K_f \cdot i \cdot m_B = 1.86 \text{ K} \cdot \text{kg/mol} \times 1 \times 0.0555 \text{ mol/kg} = 0.103 \fallingdotseq 0.10 \text{ K}$$

となります。

答：0.1 K

　この結果を解釈すると、純水の凝固点 (0 ℃、標準大気圧下) から0.1 ℃下がることを意味します。この溶液は約−0.1 ℃で凍り始めることになります。

問6-3　濃度 0.01 mol/kg の塩化ナトリウム水溶液の凝固点降下を求めなさい。ただし、水のモル凝固点降下定数 (K_f) は1.86 K・kg/molとする。また、塩化ナトリウムの解離度は0.93とする。

6.8　コロイド溶液

　物質が他の物質に分散した系を**分散系**といいます。分散させている物質を**分散媒**、分散している粒子を**分散質**とよびます。分散系は、分散質の粒子の大きさによって以下の4つに分類されます。

　　懸濁液 (サスペンション)：粒子サイズが $10^{-4} \sim 10^{-7}$ m (100 ～ 0.1 μm) の固体粒子が分散した溶液 (例：濁り水) をいいます。

　　乳濁液 (エマルション)：粒子サイズが $10^{-4} \sim 10^{-7}$ mの液体粒子が分散した溶液 (例：牛乳) をいいます。

　　コロイド溶液：粒子サイズが $10^{-7} \sim 10^{-9}$ m (100 ～ 1 nm) の粒子を**コロイド**といいます。コロイドが均一に分散した溶液を**コロイド溶液**といいます。コロイド粒子は、濾紙を通過できますが、半透膜は通過できません。

　　真の溶液：分散質が分子やイオンレベルで均一に分散した溶液をいいます。

　コロイドは、構造、水との親和性、表面電荷、流動性などによって、細分類化されます。

6.8.1　コロイド溶液の分類

A　構造による分類

　コロイド溶液は、粒子の形成様式によって、以下の3つに分類されます。

　　分子コロイド：1個の分子でコロイド粒子を形成しているものをいいます (例：タンパク質やデンプンなど)。

　　会合コロイド：多数の小さな分子が集合してコロイド粒子を形成しているものをいいます (例：洗剤など)。

　　分散コロイド：本質的に分散媒に部分的に溶解しているが、なお微細に分散している物質からなるものをいいます (例：脂肪乳剤、金属コロイドなど)。

B　水との親和性による分類

　水との親和力の違いによって、親水コロイドと疎水コロイドに分類されます。

親水コロイド：水との親和性が大きく、多量の電解質の添加で沈殿 (塩析) するコロイドをいいます (例：タンパク質やデンプンなど)。

疎水コロイド：水との親和性が小さく、少量の電解質の添加で容易に沈殿 (凝析) するコロイドをいいます (例：金属の水酸化物や炭素コロイドなど)。

保護コロイド：疎水性コロイド粒子の安定性を高める働きをする物質です。疎水性コロイドに親水性の保護コロイドを添加すると、保護コロイドが疎水性コロイド粒子の表面に吸着し、粒子間の凝集を防ぐ効果があります。保護コロイドは必ずしも親水性である必要がなく、適切な親和性をもつ物質であれば疎水性のものでも保護コロイドとして機能する場合があります。たとえば、油煙 (炭素) を水に分散させてつくった疎水コロイドの炭素分散液は不安定ですが、ニカワ (タンパク質) などの親水コロイドを加えることで、墨汁の保存期間が延長されます。このようにニカワが保護コロイドとして機能しています。

C 流動性による分類

コロイド溶液は、粒子を溶かす媒体が液体のものを指します。加熱したり、冷却したりすると流動性を失って固まるものがあります。たとえば、豆腐や寒天などがあります。寒天は、海藻の天草を煮溶かしてから、冷やし固めたものです。逆に卵の白身は、加熱すると固まります。

コロイド溶液のうち、流動性があるコロイド溶液を**ゾル**といい、流動性を失ったコロイド溶液を**ゲル**といいます。ゲルの系としては、豆腐やコンニャクなどのように、溶媒を含んだ三次元網目構造を形成しているものが挙げられます。これらは典型的なコロイド系であり、ゾル—ゲル転移を示す特性をもっています。ゲルから分散媒を除去して乾燥させたものを**キセロゲル**や**乾燥ゲル**とよびます。このキセロゲルは空気中にある湿度と結びつこうとする性質があります。この性質を利用したものが、乾燥剤のシリカゲルです。

D コロイド粒子の表面電荷と電気泳動

電解質溶液中に分散したコロイド粒子は、通常、表面に電荷をもっています。この電荷は、粒子の表面に存在する解離基や溶液から吸着したイオンによって生じます。たとえば、シリカ SiO_2 やアルミナ Al_2O_3 といった酸化物や水酸化物は、溶液中のpHに応じて電荷を変化させます。

酸性溶液中では、H^+ イオンを吸着して正の電荷をもち、塩基性溶液中では OH^- イオンを取り込んで負の電荷をもちます。そこで、コロイド溶液に直流電圧をかけると、正に帯電した粒子は陰極へ、負に帯電した粒子は陽極に向かって移動します。この現象をコロイドの**電気泳動**といいます。この現象はタンパク質の分離精製などに利用されます。

6.8.2 コロイド溶液の性質

A 凝析

疎水性コロイドに少量の電解質を加えたときに起こる現象を凝析（ぎょうせき）といいます。この現象では、コロイド粒子がもつ電荷と反対の符号をもつイオンが、より大きな効果を示します。特に、価数 (電荷の絶対値) が大きいイオンを含む電解質を加えると、凝析効果が強くなります。たとえば、正に帯電した水酸化鉄 (Ⅲ) のコロイド溶液に、硫酸カリウム K_2SO_4 と硝酸カリウム KNO_3 を加えた場合を考えてみましょう。K_2SO_4 には二価の負のイオン SO_4^{2-} が含まれており、KNO_3 より約60倍強い凝析効果を示します。

B　塩析

　親水性コロイドに多量の電解質を加えることで起こる現象を塩析といいます。この場合、電解質はコロイド粒子の周囲にある水分子を引き寄せて奪い取ります。その結果、コロイド粒子は凝集します。塩析の例として、石けんの製造があります。生成した石けん（脂肪酸のアルカリ塩とグリセリンの混合物）に多量の食塩を加えると、石けんが析出します。また、塩析は、金属塩を加えてタンパク質を含むコロイド溶液からタンパク質を析出・分離する際にも応用されています。このように、凝析と塩析はコロイド溶液の性質を変化させる重要な現象です。それぞれの方法で、コロイド粒子の凝集を引き起こします。

C　チンダル現象

　分散粒子が分子やイオンなどのようにきわめて小さい場合でも、コロイド溶液になると著しく着色することがあります。コロイド液に強い光を当てると、コロイド粒子によって光は散乱されるために、光路が輝いてみえます。これをチンダル現象とよび、真の溶液と区別するのに利用されます。また、光を液全体に当てると、液全体が濁ってみえる現象を乳光といいます。

D　ブラウン運動

　コロイド粒子が沈まない理由には、ブラウン運動と電荷による反発が挙げられます。ブラウン運動とは、液体や気体中に浮遊するコロイド粒子が、不規則にランダムに運動する現象です。この運動の原因は、液体や気体中の分子が熱運動によって微粒子に不規則に衝突するためです。コロイド粒子は溶液中でブラウン運動をしており、このブラウン運動によって粒子は常に押し戻されるため、沈まずに分散した状態を保ちます。また、同じ電荷をもつコロイド粒子どうしは反発し合うため、凝集せずに分散状態を維持します。

　このように、コロイド粒子は表面の電荷とブラウン運動によって、溶液中で安定した分散状態を保っています。溶液のpHによって電荷が変わるため、コロイドの性質も変化することがあります。

E　透析

　透析は、コロイド溶液から分子やイオンを分離する方法です。この方法では、コロイド溶液を半透膜でできた袋に入れ、その袋を精製水の中に浸します。半透膜は小さな分子やイオンを通過させますが、コロイド粒子は通過させないため、分子やイオンは精製水中に出ていき、コロイド粒子は袋の中に残ります。この原理を利用して、コロイド溶液に混ざっている不純物を取り除くことができます。

　透析の原理は、医療の分野でも応用されています。特に、腎機能が低下した人の治療としての血液透析があります。血液透析では、透析膜（半透膜）を介して血液と透析液の間で物質交換を行い、血液を浄化します。半透膜による拡散によって、血液中の尿素、クレアチニン、カリウムなどの小さな溶質が透析液へ移動する一方、タンパク質やアルブミンなどの大きな分子は血液中に保持されます。また、限外ろ過の原理も併用されています。このように、透析は化学や医療において重要な分離技術として利用されています。

F　その他

　コロイド粒子は、その質量に対して表面積が非常に大きいため、吸着作用が強いという特徴

があります。この強い吸着作用が、コロイド状態の触媒が活発に作用する理由のひとつと考えられています。コロイド粒子は、真の溶液に比べて粒子が大きいため、拡散速度と浸透圧の値が非常に小さくなります

6.9 気体の状態方程式

物質を構成する粒子は、粒子間の引力が熱運動エネルギーに比べて非常に小さい状態にあります。そのため、粒子は自由に運動することができ、気体状態となります。

気体状態の物質は、密度が極めて小さく、容易に圧縮できるという特徴があります。たとえば、ゴム風船に外圧を加えると、風船内の気体が圧縮され、容易に形状が変形します。これは、気体の粒子が自由に運動できるため、外力によって容易に体積が変化するためです。

また、気体の粒子間の引力を無視できるため、粒子は熱運動エネルギーによって自由に移動することができます。これらの性質は、気体の法則（ボイル、シャルル、アボガドロの各法則）によって定量的に説明されます。

これらの性質は、気体の法則によって理解することができます。

6.9.1 理想気体の状態方程式

理想気体とは、気体分子が非常に小さく、分子間の相互作用がないと仮定した気体を指します。この理想気体の圧力 P (Pa) は、単位体積に含まれる物質量 n (mol) と絶対温度 T (K) に比例し、体積 V (L) に反比例します。この関係を表す式が理想気体の状態方程式であり、次のように表されます。

$$PV = nRT$$

ここで、R は気体定数 $(8.314 \text{ J/} (\text{mol} \cdot \text{K}))$ です。この理想気体の状態方程式に基づいて、ボイル・シャルルの法則が成り立ちます。

6.9.2 ファンデルワールスの状態方程式

実際の気体では、分子の体積が無視できないこと、分子間に引力が働くことから、理想気体の状態方程式では十分に説明できません。そこで、ファンデルワールスは気体の体積と圧力を補正した状態方程式を提案しました。ファンデルワールスの状態方程式は次のように表されます。

$$\left\{ P + a \left(\frac{n}{V} \right)^2 \right\} (V - nb) = nRT$$

ここで、a と b はファンデルワールス定数とよばれる気体固有の定数です。a は分子間引力による圧力の補正、b は分子の体積による体積の補正を表しています。

ファンデルワールスの状態方程式は実在気体の性質をよりよく説明できます。ただし、相平衡や相転移の詳細な理解には、さらに高度な熱力学の知識が必要となります。

例題6-4

温度37 ℃で、1 molの二酸化炭素が1 m³の体積を占めるときの圧力を求めなさい。ただし、二酸化炭素のファンデルワールス定数は$a = 0.364$ Pa・m⁶ mol², $b = 4.267 \times 10^{-5}$ m³/mol、気体定数$R = 8.314$ Pa・m³/(K・mol)とする。

解答

ファンデルワールスの状態方程式

$$\left\{ P + a\left(\frac{n}{V}\right)^2 \right\}(V - nb) = nRT$$

に与えられた値を代入します。

$$\left\{ P + 0.364 \left(\frac{1}{1}\right)^2 \right\}(1 - 4.267 \times 10^{-5}) = 1 \times 8.314 \times 310.15$$

$$(P + 0.364) \times 0.99995733 = 2578.5871$$

$$0.99995733P = 2578.5871 - 0.3640 = 2578.2231$$

$$P = 2578.3331 \fallingdotseq 2578.3 \text{ Pa} = 2.58 \times 10^3 \text{ Pa}$$

答：2578.3 Pa (2.58 × 10³ Pa)

理想気体で圧力を求めると、

$$P = \frac{nRT}{V} = \frac{1 \times 8.314 \times 310.15}{1} = 2578.5871 \fallingdotseq 2578.6 \text{ Pa}$$

となります。この結果は、理想気体の場合より、0.3 Paほど低い圧力を示しています。これは、ファンデルワールスの方程式が分子間の引力(a)と分子の体積(b)を考慮に入れているためです。特に、この温度と体積では、分子間の引力が圧力を低下させる効果が大きいことがわかります。

問6-4 温度25 ℃で、1 molの窒素が0.001 m³の体積を占めるときの圧力を求めなさい。ただし、窒素N_2のファンデルワールス定数は$a = 0.1408$ Pa・m⁶/mol², $b = 3.913 \times 10^{-5}$ m³/mol、気体定数$R = 8.314$ Pa・m³/(K・mol)とする。

国試にチャレンジ

問6-1 不揮発性の電解質を溶解させた希薄水溶液において、溶質の濃度上昇とともに値が減少するのはどれか。2つ選べ。　　　（101回薬剤師国家試験　問49改変）

1　蒸気圧　　2　凝固点　　3　沸点　　4　浸透圧　　5　溶質のモル分率

問6-2 理想気体の物質量n、圧力p、気体定数R、熱力学温度T、体積Vについて成立する関係はどれか。　　　（103回薬剤師国家試験　問4）

1　$n = \dfrac{RTV}{p}$　　　2　$n = \dfrac{pT}{RV}$　　　3　$n = \dfrac{pRT}{V}$

4　$n = \dfrac{pV}{RT}$　　　5　$n = \dfrac{RT}{pV}$

第7章 化学熱力学

　化学熱力学は、薬物の合成、安定性、溶解度、代謝過程を理解する基盤となります。これらの知識は、薬剤の開発、保存、投与方法の最適化に不可欠です。また、生体内での化学反応の自発性や平衡を予測し、薬物の効果や副作用のメカニズムを解明するのに役立ちます。そのため、薬学における化学熱力学の理解は、新薬開発や既存薬の改良において不可欠な知識です。

7.1 系と外界と状態量

　熱力学で対象として取り扱うのは**物質の集まり**であり、これを**系**（けい）とよびます。また、**系の周囲**を**外界**、**系と外界との境**を**境界**といいます。化学実験を考えるとき、反応容器内で起こる化学反応が系とみなされ、それを取り囲むフラスコやビーカーの壁などが境界に相当します。さらに、実験を観察している実験者や室内の空気などが外界です。この境界を通じて物質やエネルギーの移動の可能性の有無によって、系は次の3種類に分類されます（図7–1）。

　開放系：外界との間に物質とエネルギーの授受が生じます。
　閉鎖系：外界との間にエネルギーのみの授受が生じます。
　孤立系：外界との間に物質もエネルギーも授受がありません。

　また、エネルギーのうち、熱の授受が生じない閉鎖系を**断熱系**といいますが、断熱系では仕事などのエネルギーの授受は起こります。通常の化学反応では、外界から加熱や冷却を行い、物質の出入りがあるので、開放系で実験を行うことが多いです。このような分類をすることによって、化学熱力学を理解しやすくなります。

　物理学で扱われる変数を物理量といい、具体的には長さ、質量、電流などの量や、それらの演算から定義される量です。この物理量は系の状態が定まると一義的に定まります。このように、**状態に依存する物理量**を**状態関数**あるいは**状態量**といいます。内部エネルギーなどは状態量の一例です。状態関数は次の2つに分類されます。

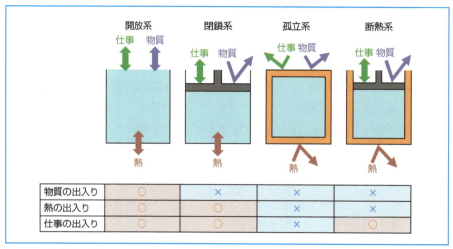

図7–1　系の種類と性質

示量性状態関数：系の量や大きさに依存する状態関数です。これらの値は系の大きさに比例し、加成性をもちます。つまり、系を複数に分けた場合、それぞれの部分の示量性状態関数の値を足し合わせることで、全体の値が得られます。体積、質量、物質量、内部エネルギー、エンタルピー、エントロピー、ギブズエネルギーは示量性状態関数です。

例： 水　100 mL ＋ 50 mL ＝ 150 mL　　　　軟膏　10 g ＋ 7 g ＝ 17 g

このように、物質量を足し算できます。

示強性状態関数：系の大きさやその物質量に依存しない状態関数です。これらは系の強さや濃度を示し、加成性をもちません。つまり、系を分割してもその値は変わりません。温度、圧力、濃度、密度、化学ポテンシャルなどは示強性状態関数です。示強性状態関数は足し算ができません。

7.2　内部エネルギーと熱力学第一法則

7.2.1　内部エネルギーの概要

系の状態は、温度、圧力、体積、および相の状態によって決まります。系に含まれる原子、イオン、分子は運動エネルギー（原子や分子の運動によるエネルギー）とポテンシャルエネルギー（原子や分子の相対的な位置や配置によるエネルギーで、分子間の引力や反発力、化学結合のエネルギーなどが含まれます）をもちます。この2つの和が**内部エネルギー**です。

内部エネルギー（U）は、系の状態を表すために、次のように定義されます。

$$\text{内部エネルギー } U = \text{運動エネルギー } + \text{ ポテンシャルエネルギー } = K + V$$

ここで、Kは運動エネルギー、Vはポテンシャルエネルギーです。

重要なことは、内部エネルギーの絶対値を知ることができないという点です。なぜなら、内部エネルギーは分子や原子の運動や相互作用に基づく膨大なエネルギーの総和であり、その基準を決めることが難しいためです。実際に知ることができるのは、系が変化する前後の内部エネルギーの差だけです。系の状態が変化するときの内部エネルギー変化ΔUは、次の式で表されます。

$$\Delta U = U_2 - U_1$$

ここで、U_1とU_2はそれぞれ系のはじめの状態と終わりの状態の内部エネルギーです。この式では、内部エネルギーの変化（ΔU）が、系の初期状態と最終状態の内部エネルギーの差を示しています。

7.2.2　熱と仕事の定義

次に、内部エネルギーと熱力学の第一法則を関連づけるために、熱と仕事の定義を確認しましょう。

熱（q）とは、温度の異なる2つの物体が接触するとき、温度の高い物体から低い物体に移動するエネルギーを指します。熱は熱エネルギーともいい、ミクロには分子、原子およびイオンの乱雑で無秩序な運動（回転、分子間および分子内振動運動）に伴うエネルギー変化です。

仕事（w）とは、系を構成する粒子が外部に対して秩序だった運動をするときのエネルギー変

化です。仕事の例としては、気体の膨張や収縮によるピストンの運動、物体の上げ下げなどの力学的仕事があります。また、化学反応でも仕事は行われます。たとえば、人体の筋肉細胞中のアデノシン三リン酸（ATP）の加水分解による筋肉屈曲の力学的仕事や、電池内の化学反応で生じた電気によるモーターの回転という力学的仕事などが挙げられます。

7.2.3　気体の膨張と内部エネルギーの変化

気体の膨張を例として、内部エネルギーの変化を考えてみましょう。**図7-2**のような面積Sのピストンを考えます。内部の気体の圧力pが外圧pと釣り合いながら、気体が膨張してピストンをΔlだけ押し上げると、内部の気体は外力に逆らって仕事をしたことになります。その仕事をΔwとすると、$\Delta w = 力 pS \times 距離 \Delta l = pS \times \Delta l = pS\Delta l$ですから、気体の行った仕事は、$\Delta w = p\Delta V$となります。一般に、体積変化が$V_1$から$V_2$の場合は、

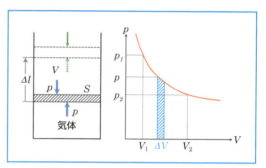

図7-2　気体の膨張による仕事

$$w = \int_{V_1}^{V_2} p\Delta V$$

と表せます（この式は曲線と横軸に囲まれた面積を表します）。このとき、外界との間で熱の出入りがないようにすると、気体の温度は下がります（断熱膨張）。つまり、気体は熱を失い、代わりに力学的仕事をしたことになります。これは熱が仕事に変わる例です。失われる熱量と仕事の関係は、仕事が熱に変わる（ジュールの実験）の場合と同じです。熱機関はこの熱から仕事への変換の応用例です。気体が圧縮されるときは、外部から仕事をされるため、上式で体積変化は$-\Delta V$となり、エネルギーを受け取り温度は上昇します。

7.2.4　内部エネルギーと熱力学第一法則

気体に熱（熱エネルギー）を加えると、温度が上がり、体積が膨張して外部に仕事をします。しかし、一定体積のもとでは、外部環境に何も仕事をしません。この場合、加えられた熱エネルギーはすべて気体の内部に蓄えられ、この蓄えられたエネルギーが内部エネルギーとなります。

気体の内部エネルギーは、気体の体積が一定のときは温度が上がると大きくなり、温度が一定なら体積にはほとんど関係しません。つまり、内部エネルギーは温度だけで決まり、体積に依存しません。

気体が熱エネルギーq [J]を吸収し、外部からw [J]の仕事をされる間に、その内部エネルギーUがU_1からU_2に変化したとすると、

$$\Delta U = U_2 - U_1 = w + q \cdots ①$$

と表せます。この①式が熱力学第一法則です。つまり、基準点からの内部エネルギー変化は、系に加えられたエネルギーの移動、つまり、仕事量wと熱量qによって与えられます。**熱力学第一法則**は、エネルギーは勝手に増えたり減ったりせず、ある形から別の形へと変化するだけということを表しています。この熱力学第一法則は、エネルギー保存の法則を熱力学的な観点

から表したものです。熱はエネルギーの一形態であり、力学的エネルギーと合わせて考えると、物質の総エネルギーは常に一定です。

7.2.5　日常生活における応用例

日常生活での例としては、電気エネルギーを熱エネルギーに変換する電気ヒーター、化学エネルギー(燃料)を運動エネルギーと熱に変換する自動車のエンジンなどがあります。

エネルギー変化の符号について確認しておきましょう。系にエネルギーを加えるときは正(＋)、系からエネルギーが出て行くときは負(－)です。系を加熱するとき熱qは正、系が体積を膨張させて行う仕事wは負です。ここでは理解しやすいように気体の例を示しましたが、一般的には任意の系に着目して考えるので、qやwは観測者のいる外界と系との関連で変化します。系に仕事や熱が加わると内部エネルギーは増え、逆に取り除かれれば減少します。どの系に着目して考えるかには注意が必要です。

7.3　エンタルピー

7.3.1　エンタルピーの定義と性質

一般的に、私たちが取り扱う化学反応は標準大気圧下(1.013×10^5 Pa)で行われることがほとんどです。そのため、等圧条件でのエネルギー変化を考えることが重要です。標準大気圧下で系に加えられた熱エネルギーのすべてが内部エネルギーに変換されるわけではなく、一部は系の体積膨張によって大気を押し戻す仕事に使われます。

たとえば、一定量の気体(一定の大きさに膨らませたゴム風船など)に熱を加えると、気体の温度上昇と体積膨張が生じます。これは、気体の温度が上昇すると、気体の内部エネルギーが増加し、大気圧(P)に逆らって体積が膨張するため、気体が仕事を行うからです。すなわち、系に加えた熱量(q)は系の内部エネルギーの増加(ΔU)と、系の体積変化(ΔV)によって行う仕事($p \cdot \Delta V$)に変換されます。系は熱(q)を吸収して仕事($w = P\Delta V$)を行い、その差が内部エネルギーの変化量(ΔU)になります。

$$\Delta U = q - P\Delta V \cdots ②$$

ここで、この仕事による熱エネルギーの損失分を考慮した量として、エンタルピー(H)を導入します。**エンタルピー**は、系の内部エネルギー(U)に系の圧力(P)と体積(V)の積を加えたもので、次のように定義されます。

$$H = U + PV \cdots ③$$

圧力一定の下でのエンタルピーの変化量は、$\Delta H = \Delta U + P\Delta V$なので、②式から、$\Delta H = q_p$となります。ここで、$q_p$の下付き$p$は定圧を示しています。すなわち、圧力一定下で系に加えられた熱(q_p)は系のエンタルピーの変化に等しいことになります。したがって、圧力一定の場合の反応熱(系に出入りする熱)は、系のエンタルピー変化に等しいです。このエンタルピーの値は反応の経路に依存しない状態量です。状態量とは、初期状態と最終状態のみに依存し、その間の過程には依存しない量をいいます。

エンタルピーは、化学反応におけるエネルギー変化を評価する上で重要な概念です。反応が

進行する際に、系が周囲の環境とどのようにエネルギーをやり取りするかを理解するための基盤を提供します。このため、化学工学や熱力学の分野ではエンタルピーの変化を考慮することが不可欠です。

7.4 反応エンタルピー

化学反応が進行する際に出入りする熱量を**反応エンタルピー**といいます。圧力一定の下での反応エンタルピーは、系のエンタルピー変化 (ΔH) に等しいです。反応エンタルピーは反応の経路に依存しない状態量で、初期状態と最終状態のみに依存します。薬学においては、薬物の合成、代謝、溶解過程における熱の出入りを理解することが重要です。

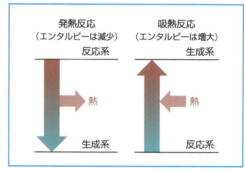

図7-3 発熱反応と吸熱反応

反応エンタルピーの符号によって、熱の発生を伴う反応を発熱反応 ($\Delta H < 0$)、吸収を伴う反応を吸熱反応 ($\Delta H > 0$) とよびます (図7-3)。

発熱反応 ($\Delta H < 0$)：反応が進行する際にエンタルピーが減少し、熱が放出される反応です。
例：燃焼反応：メタンの燃焼
$$CH_4 (g) + 2O_2 (g) \rightarrow CO_2 (g) + 2H_2O (l) \quad \Delta H = -890 \text{ kJ/mol}$$
中和反応：塩酸と水酸化ナトリウムの反応
$$HCl (aq) + NaOH (aq) \rightarrow NaCl (aq) + H_2O (l) \quad \Delta H = -56.5 \text{ kJ/mol}$$

吸熱反応 ($\Delta H > 0$)：反応が進行する際にエンタルピーが増加し、熱が吸収される反応です。
例：氷の融解：$H_2O (s) \rightarrow H_2O (l) \quad \Delta H = +6.01 \text{ kJ/mol}$
光合成：$6CO_2 (g) + 6H_2O (l) \rightarrow C_6H_{12}O_6 (s) + 6O_2 (g) \quad \Delta H = +2803 \text{ kJ/mol}$

7.4.1 反応エンタルピーの種類

反応エンタルピーは、着目する物質の化学変化の名称によって、次のような種類があります。

生成エンタルピー：化合物1 molが、その成分の単体から生成されるときの反応に伴うエンタルピーの変化です。

例：$C + O_2 \rightarrow CO_2$：$\Delta H = -393.5 \text{ kJ}$、$\frac{1}{2}I_2 + \frac{1}{2}H_2 \rightarrow HI$：$\Delta H = +26.5 \text{ kJ}$

燃焼エンタルピー：物質1 mol (または、1グラム原子) が完全燃焼するときに生じるエンタルピーの変化です。

例：$S + O_2 \rightarrow SO_2$：$\Delta H = -290 \text{ kJ}$、$CO + \frac{1}{2}O_2 \rightarrow CO_2$：$\Delta H = -284.5 \text{ kJ}$

溶解エンタルピー：物質1 molを多量の溶媒に溶かすときに発生または吸収させるエンタルピーの変化です。

熱化学方程式では、aqは多量の水を、(aq) は水和した状態を示します。

例：$H_2SO_4 + aq \rightarrow H_2SO_4 (aq)$：$\Delta H = -95.3 \text{ kJ}$
$NaCl (s) + aq \rightarrow Na^+ (aq) + Cl^- (aq)$：$\Delta H = +3.9 \text{ kJ}$

中和エンタルピー：十分に希薄な溶液中で、酸と塩基が中和して1 molの水を生成する際に伴うエンタルピーの変化です。

例：HCl (aq) + NaOH (aq) → NaCl (aq) + H₂O：$\Delta H = -56.5$ kJ

注意：薄い強酸と薄い強塩基の中和の場合、その種類に関係なく56.5 kJの発熱があります。弱酸と弱塩基の中和反応では、それらを解離するためのエネルギーが必要なため、発生する中和エンタルピーはより小さくなります。

水和エンタルピー：気相中の孤立したイオン1 molが無限希釈の水溶液中で水和される際に生じるエンタルピー変化です。

例：Na⁺ (g) + nH₂O (l) → Na⁺ (aq)：$\Delta H = 405$ kJ

7.4.2 物質の状態変化に伴うエンタルピー変化

物質は固体、液体、気体の間で状態を変化させる際に、熱を吸収したり放出したりします。固体が液体になる**融解**、液体が気体になる**蒸発**、固体が直接気体になる**昇華**では熱を吸収します。逆に、液体が固体になる**凝固**、気体が液体になる**凝縮**では熱を放出します。これらの熱の出入りは、物質1 molあたりの熱量として定義され、物質の種類によって異なります。物質が状態変化（たとえば、固体から液体、液体から気体、またはその逆）する際に吸収または放出する熱エネルギーを**潜熱**といいます。一方、物質の温度が変化する際に吸収または放出される熱エネルギーを**顕熱**といいます。

この熱の移動は温度変化だけでなく、状態変化にも使われ、可逆的な過程です。これらの現象は日常生活や自然界で広くみられ、さまざまな分野で応用されています。物質の状態変化に伴う熱の出入り（潜熱）について、1.013×10^5 Pa（標準大気圧）のもとで以下のように定義されます。

熱の吸収と放出は逆の関係にあり、たとえば融解エンタルピーと凝固エンタルピーは同じ大きさで符号が逆になります（**図7-4**）。

融解エンタルピー：1 molの固体が融解して液体になるときの転移エンタルピーをいいます（**図7-5**）。たとえば、0 ℃の氷1 mol（18.02 g）を0 ℃の水に変える融解エンタルピーは、$\Delta H = 6.01$ kJ/molです。

H₂O (s) → H₂O (l)：$\Delta H = 6.01$ kJ

凝固エンタルピー：1 molの液体が凝固して固体になるときの転移エンタルピーをいいます。たとえば、0 ℃の水1 molが0 ℃の氷になる凝固エンタルピーは、$\Delta H = -6.01$ kJ/molです（マイナス符号は熱を放出することを意味します）。

H₂O (l) → H₂O (s)：$\Delta H = -6.01$ kJ

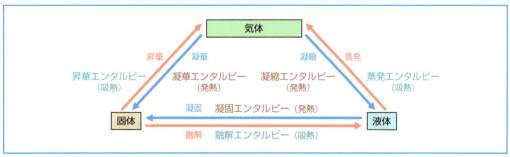

図7-4 状態変化に伴うエンタルピー

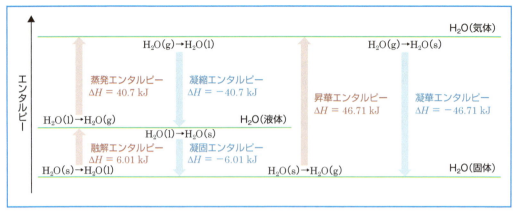

図 7–5　化学反応とエンタルピー

- **蒸発エンタルピー**：1 mol の液体が蒸発して気体になるときの転移エンタルピーをいいます。蒸発熱は気化熱ともいいます。たとえば、100 ℃ の水 1 mol を 100 ℃ の水蒸気に変える蒸発エンタルピーは、$\Delta H = 40.7$ kJ/mol です。

    H_2O (l) → H_2O (g)：$\Delta H = 40.7$ kJ

- **凝縮エンタルピー**：1 mol の気体が凝縮して液体になるときの転移エンタルピーをいいます。たとえば、100 ℃ の水蒸気 1 mol が 100 ℃ の水になる凝縮エンタルピーは、$\Delta H = -40.7$ kJ/mol です。

    H_2O (g) → H_2O (l)：$\Delta H = -40.7$ kJ

- **昇華エンタルピー**：1 mol の固体が昇華して直接気体になるときの転移エンタルピーをいいます。たとえば、1 mol の氷が直接気体になる昇華エンタルピーは、$\Delta H = 46.71$ kJ/mol です。

    H_2O (s) → H_2O (g)：$\Delta H = 46.71$ kJ

- **凝華エンタルピー**：1 mol の気体が凝華して直接固体になるときの転移エンタルピーをいいます。たとえば、1 mol の水蒸気が直接氷になる凝華エンタルピーは、$\Delta H = -46.71$ kJ/mol です。

    H_2O (g) → H_2O (s)：$\Delta H = -46.71$ kJ

7.4.3　化学反応におけるエンタルピー変化

　化学反応式のあとに、エンタルピー変化 ΔH を付記して示します。反応物質はその状態によってエンタルピー変化も異なるので、化学式の後に必要に応じて (g)、(l)、(s) または (気)、(液)、(固) で示します。たとえば、炭素から二酸化炭素が生成した化学反応式にエンタルピー変化を付記すると、

$$C\,(s) + O_2\,(g) \rightarrow CO_2\,(g) \quad \Delta H = -409.2 \text{ kJ}$$

となります。ここで、g は gas（気体）、l は liquid（液体）、s は solid（固体）の頭文字です。この式から、CO_2 の生成エンタルピーは -409.2 kJ であることがわかります。これは炭素 1 mol と酸素 1 mol がもつ内部エネルギーの和が、CO_2 1 mol がもつ内部エネルギーより 409.2 kJ だけ大きいことを示しています。つまり、反応の結果、409.2 kJ のエネルギーが熱として放出されます。

7.4.4 ヘスの法則

ヘスの法則は、化学変化に伴う熱量の総和は、はじめの物質の種類・状態と、変化後の物質の種類・状態によって決まり、その変化の経路には関係なく一定という法則です。ヘスの法則は、エネルギー保存の法則に基づいており、反応が1段階で進行しても複数段階で進行しても、総エンタルピー変化は同じになることを示しています。

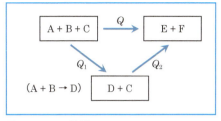

図7-6 ヘスの法則

A、B、C（はじめの物質の種類・状態）が反応して、化合物E、F（反応後の物質の種類・状態）をつくる場合を考えます（図7-6）。

$(A+B+C \rightarrow E+F)$ の変化でも、$((A+B \rightarrow D)、(D+C \rightarrow E+F))$ の変化でも、その熱量の総和は常に一定で、Q kJ $= (Q_1+Q_2)$ kJです。また、別に $(A+B \rightarrow C+D)$ と、$(C+D \rightarrow A+B)$ の反応を考えた場合、前者が発熱反応であれば、後者は必ず吸熱反応となり、その熱量は大きさが同じで符号が反対となります。また、薬物Aの合成反応について考えてみましょう。

直接合成： 　原料B ＋ 原料C 　→ 　薬物A 　　$\Delta H_1 = -50$ kJ/mol
段階的合成：　原料B ＋ 原料C 　→ 　中間体D 　$\Delta H_2 = -30$ kJ/mol
　　　　　　　中間体D 　→ 　薬物A 　　　　　$\Delta H_3 = -20$ kJ/mol

ヘスの法則によって、$\Delta H_1 = \Delta H_2 + \Delta H_3 = -50$ kJ/mol となります。

この法則を用いると、直接測定が困難な反応熱を計算で求めることができます。薬学では、新薬の合成経路の設計や、代謝過程のエネルギー変化の予測に応用されます。

例題7-1

次の2式からCO（気）の生成エンタルピーを求めなさい。

$$C(s) + O_2(g) \rightarrow CO_2(g) \quad \Delta H = -393.5 \text{ kJ}$$
$$CO(g) + \frac{1}{2}O_2(g) \rightarrow CO_2(g) \quad \Delta H = -283.0 \text{ kJ}$$

解答

この問題を解くには、ヘスの法則を使って反応エンタルピーを計算する必要があります。

ヘスの法則とは、反応の初期状態と最終状態が同じであれば、反応経路は異なっていても反応熱は同じであるという法則です。

2つの反応式から、COの生成エンタルピーを求めるには、以下の手順で計算します。

ヘスの法則から、右図が成立します。

$Q = Q_1 + Q_2$ で、求めるのは Q_1 kJです。

問題文から、$Q = -393.5$ kJ、$Q_2 = -283.0$ kJですから、
$$-393.5 \text{ kJ} = Q_1 + (-283.0 \text{ kJ})$$
となります。式を変形して、
$$Q_1 = -393.5 \text{ kJ} + 283.0 \text{ kJ} = -110.5 \text{ kJ}$$
となります。　　**答**：-110.5 kJ

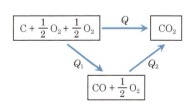

問7-1 次の2つの式から N_2O の生成エンタルピーを求めなさい。

$$C + O_2 \rightarrow CO_2 \qquad \Delta H = -393.5 \text{ kJ}$$

$$C + 2N_2O \rightarrow CO_2 + 2N_2 \quad \Delta H = -557.6 \text{ kJ}$$

7.5 ギブズエネルギー

7.5.1 熱力学第二法則とエントロピー

熱力学第二法則は、自然界のプロセスの方向性を説明する原理です。この法則は、エントロピーという概念で表現されます。**エントロピー**は、系の無秩序さやエネルギーの散逸度合いを示す指標です。この法則は、すべてのエネルギーが等価でないことを示しています。たとえば、電気のような高品質のエネルギーは熱のような低品質のエネルギーに容易に変換できますが、その逆は困難です。

この法則で重要なことは、孤立系においてエントロピーが時間とともに増加する点です。つまり、自然に起こるプロセスは、全体のエントロピーを増加させる方向に進みます。熱は、自然に高温の物体から低温の物体へと移動します。逆の流れを起こすには、外部からの仕事が必要になります。これは、多くの自然のプロセスが不可逆であることを示しています。

薬学の分野では、熱力学第二法則は薬物の溶解や拡散、生体内での化学反応の自発性、薬物の安定性や保存方法の理解など、多くの場面で応用されます。たとえば、薬物が水に溶けるプロセスや、薬物が体内で標的に到達するまでの過程を理解するうえで、この法則は重要な役割を果たします。

系に出入りする熱量 (q) は、温度 (T) が一定の可逆過程 (rev) で決まる状態量であり、これを q_{rev} と表します。q_{rev} を絶対温度 (T、単位はケルビン K) で割った値もまた状態量であり、この状態量をエントロピー (S) とよびます。熱量の微小変化 Δq_{rev} に対するエントロピー変化は次の式で表されます。

$$\Delta S = \frac{\Delta q_{rev}}{T}$$

系が熱を放出するとエントロピーは減少し、吸収すると増加します。一定温度で系が可逆的に熱を放出して状態1 S_1 から状態2 S_2 へ変化する場合、エントロピー変化は次の式で表されます。

$$S_2 - S_1 = \frac{q_{rev}}{T}$$

エントロピーの定義は可逆過程に適用され、不可逆過程でエントロピーは必ず増大します。これをまとめると、次の式になります。

$$\Delta S \geqq 0$$

等号は可逆過程、不等号は不可逆過程を示します。孤立系では、可逆過程でエントロピーは変化せず、不可逆過程でエントロピーが増加します。これを**エントロピー増大の法則**とよびます。エントロピーは温度が低下するにつれて減少し、絶対零度で完全結晶となると、エントロピーが0に達します。これを**熱力学第三法則**とよびます。これは、絶対零度で分子の運動が停止し、系が最も秩序だった状態になるためです。この法則は、エントロピーの基準点を提供し、

エントロピーの絶対値を計算する基礎を与えます。特に、化学反応や物質の相変化におけるエントロピー変化を理解する際に重要です。

7.5.2 エンタルピーとギブズエネルギー

自発的（自然）な変化は不可逆過程であり、孤立系では常にエントロピーが増大する方向に進みます。一方、系が孤立系でない場合、周囲との熱のやり取りを考慮する必要がありますが、ここでは系のみの状態量に注目します。

自発的変化のエンタルピーとエントロピーを考えます。不可逆過程と可逆過程での熱量 (q) は、

- 系が吸収する熱量は、可逆過程で最大 ($q_{irr} < q_{rev} = $ 最大)
- 系が放出する熱量は、可逆過程で最小 ($-q_{irr} > -q_{rev} = $ 最小)

となります。これによって、次の関係が成り立ちます。

$$\Delta q \leqq T\Delta S$$

この関係を熱力学第一法則の式 $\Delta U = q - P\Delta V$ に代入すると、系の内部エネルギーの微小変化は次の式で表せます。

$$\Delta U \leqq T\Delta S - P\Delta V$$

ここで等号は可逆過程、不等号は不可逆過程に対応します。エンタルピーの微小変化 (ΔH) は、次の式になります。

$$\Delta H \leqq T\Delta S + P\Delta V$$

圧力一定 ($\Delta P = 0$) の場合、系のエンタルピーが一定 ($\Delta H = 0$) では、次の式が成り立ちます。

$$T\Delta S \geqq 0$$

これは、自発的過程はエントロピーが増大する方向に進むことを示しています。また、エントロピーが一定 ($\Delta S = 0$) の場合、次の式が成り立ちます。

$$\Delta H \leqq 0$$

実際の過程ではエンタルピーとエントロピーが同時に変化するため、これらを含む関数としてギブズエネルギー (G) が定義されます。定温定圧の下で化学変化が起こる場合、系のエンタルピー (H) とエントロピー (S)、そして温度 (T) を組み合わせた状態量で、ギブズエネルギー (G) は次の式で表されます。

$$G = H - TS$$

ギブズエネルギー (G) は、化学反応や物理的変化が自発的に起こるかどうかを予測するのに役立つ重要な概念です。この式は、エンタルピー項とエントロピー項の役割を示しており、温度が低いとエンタルピーが支配的になり、温度が高いとエントロピーが支配的になることを示しています。定温定圧の下で化学変化が起こる場合、系のエンタルピー変化 (ΔH) とエントロピー変化 (ΔS)、そして温度 (T) を組み合わせた状態量で、ギブズエネルギーの変化 (ΔG) は次の式で表されます。

表7-1　エンタルピー変化、エントロピー変化と反応の進行性

エンタルピー	エントロピー	ギブズエネルギー	反　応
発熱反応 ($\Delta H < 0$)	増加する ($\Delta S > 0$)	$\Delta G < 0$	自発的に進行する
	減少する ($\Delta S < 0$)	低温で $\Delta G < 0$	自発的に進行する
		高温で $\Delta G > 0$	自発的に進行しない
吸熱反応 ($\Delta H > 0$)	増加する ($\Delta S > 0$)	低温で $\Delta G > 0$	自発的に進行しない
		高温で $\Delta G < 0$	自発的に進行する
	減少する ($\Delta S < 0$)	$\Delta G > 0$	自発的に進行しない

$$\Delta G = \Delta H - T\Delta S$$

このことから、エントロピー増大の法則は次のように書き換えることができます。

$$\Delta G < 0 \quad (T, p = 一定)$$

これは、熱力学第二法則を「自発的な過程はギブズエネルギーが減少する方向に進行する」と言い換えたものです。

発熱反応 ($\Delta H < 0$) でエントロピーが $\Delta S > 0$ のとき、ギブズエネルギーは $\Delta G < 0$ となり、反応が自発的に進行します。このとき、低温では $\Delta G < 0$ となり、自発的に反応が進行しますが、高温では $\Delta G > 0$ となり、自発的に進行しません (**表7-1**)。

一方、吸熱反応 ($\Delta H > 0$) でエントロピーが $\Delta S > 0$ のとき、高温では $\Delta G < 0$ となり、自発的に反応が進行しますが、低温では $\Delta G > 0$ となり、自発的に進行しません。また、吸熱反応 ($\Delta H > 0$) でエントロピーが $\Delta S < 0$ であるなら、$\Delta G > 0$ となり、いかなる温度でも自発的に進行しない反応です。

薬学の分野では、ギブズエネルギーの概念は薬物の溶解性、タンパク質の折りたたみ、酵素反応の平衡などを理解する上で重要です。たとえば、薬物が水に溶ける過程の ΔG を計算することで、その薬物の溶解性を予測できます。また、薬物と標的タンパク質の結合の ΔG を知ることで、その相互作用の強さを評価できます。

7.5.3　固体の溶解とギブズエネルギー

固体が水などに溶解する場合、ギブズエネルギーに着目します。溶解反応が進行するためにはギブズエネルギーが減少 ($\Delta G < 0$) する必要があります。溶質が溶媒中に拡散するため、エントロピー変化 ΔS は正となります。

溶解時に熱を発生する場合、エンタルピー ΔH は負であり、ギブズエネルギーが $\Delta G < 0$ となるので、溶解は自発的に進行します。一方、熱を吸収する場合、エンタルピー ΔH は正となります。この場合、$\Delta G < 0$ の条件は $T\Delta S < \Delta H$ となります。温度を上げることでこの条件が満たされ、溶解が進行する場合があります。具体例として、NaOHの溶解は発熱反応であり、溶解時に熱を放出します。そのため、この反応は低温でも自発的に進行します。一方、NH_4NO_3 (硝酸アンモニウム) の溶解は吸熱反応であり、溶解時に熱を吸収します。この反応が自発的に進行するためには、温度を上げることが必要です。

国試にチャレンジ

問7-1 示強性状態関数の熱力学的パラメータはどれか。1つ選べ。

(第101回薬剤師国家試験　問3改変)

　1 ギブズエネルギー (*G*)　　　**2** エンタルピー (*H*)　　　**3** 温度 (*T*)

　4 エントロピー (*S*)　　　**5** 内部エネルギー (*U*)

問7-2 系の乱雑さを定量的に表す熱力学量はどれか。1つ選べ。

(第103回薬剤師国家試験　問1改変)

　1 内部エネルギー　　　**2** エンタルピー　　　**3** 質量

　4 エントロピー　　　**5** ギブズエネルギー

問7-3 状態関数と経路関数に関する記述のうち、正しいのはどれか。2つ選べ。

(第109回薬剤師国家試験　問93改変)

　1 状態関数の変化量は系の変化の経路に依存する。

　2 示量性状態関数においては加成性が成立する。

　3 示強性状態関数は物質量に依存する。

　4 質量は示量性状態関数である。

　5 エントロピーは示強性状態関数である。

Column　　　　　熱量の単位

　現在、熱量の単位は SI 単位系のジュール（J）に統一されていますが、日常ではカロリー（cal）もよく使われます。カロリーは、水1gの温度を1℃上げるのに必要な熱量として定義されています。ただし、食品分野では、1 kcal = 1000 cal を「カロリー」とよぶのが一般的です。このため、食品成分表示などでは、キロカロリー（kcal）を指していることに注意が必要です。

　かつてはCGS単位系が用いられており、融解熱や気化熱も物質1グラム単位で示されていました。たとえば、水の融解熱は約80 cal/g、気化熱は約540 cal/gとされていました。これを現在のSI単位で表すと、それぞれ約334 J/g、2,260 J/gと表されます。単位換算の基礎として、1 cal = 4.184 Jという関係が利用されます。

　エネルギーの単位はジュール（J）が基本です。1 Jは、1 N（ニュートン）の力が物体をその力の方向に1 m移動させたときの仕事量（またはエネルギー）と定義されます。また、圧力と体積変化の積としてエネルギーを計算する場合、圧力の単位はパスカル（Pa）をもちいます。1 Pa（パスカル）は1 N/m^{2}に等しく、体積変化を伴う仕事（圧力・体積仕事）は$W = P\Delta V$で表されます。1 Pa × 1 m^3 = 1 N/m^2 × 1 m^3 = 1 N・m = 1 Jという関係が成り立ちます。

　日常生活では、ジュール以外にもエネルギーの単位として電力量のワット時（Wh）が使われます。電力量（電気エネルギー）の単位としてワット時（Wh）やキロワット時（kWh）がよく使われます。1 kWh = 1000 W × 3600 s = 3.6 × 10^6 Jという換算式が成り立ち、家庭の電気使用量は通常kWhで表されます。

7.5　ギブズエネルギー

第8章 化学平衡

　生体内のさまざまな化学反応は化学平衡状態にあり、その理解は生命活動の本質を捉える上で不可欠です。また、医薬品の作用機序や体内動態、製剤設計においても化学平衡の概念は重要な役割を果たします。薬学部における化学平衡の学修は、生体内化学反応の理解、医薬品開発への応用など、薬学の幅広い分野で基盤となる知識を提供します。

8.1　可逆反応と不可逆反応

8.1.1　可逆反応

　反応物から生成物ができる方向（**正反応**）と、生成物から反応物に戻る方向（**逆反応**）の両方に進むことができる反応が**可逆反応**です。この概念を理解するために、ヨウ化水素の生成と分解を例に挙げて説明します。

(1)　**正反応**：断熱密閉容器に反応物の水素H_2とヨウ素I_2を入れて約400℃に加熱すると、両者が衝突してヨウ化水素HIが生成されます。

$$H_2 + I_2 \rightarrow 2HI \quad （反応速度 v_1 大）$$

(2)　**逆反応**：逆に、純粋な生成物のHIを断熱密閉容器に入れて加熱すると、HIが分解して反応物のH_2とI_2を生成します。

$$2HI \rightarrow H_2 + I_2 \quad （反応速度 v_2 小）$$

　このように、反応が両方向に進行可能であることから、化学反応式の反応物と生成物の間の矢印は「$\rightleftarrows$」で表します。したがって、この可逆反応は以下のように表記されます。

$$H_2 + I_2 \rightleftarrows 2HI$$

可逆反応の特徴としては、以下に示すものがあります。

(1)　**平衡状態**：反応が進行するにつれて、正反応と逆反応の速度が等しくなる点（平衡状態）に達します（8.2節で説明）。

(2)　**濃度変化**：反応の進行に伴い、反応物の濃度は減少し、生成物の濃度は増加しますが、完全には消費されません（図8-1）。

(3)　**反応条件の影響**：温度、圧力、濃度などの条件変化によって、平衡状態を移動させることができます（ルシャトリエの原理、8.2.3項で説明）。

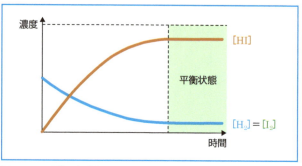

図8-1　反応物と生成物の経時的変化

(4) **可逆性**：外部からのエネルギー供給や条件変更によって、反応の方向を変えることができます。

(5) **平衡定数**：反応の平衡状態を定量的に表す指標として、平衡定数が用いられます（**8.2.1項**で説明）。

可逆反応の概念は、薬物の溶解度、酸塩基平衡、錯体形成、タンパク質の立体構造変化など、多くの薬学的プロセスの理解に不可欠です。たとえば、薬物の吸収や分布、受容体との結合などは、しばしば可逆反応として扱われます。

8.1.2 不可逆反応

可逆反応に対して、一方向にのみ進行し、逆反応がほとんど起こらない（元の状態に戻らない）化学反応を**不可逆反応**とよびます。不可逆反応の特徴は以下のとおりです。

(1) 反応は一方向にのみ進行し、平衡状態に達しません。

(2) 反応の進行に伴い、反応物が消費されていきます。

(3) 生成物は理論上、最終的に100 %生成されます。

(4) 反応速度は反応物の濃度に依存します。

(5) 反応のギブズエネルギー変化（ΔG）が大きな負の値を示します。

不可逆反応の代表例としては、以下のようなものが挙げられます。

(1) **炭化水素の完全燃焼**：物質が酸素と急速に反応し、熱と光を放出する反応を燃焼といいます。燃焼反応は通常、発熱反応（エネルギーを放出）であり、完全燃焼では二酸化炭素と水が主な生成物となります。この反応は大きな負のエンタルピー変化（ΔH）を伴い、生成物が安定しているため不可逆的です。

$$CH_4\,(g) + 2O_2\,(g) \rightarrow CO_2\,(g) + 2H_2O\,(l)$$

(2) **金属の酸による溶解**：金属が酸と反応すると、水素ガスを発生しながら溶解します。たとえば、金属亜鉛が塩酸と反応すると、塩化亜鉛と水素ガスが生成されます。反応は生成物の水素ガスが気体として放出されるため、逆反応が起こりにくく不可逆的です。

$$Zn\,(s) + 2HCl\,(aq) \rightarrow ZnCl_2\,(aq) + H_2\,(g)$$

(3) **炭酸カルシウムの熱分解**：炭酸カルシウム（$CaCO_3$）の熱分解は、約840 ℃以上の高温で進行し、酸化カルシウム（CaO）と二酸化炭素（CO_2）が生成されます。生成物のCO_2が気体として放出されるため、逆反応が起こりにくく不可逆的です。

$$CaCO_3\,(s) \rightarrow CaO\,(s) + CO_2\,(g)$$

(4) **強酸－強塩基の完全中和**：強酸と強塩基の中和反応は、ほぼ完全に進行し、水と塩を生成します。反応は生成物である水の安定性が高いため、不可逆的です。

$$HCl\,(aq) + NaOH\,(aq) \rightarrow NaCl\,(aq) + H_2O\,(l)$$

(5) **強塩基によるエステルの完全加水分解**：塩基性条件下で、エステルが水酸化物イオン（OH^-）と反応すると、加水分解（けん化）が起こり、カルボン酸塩とアルコールが生成されます。この反応は生成物が安定であり、逆反応が起こらないため不可逆的です。

$$CH_3COOCH_3\,(l) + NaOH\,(aq) \rightarrow CH_3COONa\,(aq) + CH_3OH\,(aq)$$

不可逆反応は、多くの場合、エネルギー的に有利な方向に進行します。これは、系のエントロピーの増加や、より安定な生成物の形成によるものです。ただし、実際の化学反応では、完

全な不可逆反応はまれで、多くの場合、非常に小さな逆反応が存在します。

薬学の観点からは、不可逆反応の理解は薬物代謝や薬物動態の解析、また新薬開発における化学反応の設計などに重要です。たとえば、プロドラッグの活性化や、薬物の代謝過程における不可逆的な変換反応などが、この概念と密接に関連しています。

8.2 化学平衡

化学平衡の概念は、薬物の体内動態、溶解度、酸塩基平衡、薬物－受容体相互作用・薬物間相互作用の予測や分析技術に応用されます。新薬開発や既存薬の改良にも重要で、薬物の挙動予測や効果・副作用のメカニズム解明に役立ちます。

可逆反応において、反応物と生成物の量が見た目には変化しないようにみえる状態を**化学平衡**とよびます（図8–2）。平衡状態では、正反応と逆反応が同じ速度で進行しています。化学平衡を理解するために、以下の反応を考えます。

$$H_2 + I_2 \rightarrow 2HI$$

この反応では、まずI_2が解離してヨウ素原子Iが生成されます。次に、IがH_2と衝突することで原子の組み換えが起こり、HIが生成されます。

反応の初期段階では、H_2とI_2のみが存在するため、H_2とI_2からHIを生成する正反応（HIの生成）が優勢です。しかし、反応が進むにつれて以下の変化が起こります（図8–2）。

(1) H_2とI_2の濃度が減少し、正反応の速度v_1が小さくなります。

(2) HIの濃度が増加し、逆反応（HIの分解）の速度v_2が大きくなります。

(3) 時間が経つと、v_1とv_2の差が小さくなります。

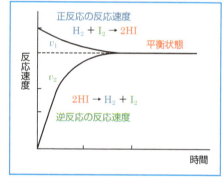

図 8–2 ヨウ化水素の生成反応と分解反応の平衡状態

十分に時間が経つと、正反応速度v_1と逆反応速度v_2が等しく（$v_1 = v_2$）なり、各物質の濃度が変わらなくなります。これが化学平衡状態です。

平衡状態に達した系では、反応物と生成物の化学ポテンシャル（物質1 mol当たりのギブズエネルギー）の総和が等しくなります。系全体のギブズエネルギーが最小になる点で平衡状態が達成されます。

化学平衡の特徴としては、以下に示すものがあります。

(1) **動的平衡**：平衡状態において、巨視的な変化はみられませんが、微視的には正反応と逆反応が継続して起こっています。

(2) **平衡定数**：平衡状態における反応物と生成物の濃度比を表す平衡定数を用いて、平衡の位置を定量的に表現できます（8.2.1項で説明）。

(3) **ルシャトリエの原理**：温度、圧力、濃度などの外部条件が変化すると、系はその変化を緩和する方向に平衡をシフトさせます（8.2.3項で説明）。

(4) **触媒の影響**：触媒は平衡状態には影響を与えませんが、平衡に達するまでの時間を短縮します（8.2.3項で説明）。

8.2.1 化学平衡の法則と平衡定数

正反応 (v_1) と逆反応 (v_2) について考えます。

(1) **正反応**：$H_2 + I_2 \rightarrow 2HI$ の反応速度は、反応物のモル濃度の積に比例します。

$$v_1 = k_1 [H_2] [I_2]$$

(2) **逆反応**：$2HI \rightarrow H_2 + I_2$ の反応速度は、生成物 HI の濃度の 2 乗に比例します。2HI は、HI が 2 分子ありますから、

$$v_2 = k_2 [HI] [HI] = k_2 [HI]^2$$

となります。平衡状態では、正反応と逆反応の反応速度が等しい ($v_1 = v_2$) ため、

$$k_1 [H_2] [I_2] = k_2 [HI]^2$$

が得られます。

国際規約にしたがい、反応物の各濃度の積を分母に、生成物の各濃度を分子にとることになっています。これにしたがって式を変形すると、

$$\frac{[HI]^2}{[H_2] [I_2]} = \frac{k_1}{k_2} = K_c$$

が導かれます。ここで K_c を**平衡定数**（あるいは**濃度平衡定数**）とよびます。

一般に、次のような可逆反応が化学平衡状態にあるとき、

$$a A + b B + \cdots \rightleftarrows m M + n N + \cdots$$

各成分の濃度の間に、次の関係式が成り立ちます。

$$K_c = \frac{[M]^m \times [N]^n \times \cdots}{[A]^a \times [B]^b \times \cdots}$$

ここで、[A] と [B] は反応物のモル濃度を、[M] と [N] は生成物のモル濃度を表します。また、a、b、m、n はそれぞれの係数を示します。平衡定数 K_c は、反応物の濃度の積を分母に、生成物の濃度の積を分子にした式で表されます。ですので、平衡定数 K_c の単位は以下のように表記されます。

$$(mol/L)^{(m+n+\cdots) - (a+b+\cdots)}$$

また、各物質の濃度は、反応の化学量論係数に応じた指数（反応式における係数の乗数）として表現されます。

この関係式のように、化学平衡状態において、反応物と生成物の濃度の比が一定になるという法則を**化学平衡の法則**（以前は質量作用の法則とよばれていました）とよび、平衡定数 K_c は、温度が一定であれば、反応開始時の物質の濃度や圧力が変化しても常に一定です。

平衡定数 K_c とギブズエネルギーの変化 ΔG には、次の関係があります。

$$\Delta G = -RT \ln K_c \quad \text{（定温・定圧）}$$

ここで、R は気体定数、T は絶対温度、$\ln$ は $\log_e$ です。この式から、以下のことがわかります。

(1) $\Delta G < 0$ のとき、反応は自発的に進行します。

(2) $\Delta G > 0$ のとき、反応は自発的には進行しません。

(3) $K > 1$ のとき、$\Delta G < 0$ となり、反応は生成物側に有利です。

(4) $K < 1$ のとき、$\Delta G > 0$ となり、反応は反応物側に有利です。

また、反応のエンタルピー変化 ΔH とエントロピー変化 ΔS も、反応の進行方向に影響を与えます。

(1) 発熱反応 ($\Delta H < 0$) でエントロピーが増加 ($\Delta S > 0$) する場合、反応は常に自発的に進行します。

(2) 吸熱反応 ($\Delta H > 0$) でエントロピーが減少 ($\Delta S < 0$) する場合、反応は自発的には進行しません。

(3) その他の場合、温度によって反応の自発性が変化します。

平衡において生成物のほうが有利な反応では $K_c > 1$ となります。この式では $\Delta G < 0$ となり、反応が自然に進むことを示します。また、この式は互いに平衡にある反応物と生成物の間にわずかなエネルギー差があるだけで、一方の化合物が非常に多く存在することを示しています。

$$K_c = e^{-\frac{\Delta G}{RT}}$$

> **例題 8-1**
> 680 ℃において、水素 H_2、ヨウ素 I_2、ヨウ化水素 HI の平衡混合物中の各物質の濃度と反応前の濃度は以下のようであった。これから、平衡定数 K を求めなさい。
>
> | | H_2 | + | I_2 | ⇄ | 2HI |
> |---|---|---|---|---|---|
> | 最 初 | 0.013 mol/L | | 0.025 mol/L | | — |
> | 平衡時 | 0.001 mol/L | | 0.013 mol/L | | 0.024 mol/L |

$$K_c = \frac{[\text{HI}]^2}{[\text{H}_2][\text{I}_2]} = \frac{(0.024 \text{ mol/L})^2}{(0.001 \text{ mol/L})(0.013 \text{ mol/L})} = \frac{0.000576 \text{ (mol/L)}^2}{0.000013 \text{ (mol/L)}^2} = 44.30 ≒ 44.3$$

単位は、$(\text{mol/L})^{(m+n+\cdots)-(a+b+\cdots)}$ から、$(\text{mol/L})^{(2)-(1+1)} = (\text{mol/L})^0 = 1$ となり、この答には、単位がありません。

答：$K_c = 44.3$

問 8-1 酢酸 CH_3COOH とエタノール C_2H_5OH は、次のように可逆反応して酢酸エチル $CH_3COOC_2H_5$ を生成する。

$$CH_3COOH + C_2H_5OH \rightleftarrows CH_3COOC_2H_5 + H_2O$$

酢酸とエタノールをそれぞれ 1.0 mol ずつ用いて反応させたところ、0.67 mol の酢酸エチルを生成して平衡状態になった。酢酸エチルを 0.95 mol 以上得るには、何 mol 以上のエタノールを必要となるか。なお、温度は一定とする。

8.2.2 圧平衡定数

気体の反応において、平衡状態にある気体の分圧を用いて表される平衡定数を**圧平衡定数** K_p とよびます。

$$aA + bB + \cdots \rightleftarrows mM + nN + \cdots$$

の反応に対して、圧平衡定数K_pは以下のように表されます。

$$K_p = \frac{P_M^m \times P_N^n \times \cdots}{P_A^a \times P_B^b \times \cdots}$$

ここで、P_A^aとP_B^bは反応物の分圧を、P_M^mとP_N^nは生成物の分圧を表します。また、a、b、m、nはそれぞれの係数を示します。

圧平衡定数K_pは濃度平衡定数K_cと関連しており、理想気体の場合、以下の関係が成り立ちます。

$$K_p = K_c \cdot (RT)^{\Delta n}$$

ここで、Rは気体定数、Tは絶対温度、Δnは反応の前後での気体のモル数の変化です。

8.2.3 化学平衡の移動

化学平衡状態にある系に対して外部から条件を変えると、その変化を打ち消す方向に移動した新たな平衡状態が成り立ちます。これを**化学平衡の移動**とよび、その原理を**ルシャトリエの原理**といいます。

$H_2 + I_2 \rightleftarrows 2HI$の反応式の場合、平衡状態にHIを加え、HIの濃度が増えると、H_2とI_2が増加します。これは、HIが増えたという変化を打ち消すための反応が起こったことを意味します。

A 濃度の変化について

特定の物質の濃度を増加させると、その物質を消費する方向に平衡が移動します。逆に、濃度を減少させると、その物質を生成する方向に平衡が移動します（図8-3）。ただし、平衡定数は変化しません。

たとえば、反応$H_2 + I_2 \rightleftarrows 2HI$の平衡状態において、

①HIをさらに加えると、②HIの濃度が増加によって、平衡は逆反応の方向へ移動します。これは、増加したHIを減らすために、H_2とI_2が生成されることを意味します。このとき、③逆反応の速度が大きくなります。そして、H_2とI_2の

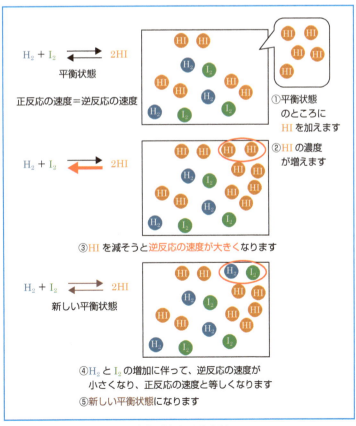

図8-3 濃度変化による平衡の移動の例（ヨウ化水素）

濃度上昇によって、④逆反応の速度が徐々に減少して、最終的に、逆反応と正反応の速度と等しくなり、⑤新たな平衡状態が成立します。

B　温度の変化について

　温度を上げると、吸熱反応の方向に平衡が移動します。温度を下げると、発熱反応の方向に平衡が移動します。

　たとえば、

$$N_2O_4（四酸化二窒素、無色）\rightleftarrows 2NO_2（二酸化窒素、赤褐色）　\Delta H = +57.5\ kJ（吸熱反応）$$

の反応を考えます。加熱すると、加熱の影響を和らげる方向である吸熱反応の方向へ反応が進みます。

$$N_2O_4 \rightarrow 2NO_2$$

逆に、冷却すると、冷却の影響を和らげる方向である発熱反応の方向へ反応が進みます。

$$N_2O_4 \leftarrow 2NO_2$$

　温度を上げると、温度変化を妨げる方向、すなわち吸熱の方向に平衡は移動します。逆に、温度を下げると発熱の方向に平衡は移動します（**表8-1**）。

C　圧力の変化について

　気体の反応では、圧力を上げると、気体の物質量を減少させる方向に平衡が移動します。圧力を下げると、気体の物質量を増加させる方向に平衡が移動します。

D　触媒の影響について

　触媒は反応速度を変えますが、平衡状態や平衡定数は変化させません。
　以上をまとめると、ルシャトリエの原理は**表8-1**のようになります。

表8-1　ルシャトリエの原理

平行移動の方向	条件変化			平行移動の方向
減らした物質の濃度が増加する方向		濃度		増やした物質の濃度が減少する方向
気体分子の総数が増加する方向	減少	圧力	増加	気体分子の総数が減少する方向
発熱反応が起こる方向		温度		吸熱反応が起こる方向

例題8-2

　下記の各平衡状態において、(a)、(b)それぞれの操作を加えると、平衡は右、左のいずれに移動するか。

(1)　$2CO\ (g) + O_2\ (g) \rightleftarrows 2CO_2\ (g)$　　$\Delta H = -566.0\ kJ$

　　　(a)　全圧一定で、温度を上げる。　(b)　温度を一定にして、全圧を上げる。

(2)　$N_2\ (g) + O_2\ (g) \rightleftarrows 2NO\ (g)$　　$\Delta H = 180.5\ kJ$

　　　(a)　全圧一定で、温度を上げる。　(b)　温度を一定にして、全圧を下げる。

(3)　$H_2(g) + Cl_2(g) \rightleftarrows 2HCl(g)$　　　$\Delta H = -184.6\ kJ$

　　(a)　温度と体積を一定にして、H_2を加える。

　　(b)　温度と体積を一定にして、NH_3を加える。

(4)　$H_2O(l) \rightleftarrows H_2O(g)$　　　$\Delta H = 44.0\ kJ$

　　(a)　温度一定を一定にして、容器の容積を増やす。

　　(b)　温度と全圧を一定にして、アルゴン Ar を加える。

※分子式の後の(g)、(l)、(s)はそれぞれの分子の状態が気体、液体、固体の状態であることを示します。

解答

(1)　(a)　発熱反応ですから、圧力一定で熱を加えると吸熱の方向＝左に移動します。

　　(b)　正反応は3分子が2分子になる反応、逆反応は2分子が3分子になる反応です。温度は一定＝熱の出入りは考えなくても構いません。圧力が上がる≒空間が狭くなるため、気体の物質量を減少させる方向の右に移動します。

(2)　(a)　吸熱反応ですから、圧力一定で熱を加えると、発熱の方向＝右に移動します。

　　(b)　両辺で気体の物質量は等しいため、平衡の移動はありません。

(3)　(a)　系全体でH_2が増えるので、H_2の濃度を減少させる方向＝右に移動します。

　　(b)　$NH_3(g)$を加えると、体積が一定なので全圧が上昇します。その全圧を減らす方向に、$HCl(g) + NH_3(g) \rightarrow NH_4Cl(s)$の反応が進み、その結果、HClが減少します。これを和らげるため、HClを生成する反応が進み、平衡は右に移動します。

(4)　(a)　体積増に伴う圧力の低下を妨げる蒸発の方向ですから、右に移動します。

　　(b)　Arを加えても全圧は一定のため変化しません。つまり、H_2O（気体）の圧力が低下することになりますので、それを妨げる方向に蒸発が進み、平衡は右に移動します。

8.3　溶解平衡

　溶解は、溶質が溶媒に溶けて均一な混合物（溶液）となる現象です。溶ける限界量を**溶解度**といいます。

　イオン性結晶の溶解過程では、イオンが水分子に取り囲まれる水和が起こります。水和によってイオン間の静電気力が弱められ、イオンが溶液中に分散します。

　たとえば、固体の塩化ナトリウムNaClは、Na^+とCl^-が静電気力で結合しています。これが水の中に置かれると、周囲は水分子によって囲まれます。水分子は分極しているため、水分子のδ^-はNa^+、水分子のδ^+はCl^-との間に相互作用（イオン－双極子相互作用）が働きます。

　塩化ナトリウムNaClが水に溶けるのは、Na^+とCl^-の間に働くイオン間の引力や格子エネルギーによって、水分子との間に働く相互作用のほうが強いためです。水中では、Na^+は水分子の酸素原子Oに、Cl^-は水分子の原子Hに囲まれ、それぞれが安定した状態になります。このように、溶質のイオンや分子が溶媒分子に取り囲まれる現象を**溶媒和**といいます。溶媒和が起こると、溶質分子は溶媒分子の殻に覆われた状態になり、その結果として溶質の性質（溶解度など）が変化することもあります。代表的な例として、水溶液中のイオンが水分子に取り囲まれる水和が挙げられます。

また、水溶液中のイオンや分子が水分子に取り囲まれる現象が**水和**です（図8-4）。イオンや分子は、静電的な引力や水素結合などによって水分子と結合し、水和殻を形成します。**水和殻**とは、水溶液中のイオンや分子の周りに形成される水分子の層のことです。この水和によって、イオンや分子の大きさが増加し、移動速度が低下したり、溶解度が変化したりする可能性が

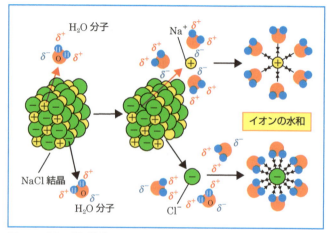

図 8-4　水和の例（塩化ナトリウム NaCl）

あります。水和は化学平衡に大きな影響を及ぼす重要な概念です。

水和イオンとは、水溶液中のイオンが水分子によって取り囲まれた状態のことを指します。イオンは水分子との間に静電的相互作用や水素結合を形成することで、水和殻を形成します。たとえば、ナトリウムイオン Na^+ が水溶液中に存在する場合、Na^+ イオンの周りに水分子が 6 〜 8 個集まり、$[Na(H_2O)_n]^+$ という水和イオンが形成されます。同様に、塩化物イオン Cl^- も水和殻を形成し、$[Cl(H_2O)_n]^-$ という水和イオンになります。水和イオンの特徴は以下のようなことが挙げられます。

　(1)　水和によってイオンのみかけの大きさが増します。
　(2)　水和イオンの移動度が低下します。
　(3)　水和エンタルピーが大きいため、水和イオンの溶解度が変化します。
　(4)　水和イオンの反応性が変化します。

　溶質は固体、液体、気体のいずれの状態でも存在しえますが、ここでは固体の溶質を例に溶解平衡について説明します。

　特定の温度と圧力の下で、溶質がこれ以上溶けない状態の溶液（溶質が溶媒に最大限溶解した状態の溶液）を**飽和溶液**とよびます。固体の溶質の場合、さらに溶質を加え続けると、固体が増えていくだけのようにみえます。このとき、溶液中では以下のような動的平衡が成立しています。

　(1)　固体が溶解する速度 (v_1)
　(2)　溶解したイオンや分子が固体に戻る（析出する）速度 (v_2)

これらの速度が等しく ($v_1 = v_2$) なり、みかけ上溶解が止まっている状態（平衡状態）になっています。このように、溶質が溶媒に溶ける過程と溶質が溶液から析出する過程が動的に釣り合った状態を**溶解平衡**とよびます。

　たとえば、水に難溶な塩化銀 AgCl は水溶液中で以下のような平衡状態にあります。

$$AgCl(s) \rightleftarrows Ag^+(aq) + Cl^-(aq)$$

この平衡に化学平衡の法則を適用すると、平衡定数 K は以下のように表されます。

$$K = \frac{[Ag^+][Cl^-]}{[AgCl(s)]}$$

しかし、AgClは難溶性の固体であり、その濃度［AgCl(s)］は、ほぼ一定とみなせます。そこで、

$$K[\text{AgCl}(s)] = [\text{Ag}^+][\text{Cl}^-]$$

と書き換えることができます。左辺の定数$K[\text{AgCl}(s)]$を新たな定数である溶解度積（K_{sp}）と定義すると、

$$K_{sp} = [\text{Ag}^+][\text{Cl}^-]$$

となります。温度が一定のとき、難溶性塩の飽和溶液中における陽イオン濃度と陰イオン濃度の積で表したものを**溶解度積**K_{sp}といいます（**表**8–2）。

表 8–2 難溶性塩の溶解度積（25 ℃）[(mol/L)²]

塩	溶解度積	塩	溶解度積	塩	溶解度積
AgCl	1.7×10^{-10}	Ca(OH)$_2$	1.3×10^{-6}	Fe(OH)$_3$	4×10^{-38}
AgBr	4.9×10^{-13}	CaSO$_4$	6.1×10^{-5}	Fe(OH)$_2$	1.8×10^{-15}
AgI	8.3×10^{-17}	CaCO$_3$	8.7×10^{-9}	PbSO$_4$	1.6×10^{-8}

このとき、
(1) $[\text{Ag}^+][\text{Cl}^-] > K_{sp} = 1.7 \times 10^{-10}$ ならば、塩化銀AgClは沈殿します。
(2) $[\text{Ag}^+][\text{Cl}^-] \leqq K_{sp} = 1.7 \times 10^{-10}$ ならば、塩化銀AgClは沈殿しません。

水溶液中の［陽イオン］と［陰イオン］の濃度積がK_{sp}より大きければ沈殿、小さければ沈殿しないということです。

AgClの飽和溶液では、$[\text{Ag}^+][\text{Cl}^-] = K_{sp}$が成り立っています。この液に難溶性塩のAgClと共通イオンをもつNaClを加えると、[Cl$^-$]が増大するため、$[\text{A}^+][\text{Cl}^-] > K_{sp}$となり、AgClが沈殿として析出します。

共通イオン効果は、溶液中に同一のイオンが共存することで、その溶液の化学平衡が変化する現象です。たとえば、酢酸（CH$_3$COOH）と酢酸ナトリウム（CH$_3$COONa）が水溶液中に共存している場合を考えてみましょう。

$$\text{CH}_3\text{COOH} \rightleftarrows \text{CH}_3\text{COO}^- + \text{H}^+$$

この平衡反応において、CH$_3$COO$^-$イオンが溶液中に増加の伴い、平衡は左側に移動し、CH$_3$COOHの濃度が増加します。つまり、共通イオンの添加によって、その共通イオンを含む平衡反応の平衡が左側に移動するのが共通イオン効果です。この効果は、溶解度平衡、酸塩基平衡、錯体平衡など、さまざまな化学平衡にみられます。

> **例題8–3**
> 25 ℃において、塩化銀AgClの溶解度積が1.7×10^{-10} (mol/L)²であるとき、AgClの溶解度を求めなさい。

AgCl(s) $\rightleftarrows$ Ag$^+$(aq) + Cl$^-$(aq)
溶解度積$K_{sp} = [\text{Ag}^+][\text{Cl}^-] = 1.7 \times 10^{-10}$ (mol/L)²

$[Ag^+] = [Cl^-] = x$（溶解度）とすると、$K_{sp} = x^2 = 1.7 \times 10^{-10}$ $(mol/L)^2$

$x = \sqrt{1.7 \times 10^{-10}\ (mol/L)^2} \fallingdotseq 1.3038 \times 10^{-5}\ mol/L \fallingdotseq 1.3 \times 10^{-5}\ mol/L$

答：$1.3 \times 10^{-5}\ mol/L$

問8-2 ある飽和塩化ナトリウム（NaCl）水溶液の25 ℃における溶解度積が6.1×10^{-11} $(mol/L)^2$であるとき、この溶液の溶解度を求めなさい。

　生体内では、さまざまな物質が水溶液中で存在しており、その溶解平衡が重要な役割を果たしています。薬物の吸収、分布、代謝、排出などのプロセスを理解するには、溶解平衡の概念が不可欠です。

　医薬品の溶解度や溶解平衡は、薬物の生物学的利用能に大きな影響を及ぼします。医薬品の設計や製剤開発では、溶解平衡を考慮する必要があります。

　生体試料の分析では、溶解平衡を理解することで、より正確な分析が可能となります。pH滴定や沈殿滴定などの分析手法を理解するには、溶解平衡の知識が重要です。

― 国試にチャレンジ ―

問8-1　平衡状態にある次の化学反応系に関する記述のうち、正しいのはどれか。1つ選べ。

（第107回薬剤師国家試験　問2）

$$\frac{3}{2}\ H_2(g) + \frac{1}{2}\ N_2(g) \rightleftarrows NH_3(g) \qquad \Delta_f H^\circ = -46.1\ kJ/mol$$

$\Delta_f H^\circ$は標準生成エンタルピー、(g) は気体状態を表す。

1　系の温度を下げると、平衡は右側へ移動する。

2　系の圧力を下げると、平衡は右側へ移動する。

3　系に水素ガスを加えると、平衡は左側へ移動する。

4　この反応は吸熱反応である。

5　この反応の平衡定数は系の温度に依存しない。

問8-2　0.10 mol/L硫酸ナトリウム水溶液中における硫酸バリウムの溶解度を求めなさい。ただし、温度は25 ℃とし、同温度における硫酸バリウムの溶解度積を1.0×10^{-10} $(mol/L)^2$とし、硫酸バリウムの溶解による溶液の体積変化は無視できるものとする。

（第107回薬剤師国家試験　問4改変）

第9章 酸と塩基

　酸と塩基は、化学反応の基本的な概念であり、私たちの日常生活や自然界に広く存在します。酸味や苦味といった味覚、洗剤の洗浄力、土壌の pH 調整、生体内の恒常性維持など、その影響は多岐にわたります。本章では、酸と塩基の定義、強さの指標、中和反応などについて学び、これらの物質が化学や生命現象においてどのような役割を果たしているかを探求します。酸塩基反応の理解は、薬学をはじめとするさまざまな分野で重要な基礎となります。

9.1 酸と塩基の定義

9.1.1 アレニウスによる定義（水溶液中の H^+ と OH^- に基づく限定的な定義であり扱える範囲が狭い定義）

　アレニウスの酸塩基定義は、水溶液中での水素イオン H^+ と水酸化物イオン OH^- の挙動に基づいています。その簡潔さと直観性から、pH 概念の発展に貢献しましたが、限界があり、のちに、より包括的な理論へと発展しました。しかし、この定義は今でも酸塩基化学の理解を深める基礎として重要です。

アレニウスの定義

　酸とは、水溶液中で水素イオン H^+ を放出する物質です。

　塩基とは、水溶液中で水酸化物イオン OH^- を放出する物質です。

アレニウスの定義の特徴と限界

(1) 水溶液中での反応に限定され、イオン化を重視しています。

(2) 水溶液中の反応にしか適用できません。

(3) アンモニア NH_3 のような水酸化物イオンを直接生成しない塩基を説明できません。

(4) 酸性酸化物や塩基性酸化物も説明できません。

　たとえば、塩酸 HCl は水中（塩化水素を水に溶かしたものが塩酸です）で、

$$HCl \rightleftarrows H^+ + Cl^- \cdots\cdots ①$$

のように解離します。塩酸から水素イオン H^+ が放出するので、塩酸は酸ということになります。水中で H^+ は水分子 H_2O と結合して、オキソニウムイオン（ヒドロキソニウムイオンともいいます）H_3O^+ として存在しますので、次式で示すことがあります。

$$HCl + H_2O \rightleftarrows H_3O^+ + Cl^- \cdots\cdots ②$$

簡単に示したいときには①式を、正確に示したいときには②式を使います。

　また、水酸化ナトリウム NaOH は水溶液中で、次のように解離します。

$$NaOH \rightleftarrows Na^+ + OH^-$$

確かに、水酸化ナトリウムから水酸化物イオンOH^-を生成していますので、水酸化ナトリウムは塩基ということになります。

次に、アンモニアについて考えてみましょう。アンモニア分子中には、直接放出可能なOH^-が存在しません。しかし、水に溶けたアンモニアは水分子から水素イオンH^+を引き抜き、結果として水酸化物イオンOH^-を生成させます。

$$NH_3 + H_2O \rightleftarrows NH_4 + OH^-$$

この反応はアレニウスの定義を厳密に適用すると説明が難しいですが、結果としてOH^-を生成するため、アンモニアを広義のアレニウス塩基として扱うことがあります。アレニウスの定義は、その簡潔さと理解のしやすさから、初等教育での酸塩基の導入によく使われます。しかし、その限界から、より広範な酸塩基反応を説明するために、後にブレンステッド・ローリーの定義やルイスの定義が提唱されることになりました。

9.1.2 ブレンステッド・ローリーによる定義（H^+の授受に注目した定義）

ブレンステッドとローリーによる酸と塩基の定義は、酸塩基の概念をより広く理解するための重要な枠組みです。以下にその定義の要点をまとめます。

ブレンステッド・ローリーの定義

酸とは、水素イオンH^+を他の化学種に与えることができる物質（H^+供与体）です。
塩基とは、水素イオンH^+を他の化学種から受け取ることができる物質（H^+受容体）です。

たとえば、塩酸HClは、次のように、水素イオンH^+を与える（放出する）ことができるので、酸ということになります。

$$HCl \rightleftarrows Cl^- + H^+ \quad \cdots\cdots ③$$
$$\text{酸} \quad \text{塩基} \quad \text{酸}$$

一方、アンモニアNH_3は、次のように、水素イオンH^+を受け取ることができるので、塩基ということになります。

$$NH_3 + H^+ \rightleftarrows NH_4^+ \quad \cdots\cdots ④$$
$$\text{塩基} \quad \text{酸} \quad \text{塩基}$$

次に、アンモニアと塩酸の反応を考えてみましょう。ここでは、塩酸から発生したH^+をアンモニアが受け取っています。したがって、アンモニアは塩基であり、塩酸は酸です。

$$NH_3 + HCl \rightleftarrows NH_4^+ + Cl^-$$
$$\text{塩基} \quad \text{酸} \quad \text{酸} \quad \text{塩基}$$

第一段階（③式）で、塩酸が解離してH^+とCl^-を与えます。ここで発生したH^+をアンモニアが受け取って、アンモニウムイオンNH_4^+を生成します（④式）。

一般式を用いて、酸をHA、塩基をBと表すと、ブレンステッド・ローリーの酸塩基反応は、

次のように表すことができます。

この平衡において、A^-は酸HAの共役塩基といい、HB^+は塩基Bの共役酸といいます。また、酸HAはA^-の共役酸、塩基BはHB^+の共役塩基といいます。

- **共役酸**：水素イオンH^+を1つ放出することで、対応する塩基になる物質をいいます。共役酸は常に対応する共役塩基より1つ多くのHをもっています。
- **共役塩基**：水素イオンH^+を1つ受け取ることで、対応する酸になる物質をいいます。
- **共役対**：水素イオンH^+の授受によって相互に変換可能な酸と塩基のペアを指します。共役対は常にH1つ分だけ異なります。

  例：HCl（酸）$\rightleftarrows Cl^-$（共役塩基）$+ H^+$

  塩酸（強酸）の共役塩基である塩化物イオンは非常に弱い塩基です。HClとCl^-は共役対です。

  炭酸（H_2CO_3）と炭酸水素イオン（HCO_3^-）

  H_2CO_3（酸）$\rightleftarrows HCO_3^-$（共役塩基）$+ H^+$

  H_2CO_3が酸、HCO_3^-がその共役塩基になります。H_2CO_3とHCO_3^-は共役対です。

酸が水素イオンを放出すると、その共役塩基になります。また、塩基が水素イオンを受け取ると、その共役酸になります。強い酸の共役塩基は弱い塩基です。また、強い塩基の共役酸は弱い酸です。

共役酸と共役塩基の概念は、水素イオンの授受を中心に酸塩基反応を理解するのに役立ちます。これらは常にペアで存在し、互いに変換可能な関係にあります。

この定義は、水溶液中だけでなく非水溶媒中の反応も説明できるという利点があり、物質の相対的な酸性・塩基性を理解しやすく、さらに、酸塩基平衡の概念を明確に説明できます。

9.1.3　ルイスの定義（電子対の移動に着目した定義、最も広範囲を網羅する定義）

ルイスの定義は、酸と塩基を電子対の授受に基づいて説明する概念です。以下にルイスの定義の要点をまとめます。

> **ルイス酸**とは、非共有電子対を受け取ることができる化学種（電子対受容体）です。
> **ルイス塩基**とは、非共有電子対を供給することができる化学種（電子対供与体）です。

なお、**化学種**とは、化学反応や化学的な性質をもつ物質を指します。これは原子、分子、イオン、またはそれらの集合体を含む広い概念です。

ルイスの定義によると、酸塩基反応は電子対の供与体（ルイス塩基）から受容体（ルイス酸）への電子対の移動として捉えられます（図9-1）。この考え方は電子の授受に基づくため、水素イオンH^+の授受に限定されません。そのため、従来のブレンステッド・ローリーの定義より広範囲の化合物を酸や塩基として分類できます。この場合の電子対とは、非共有電子対を示します。

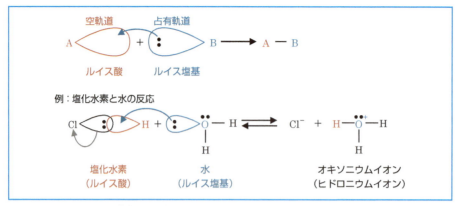

図 9-1　ルイス酸とルイス塩基の反応例

　これによって、従来の水溶液中での反応だけでなく、気相や非水溶媒中での反応、さらには有機化学反応や錯体形成なども統一的に理解することが可能になりました。ルイスの定義は、化学反応の理解を深める上で非常に重要な概念です。

　ルイス酸は、他の物質から電子対を引き寄せる能力があり、硫酸 H_2SO_4、三フッ化ホウ素 BF_3 や塩化アルミニウム $AlCl_3$ などが該当します。それに対して、ルイス塩基は、他の物質に電子対を与える能力があり、アンモニア NH_3、水酸化ナトリウム $NaOH$、水 H_2O などが該当します。

　電子対を受け取る物質とは、最外殻が閉殻構造となるために、少なくとも2電子が不足している化学種です。そして、電子対を受け入れることによって安定構造となります。主に、金属元素イオン（Li^+、Na^+、Mg^{2+}、K^+、Ca^{2+}、Fe^{3+} など）がルイス酸に分類されますが、水素イオン（H^+ あるいはそれと同等に働く場合）やホウ素化合物、アルミニウム化合物もこれに含まれます。

　一方、電子対を供与する物質とは、少なくとも1対の非共有電子対をもつ化学種です。主に、非金属元素（ハロゲン、15族元素、16族元素）を含むものがルイス塩基に分類されます。たとえば、アンモニアと三フッ化ホウ素の反応は次のように表すことができます（図9-2）。

　アンモニアは1組の非共有電子対をもっていますのでルイス塩基、三フッ化ホウ素は非共有電子対を受け入れたのでルイス酸になります。

　この反応は、アンモニア NH_3 中の窒素原子N上の非共有電子対を三フッ化ホウ素 BF_3 中のホウ素Bの空軌道に与えることで生成物を合成する反応で、ルイス酸・ルイス塩基が一目瞭然でわかる反応になっています。

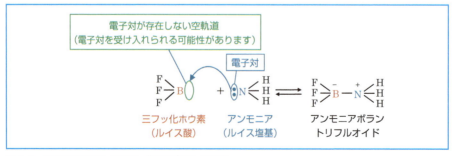

図 9-2　アンモニア NH_3 と三フッ化ホウ素 BF_3 の反応

以上、酸・塩基の定義を示しましたが、ルイスの定義の中には、ブレンステッド・ローリーで定義される物質が含まれています。また、ブレンステッド・ローリーで定義される物質には、アレニウスの定義による物質が含まれていることを忘れないでください。

例題9-1

ルイス酸はどれか。1つ選べ。 (第99回薬剤師国家試験 問9)

N(CH₃)₃   S(CH₃)₂   P(C₆H₅)₃   BF₃

1   **2**   **3**   **4**   **5**

解説

1 トリメチルアミン $N(CH_3)_3$ は、非共有電子対をもつ窒素Nがあるため、ルイス塩基です。

2 ジメチルスルフィド $S(CH_3)_2$ は、非共有電子対をもつ硫黄Sがあるため、ルイス塩基です。

3 トリフェニルホスフィンは、非共有電子対をもつリンPがあるので、ルイス塩基です。

4 三フッ化ホウ素は、空軌道をもつホウ素があるため、ルイス酸です。

5 テトラヒドロフランは、非共有電子対をもつ酸素Oがあるため、ルイス塩基です。

したがって、ルイス酸は4です。

答：4

9.1.4 ルイス酸とルイス塩基の硬さ・軟らかさ（HSAB則）

HSAB則 (hard and soft acids and bases principle) は、化学における酸と塩基の性質を理解するための理論です。この理論は、ルイスの酸塩基概念を拡張し、化学反応の傾向を予測するのに役立ちます。HSAB則では、ルイス酸とルイス塩基を、それぞれ「硬い (hard)」と「軟らかい (soft)」に分類します。

硬い酸と硬い塩基：一般に電荷が高く、イオン半径が小さいため、強い静電的相互作用をもち、分極しにくい（電子雲が変形しにくい）という特徴があります。硬い酸は電子受容性が高く、硬い塩基は電子対供与性が高いです。

硬い酸の例：H^+、Li^+、Na^+、K^+、Mg^{2+}、Ca^{2+}、Al^{3+}、Cr^{3+}、Fe^{3+}など

硬い塩基の例：F^-、OH^-、H_2O、NH_3、CO_3^{2-}、NO_3^-、PO_4^{3-}など

軟らかい酸と**軟らかい塩基**：一般に電荷が低く、イオン半径が大きいため、弱い静電的相互作用をもち、分極しやすい（電子雲が変形しやすい）という特徴があります。軟らかい酸は空軌道をもち、軟らかい塩基は非共有電子対をもつ傾向があります。

軟らかい酸の例：Cu^+、Ag^+、Au^+、Tl^+、Hg^{2+}、Pd^{2+}、Cd^{2+}、Pt^{2+}など

軟らかい塩基の例：I^-、RS^-、CN^-、CO、$C_6H_5^-$（フェニル基）、SCN^-など

主なルイス酸とルイス塩基のHSAB分類を**表9-1**に示します。HSAB則の中心的な考え方は、類似した性質をもつ酸と塩基が強く結合する傾向にあるということです。具体的には、硬い酸は硬い塩基と強い結合を形成し、軟らかい酸は軟らかい塩基と強く結びつきます。一方で、性質の異なる組み合わせ、つまり硬い酸と軟らかい塩基、あるいは軟らかい酸と硬い塩基の間では、比較的弱い結合が形成されます。この原理は、化学反応の予測や錯体形成の理解に広く応用されており、さまざまな化学現象を説明する上で重要な役割を果たしています。

HSAB則については、以下の応用が考えられます。

表 9–1　HSAB によるおもなルイス酸とルイス塩基の分類

	硬い（hard）	中間	軟らかい（soft）
酸	BF_3、$B(OH)_3$、CO_2、SO_3、H^+、Li^+、Mg^{2+}、Al^{3+}、Fe^{3+}、RCO^+ など	SO_2、Zn^{2+}、Fe^{2+}、NO^+、R_3C^+ など	Cu^+、Ag^+、Au^+、Hg^+、Hg^{2+}、金属原子、HO^+、RO^+、RS^+、Br^+、Br_2、I^+、I_2、BH_3 など
塩基	NH_3、RNH_2、H_2O、ROH、OH^-、O^{2-}、RO^-、F^-、Cl^-、RCO_2^-、SO_4^{2-}、NO_3^- など	アニリン、N_3^-、Br^-、SO_3^{2-}、ピリジン など	R_3P、R_2S、RSH、RS^-、H^-、R^-、SCN^-、CN^-、CO、S^{2-}、I^-、エテン、ベンゼン など

(1) **化学反応の予測**：たとえば、軟らかい酸である Ag^+ イオンが軟らかい塩基である I^- イオンと強く結合して難溶性の AgI を形成します。イオン間の相互作用を理解するのに有用です。

(2) **触媒反応の理解**：軟らかい酸性をもつ金属触媒が軟らかい塩基性の反応物と相互作用しやすいです。

(3) **錯体形成の予測**：硬い金属イオンは酸素などの硬い配位子と、軟らかい金属イオンは窒素や硫黄などの軟らかい配位子と錯体を形成しやすいです。

(4) **毒性の理解**：軟らかい酸である重金属イオン（Hg^{2+} や Pb^{2+} など）が、生体内の軟らかい塩基（システインのSH基など）と結合しやすく、毒性を示します。

このように、HSAB則は化学反応から生体系まで、幅広い現象の理解と予測に応用されている重要な概念です。

HSAB則は定性的な指針であり、厳密な規則ではありません。また、硬いと軟らかいという二分法では説明しきれない中間的な性質をもつ酸や塩基も存在し、これらの挙動を予測するのは難しい場合があります。さらに、反応の条件（溶媒、温度など）によっても相互作用は変化します。したがって、HSAB則を使用する際は、これらの限界を認識し、他の要因も考慮に入れて総合的に判断することが重要です。

9.2　酸と塩基の強さ

9.2.1　活量

実際の溶液中では、イオンや分子は水分子や他のイオンに囲まれており、静電的相互作用などによって、理想的な状態より反応性が低下します。この現実の溶液と理想溶液とのズレを補正するために活量が用いられます。

活量は、化学反応や平衡状態において、物質の「有効濃度」を表す概念です。活量は、この非理想性を考慮に入れた「実効的な濃度」を表します。

ある化合物Aの活量 α_A は、以下の式で表されます。

$$活量\ \alpha_A\ =\ 活量係数\ \gamma\ \times\ 濃度（または分圧）$$

活量係数 γ（ガンマ）は、物質の性質や環境条件（温度、圧力など）によって変わります。理想的な条件では活量係数 $\gamma \approx 1$ となり、非理想的な状況では $\gamma \neq 1$ となります。

0.1 mol/L の塩酸 HCl を考えてみましょう。理想的な状況では、HCl は完全に解離し、水素イオン濃度 $[H^+]$ は 0.1 mol/L になると予想されます。しかし、実際の溶液中では、イオン間

相互作用や水和効果によって、有効濃度（活量）は理想状態より低くなります。298 K（25 ℃）において、この溶液の実際の有効濃度は0.094 mol/Lしかありません。活量の定義式（活量＝活量係数×濃度）を用いると、0.094＝γ×0.1となり、活量係数γは0.94と計算されます。

この例は、実際の溶液挙動が理想状態からどの程度逸脱しているかを示しており、活量の概念の重要性を明確に表しています。

一般に、溶液が非常に希薄になるほど、溶質の活量係数は1に近くなり、活量は濃度にほぼ等しくなります。逆に、溶液が濃厚になるにつれて、溶質間の相互作用が強くなり、活量係数は1から大きく離れる可能性があります。また、純粋な固体の活量は、通常1とみなされます。

9.2.2　解離度

酢酸CH$_3$COOHを水に溶かすと、その一部が次のように解離します。

$$CH_3COOH + H_2O \rightleftarrows CH_3COO^- + H_3O^+$$

たとえば、CH$_3$COOHを0.1 mol/Lの濃度で水に溶かした場合、解離（イオンに分かれること）するのは全分子の1.6 ％だけです（**表9-2**）。この場合、少量の酢酸分子が解離し、わずかな量のH$^+$を放出します。

一方で、HClを水に溶かした場合には、ほぼ100 ％が解離します。そのため、0.1 mol/Lの塩酸と0.1 mol/Lの酢酸とを比べると、濃度は同じであっても、H$_3$O$^+$の濃度は酢酸水溶液のほうが低くなります。

水溶液中で電解質が解離する割合を示す指標を**解離度**といいます。具体的には、溶けている電解質の全物質量に対する、解離した電解質の物質量の比で表されます。

$$解離度\,\alpha = \frac{解離した電解質の濃度\,[\text{mol/L}]}{溶けている電解質の濃度\,[\text{mol/L}]}$$

解離度αの範囲は、$0 \leq \alpha \leq 1$で、$\alpha＝0$なら、まったく解離していない状態、$\alpha＝1$なら、完全に解離している状態を表します。たとえば、0.1 mol/L塩酸HCl溶液の解離度は0.94、0.1 mol/L酢酸CH$_3$COOHの解離度は0.016です（**表9-2**）。

強酸あるいは**強塩基**：解離度が1に近い（ほぼ完全に解離する）酸や塩基です。

弱酸あるいは**弱塩基**：解離度が1より著しく小さい酸や塩基です。

弱酸や弱塩基を水に溶かした場合、ほとんどの分子は解離しない状態で水に溶けています。

一般に、溶液が希薄になるほど解離度は大きくなります。これは、イオンどうしの相互作用

表9-2　おもな酸と塩基の解離度（25℃、0.1 mol/L水溶液）

	酸	化学式					解離度
強酸	塩酸	HCl	$\rightleftarrows$	H$^+$	＋	Cl$^-$	0.94
	硝酸	HNO$_3$	$\rightleftarrows$	H$^+$	＋	NO$_3^-$	0.92
	硫酸	H$_2$SO$_4$	$\rightleftarrows$	H$^+$	＋	HSO$_4^-$	0.55
弱酸	酢酸	CH$_3$COOH	$\rightleftarrows$	CH$_3$COO$^-$	＋	H$^+$	0.016
	炭酸	H$_2$CO$_3$	$\rightleftarrows$	H$^+$	＋	HCO$_3^-$	0.0017
	硫化水素	H$_2$S	$\rightleftarrows$	H$^+$	＋	HS$^-$	0.00098
強塩基	水酸化ナトリウム	NaOH	$\rightleftarrows$	Na$^+$	＋	OH$^-$	0.91
	水酸化カリウム	KOH	$\rightleftarrows$	K$^+$	＋	OH$^-$	0.91
弱塩基	アンモニア	NH$_3$ + H$_2$O	$\rightleftarrows$	NH$_4^+$	＋	OH$^-$	0.013

9.2　酸と塩基の強さ

が弱まるためです。逆に、濃厚溶液では、イオン間の相互作用が強くなり、解離が抑制されます。実際の溶液では、イオン間相互作用によって理想的な挙動からずれが生じます。この現象を考慮するために、活量という概念が用いられます。

解離度は、溶液の導電性や反応性に影響を与えます。解離度が高いほど、イオンの濃度が高くなり、導電性が増します。

解離度は、物質がどの程度イオンに分解されているかを示す重要な指標です。特に酸や塩基の性質を理解するために欠かせない概念です。

例題 9-2

1.0 mol/L の酢酸 CH_3COOH 水溶液があり、解離した H^+ の濃度が 0.01 mol/L である。酢酸の解離度 α を求めなさい。

解説

酢酸は弱酸であり、解離反応は次のように表されます。

$$CH_3COOH \rightleftarrows CH_3COO^- + H^+$$

元の酢酸のモル数は 1.0 mol/L です。解離した H^+ の濃度は 0.01 mol/L なので、解離度 α は次のように計算します。

$$\alpha = \frac{H^+}{CH_3COOH} = \frac{0.01 \text{ mol/L}}{1 \text{ mol/L}} = 0.01$$

答： 解離度 α は、0.01（または 1 %）

問 9-1 0.5 mol/L の硫酸 H_2SO_4 水溶液がある。この溶液中の H^+ の濃度が 0.9 mol/L であるとき、硫酸の解離度 α を求めなさい。

問 9-2 弱酸 HA の解離平衡は以下のようになる。水溶液中の HA の解離度は 0.05 である。HA の初濃度が 0.1 mol/L だった場合、平衡時の $[H_3O^+]$ はモル濃度を求めなさい。

$$HA + H_2O \rightleftarrows H_3O^+ + A^-$$

9.3 水素イオン濃度、pH

水は、非常に微量ですが、常に自己解離（自己イオン化）を起こし、次式のように、オキソニウムイオン H_3O^+ と水酸化物イオン OH^- となって解離しています。

$$2H_2O \rightleftarrows H_3O^+ + OH^- \qquad [H_2O + H_2O \rightleftarrows H_3O^+ + OH^-]$$

化学平衡の法則の式に当てはめると、この反応の平衡定数は次のような式になります。

$$K = \frac{[H_3O^+][OH^-]}{[H_2O]^2}$$

水の濃度は、純水でも電解質の希薄溶液でも一定ですから、両辺に $[H_2O]^2$ を乗じることができます。また、H_3O^+ を簡略化して $[H^+]$ で表すと、次の式になります。

$$K[H_2O]^2 = [H^+][OH^-] = K_w$$

表9–3 pK_wと温度の関係

温度（℃）	K_w	pK_w	温度（℃）	K_w	pK_w
0	0.114×10^{-14}	14.94	40	2.92×10^{-14}	13.53
5	0.185×10^{-14}	14.73	50	5.47×10^{-14}	13.26
10	0.292×10^{-14}	14.53	60	9.61×10^{-14}	13.02
15	0.450×10^{-14}	14.34	70	15.98×10^{-14}	12.80
20	0.681×10^{-14}	14.17	80	25.12×10^{-14}	12.60
25	1.008×10^{-14}	14.00	90	37.73×10^{-14}	12.42
30	1.47×10^{-14}	13.83	100	54.74×10^{-14}	12.26

　上式のように、水 (H_2O) が解離して生じる水素イオン濃度 $[H^+]$ と水酸化物イオン濃度 $[OH^-]$ の積を**水のイオン積**といい、K_wと表記します。この値は、温度によってわずかに変動します。

　25 ℃における水のイオン積K_wは、

$$K_w = [H^+][OH^-] = 1.0 \times 10^{-14} \, (mol/L)^2 \quad (正確には、K_w = 1.008 \times 10^{-14} \, (mol/L)^2)$$

です（**表9–3**）。温度が上がると、K_wの値も大きくなります。

　純水中では、水素イオン濃度 $[H^+]$ と水酸化物イオン濃度 $[OH^-]$ が等しくなります。したがって、

$$[H^+] = [OH^-] = \sqrt{1.0 \times 10^{-14}} = 1.0 \times 10^{-7} \, mol/L$$

となります。

　水のイオン積を使うことで、pH（酸性度）やpOH（塩基性度）を計算することができます。pHは水素イオン濃度 $[H^+]$ の逆数の常用対数、pOHは水酸化物イオン濃度 $[OH^-]$ の逆数の常用対数と定義されます。ここで、pは逆数の常用対数を意味します。これらは水溶液の酸性度や塩基性度を定量的に表現するのに使用されます。

　それぞれ次のように書き表します。厳密には、水素イオン濃度 $[H^+]$、水酸化物イオン濃度 $[OH^-]$ でなく、水素イオン活量αH^+、水酸化物イオン活量αOH^-を用います。しかし、希薄溶液では、濃度とほぼ等しいとみなすことができます。

$$pH = -\log_{10}[H^+]$$
$$pOH = -\log_{10}[OH^-]$$

　pHスケールは常用対数スケールであるため、pH値が1変化すると、水素イオン濃度は10倍変化します。pHとpOHの値は、通常0から14の範囲で表されます。ただし、強酸や強塩基を含む溶液では、この範囲を超えることがあります。

　また、$[H^+][OH^-] = K_w$の両辺を対数の形に変形し、-1をかけると、

$-\log_{10}[H^+] - \log_{10}[OH^-] = -\log_{10}K_w$

$-\log_{10}[H^+] = pH$、$-\log_{10}[OH^-] = pOH$、$-\log_{10}K_w = \log_{10}(1 \times 10^{-14}) = 14$から、

$$pH + pOH = 14$$

と導かれます。これらの式は、25 ℃のいかなる希薄溶液についても成り立つ重要な関係式です。

　pH、pOHと塩基性、中性、酸性は次のように定義されます。

9.3　水素イオン濃度、pH　　**137**

> **中性溶液**：水素イオン濃度と水酸化物イオン濃度が等しいとき、水溶液は中性です。
>
> $$[H^+] = [OH^-] = 1.0 \times 10^{-7} \text{ mol/L}, \text{ pH} = 7$$
>
> **酸性溶液**：水素イオン濃度が水酸化物イオン濃度より大きいとき、水溶液は酸性です。
>
> $$[H^+] > 1.0 \times 10^{-7} \text{ mol/L}, [OH^-] < 1.0 \times 10^{-7} \text{ mol/L}, \text{ pH} < 7$$
>
> **塩基性溶液**：水酸化物イオン濃度が水素イオン濃度より大きいとき、水溶液は塩基性です。
>
> $$[H^+] < 1.0 \times 10^{-7} \text{ mol/L}, [OH^-] > 1.0 \times 10^{-7} \text{ mol/L}, \text{ pH} > 7$$

9.4 解離定数 pK_a と pK_b

前述のように、強酸および強塩基は水溶液中で完全に解離するため、その解離定数は非常に大きく、実質的に1とみなすことができます。そのため、強酸や強塩基については、特に解離について考える必要がありません。

一方、弱酸と弱塩基は水溶液中で部分的にしか解離しません。そのため、これらの物質の解離平衡を理解することが重要になります。ここでは、解離度の小さい弱酸と弱塩基の解離を取り上げ、その定量的な扱いについて学びます。

9.4.1 弱酸の解離

弱酸 (HA) が解離平衡状態にあるとき、水溶液中では、

$$HA + H_2O \rightleftarrows H_3O^+ + A^-$$

となります。この反応では、未解離の酸分子 (HA) と解離したイオン (A$^-$ と H$_3$O$^+$) が平衡状態にあります。このように、弱酸や弱塩基が水溶液中で解離する際に生じる可逆反応の平衡状態を**解離平衡**といいます。この可逆反応の平衡定数 K は、

$$K = \frac{[H_3O^+][A^-]}{[HA][H_2O]}$$

で表すことができます。

希薄溶液中では、溶媒の水は多量に存在し、実質上一定とみなすことができます。そこで、両辺に $[H_2O]$ をかけ、さらに H$_3$O$^+$ を H$^+$ で表すと、解離平衡は次の式で表すことができます。

$$K_a = K[H_2O] = \frac{[H^+][A^-]}{[HA]}$$

この K_a は**酸解離定数**とよばれ、弱酸の解離の程度を表す定量的な指標です。たとえば、0.1 mol/L の酢酸の25℃における K_a 値は 1.58×10^{-5} mol/L ですが、亜硝酸 HNO$_2$ の K_a 値は 5.01×10^{-4} mol/L であり、亜硝酸のほうが強い酸になります。すなわち、K_a の値が大きいほど、酸はより強くなります（よく解離する）。K_a 値は温度に依存し、一定温度で一定の値を示し、それぞれの酸の強さを定量的に表します。

しかし、その数値は、10^{-x} とあまりに小さな値なので、扱いやすくするために、pHと同じように弱酸 HA の酸解離定数 K_a の逆数の常用対数を pK_a（**酸解離指数**）と定義して利用されています。

$$pK_a = \log_{10} \frac{1}{K_a} = \log_{10} K_a^{-1} = -\log_{10} K_a$$

たとえば、25℃における酢酸の pK_a は、次のようになります。

$$pK_a = -\log_{10} K_a = -\log_{10} (1.58 \times 10^{-5}) = -(-5) - \log_{10} 1.58 = 5 - 0.20 = 4.8$$

同様に亜硝酸の場合には、

$$pK_a = -\log_{10} (5.01 \times 10^{-4}) = -(-4) - \log_{10} 5.01 = 4 - 0.70 = 3.3$$

となります。なお、pK_aのpは逆数の常用対数（$-\log_{10}$）を意味します。また、aは酸（acid）の頭文字です。

酸の強さ（能力）をpK_aで比べると、強酸ほどpK_aの値が小さくなります（よく解離します）。pK_aは酸としての能力を示し、pHは水溶液の酸性の強さを示します。

酸解離定数K_aの式から、

$$pK_a = -\log_{10} K_a = -\log_{10} \frac{[H^+][A^-]}{[HA]} = -\log_{10} [H^+] - \log_{10} \frac{[A^-]}{[HA]}$$

$-\log_{10} [H^+] = $ pHですから、

$$pH = pK_a + \log_{10} \frac{[A^-]}{[HA]}$$

と表すことができます。式中の非解離型の酸濃度 $[HA]$ を ［分子型］、解離型の酸濃度 $[A^-]$ を ［イオン型］で表すと、次の式でも表現できます。

$$pH = pK_a + \log_{10} \frac{[イオン型]}{[分子型]}$$

この式を**ヘンダーソン・ハッセルバルヒの式**といい、弱酸における溶液のpHと ［分子型］、［イオン型］ の比率の関係を示しています。

$pH < pK_a$ 　　　分子型になっているものが多いです。
$pH > pK_a$ 　　　イオン型になっているものが多いです。

さらに、$pH = pK_a + \log_{10} \dfrac{[イオン型]}{[分子型]}$ から、pHとpK_aの重要な関係が読みとれます。［イオン型］ と ［分子型］ が等しいときには、

$$\log_{10} \frac{[イオン型]}{[分子型]} = \log_{10} 1 = 0$$

ですから、

$$pH = pK_a$$

となります。すなわち、pHとpK_aが同じ値の場合には、イオン型の濃度と分子型の濃度が等しいことになります。言い換えると、酸の半分が解離していることを意味します。

このような関係を踏まえ、弱酸HAの水溶液のpHを初期濃度cから求める式を導いてみましょう。まず、弱酸HAの解離平衡を考えます。

$$HA \rightleftarrows H^+ + A^-$$

この平衡に対する解離定数K_aは次式で表されます。

$$K_a = \frac{[H^+][A^-]}{[HA]}$$

ここで、初期濃度をc、解離度をαとすると、

$$[H^+] = [A^-] = c\alpha$$
$$[HA] = c(1-\alpha)$$

となります。これらの値を解離定数の式に代入すると、

$$K_a = \frac{(c\alpha)(c\alpha)}{c(1-\alpha)} = c \cdot \frac{\alpha^2}{1-\alpha}$$

弱酸の場合、解離度αは非常に小さい（$\alpha \ll 1$）ため、$(1-\alpha) \approx 1$と近似できます。

$$K_a = c \cdot \alpha^2$$

この式からαについて解くと、

$$\alpha = \sqrt{\frac{K_a}{c}}$$

pHは水素イオン濃度の逆数の常用対数なので、

$$pH = -\log_{10}[H^+] = -\log_{10}(c\alpha) = -\log_{10}\left(c \cdot \sqrt{\frac{K_a}{c}}\right) = -\log_{10}\sqrt{c \cdot K_a} = -\log_{10}(c \cdot K_a)^{\frac{1}{2}}$$

対数の性質を使って整理すると、

$$pH = -\frac{1}{2}\log_{10}(c \cdot K_a) = -\frac{1}{2}(\log_{10}c + \log_{10}K_a) = \frac{1}{2}(-\log_{10}K_a - \log_{10}c)$$

$-\log_{10}K_a = pK_a$ですから、

$$pH = \frac{1}{2}(pK_a - \log_{10}c)$$

となります。弱酸の初期濃度cとpK_aから簡単にpHを求めることができる式が導かれます。

9.4.2 弱塩基の解離

弱塩基が水に溶解すると、可逆的な解離反応が起こります。この反応では、弱塩基 (B) が水分子H_2Oと反応して、その共役酸BH^+と水酸化物イオンOH^-を生成します。

$$B + H_2O \rightleftarrows BH^+ + OH^-$$
塩基　　　　　共役酸

この平衡状態を定量的に表現するために、塩基解離定数K_bが用いられます。K_bは、生成物の濃度の積（$[BH^+][OH^-]$）を反応物の濃度（$[B]$）で割った値として定義されます。BH^+の**塩基解離定数**K_bは、弱塩基の水溶液中での解離の程度を定量的に表す指標です。K_bの値が大きいほど、塩基はより強くなります（よく解離する）。また、K_b値は温度に依存し、一定温度では一定の値を示します。

$$K_b = \frac{[BH^+][OH^-]}{[B]}$$

通常、K_bの値は非常に小さいため、より扱いやすい指標として**塩基解離指数**pK_bが導入されました。pK_bは、弱塩基の塩基解離定数K_bの逆数の常用対数として定義され、これによって塩基の強さを比較しやすくなります。なお、pK_bのpは逆数の常用対数（$-\log_{10}$）、bは塩基 (base) の意味です。

$$pK_b = -\log_{10} K_b$$

弱塩基の解離も弱酸と同様に考えることができます。そして、酸のpK_aに対応して、塩基のpK_bを定義することができます。酸と同様に、塩基の強さをpK_bで比べると、強塩基ほどpK_bの値が小さくなります。

これらの定義を基に、弱塩基の解離についてさらに詳しく説明できます。弱酸の場合と同様に、ヘンダーソン・ハッセルバルヒの式の塩基版を導くことができます。

最初に、K_bの定義式を対数の形に変形します。

$$\log_{10} K_b = \log_{10} [BH^+] [OH^-] - \log_{10} [B]$$

次に、対数の性質を使って右辺を展開し、-1をかけます。

$$-\log_{10} K_b = -\log_{10} [BH^+] - \log_{10} [OH^-] + \log_{10} [B]$$

そして、$pK_b = -\log_{10} K_b$ と $pOH = -\log_{10} [OH^-]$ を上式に代入します。

$$pK_b = -\log_{10} [BH^+] + pOH + \log_{10} [B]$$

最後に、対数の性質を使って右辺を整理し、変形します。

$$pOH = pK_b + \log_{10} \frac{[BH^+]}{[B]}$$

また、塩基Bの強さはBの共役酸のBH$^+$の酸の強さとして考えることができます。

$$BH^+ + H_2O \overset{K_a}{\rightleftarrows} H_3O^+ + B$$

$[H_3O^+]$を$[H^+]$に置き換えると、BH$^+$の酸解離定数K_aは、

$$K_a = \frac{[H^+] [B]}{[BH^+]}$$

と表せます。

酸のpK_aとその共役塩基のpK_bの間には、$pK_a + pK_b = pK_w = 14$、$pK_w = pH + pOH$から、

$$pK_a + pK_b = pH + pOH$$

変形して、$pK_b = pH + pOH - pK_a$となります。

$pOH = pK_b + \log_{10} \dfrac{[BH^+]}{[B]}$ から、$pOH = pH + pOH - pK_a + \log_{10} \dfrac{[BH^+]}{[B]}$

両辺からpOHを消去し、整理すると、

$$pH = pK_a + \log_{10} \frac{[B]}{[BH^+]}$$

となります。

塩基の共役酸の、K_aが大きければ弱塩基であり、pK_aが大きいほど強塩基になります。

また、非解離型の塩基の濃度$[B]$を[分子型]、解離型の塩基の濃度を$[BH^+]$を[イオン型]で表すと、次の式でも表現できます。

$$\mathrm{pH} = \mathrm{p}K_a + \log_{10} \frac{[\text{分子型}]}{[\text{イオン型}]}$$

> pH ＜ 共役酸のpK_a： イオン型になっているものが多いです。
> pH ＞ 共役酸のpK_a： 分子型になっているものが多いです。

塩基性水溶液のpHをpK_aと濃度cで表すと、

$$\mathrm{pH} = -\log_{10}[\mathrm{H^+}] = -\log_{10} K_w + \frac{1}{2}(\log_{10} K_b + \log_{10} c)$$

となります。ここで、$K_w = 1.0 \times 10^{-14}$なので、

$$\mathrm{pH} = 14 + \frac{1}{2}(\log_{10} K_b + \log_{10} c) = 14 - \frac{1}{2}(\mathrm{p}K_b - \log_{10} c)$$

と書き表すことができます。

例題9-3

0.25 mol/Lのアンモニア水のpHを求めなさい。ただし、25 ℃におけるアンモニアのpK_b = 4.76である。また、$\log_{10} 5 = 0.699$とする。

解答

$\mathrm{pH} = 14 - \dfrac{1}{2}(\mathrm{p}K_b - \log_{10} c)$から、

$$\mathrm{pH} = 14 - \frac{1}{2}(4.76 - \log_{10} 0.25) = 14 - \frac{1}{2}\left(4.76 - \log_{10}\frac{25}{100}\right)$$

$$= 14 - 2.38 - \frac{1}{2}\{-(\log_{10} 25 + \log_{10} 100)\} = 11.62 - \frac{1}{2}(-2\log_{10} 5 + 2)$$

$$= 11.62 - \frac{1}{2}(-2 \times 0.699 + 2) = 11.62 - \frac{1}{2}(-1.398 + 2) = 11.62 - \frac{1}{2} \times 0.602$$

$$= 11.62 - 0.301 = 11.32$$

となります。

答：11.32

問9-3 0.1 mol/Lのメチルアミン水溶液のpHを求めなさい。ただし、25 ℃におけるメチルアミンのpK_b = 3.36である。また、$\log_{10} 2 = 0.301$とする。

例題9-4

弱酸HAの解離平衡定数$K_a = 1.0 \times 10^{-5}$である。0.1 mol/LのHA水溶液のpHを求めなさい。

解答

p$K_a = -\log_{10} K_a$から、
p$K_a = -\log_{10}(1.0 \times 10^{-5}) = 5$

$pH = \dfrac{1}{2}(pK_a - \log_{10} c)$ から、

$pH = \dfrac{1}{2}(5 - \log_{10} 0.1) = \dfrac{1}{2}(5 - \log_{10} 10^{-1}) = \dfrac{1}{2}(5 - (-1)) = \dfrac{1}{2} \times 6 = 3$

となります。

答：3

問9-4 弱塩基Bの塩基解離定数$K_b = 1.0 \times 10^{-5}$である。0.1 mol/LのB水溶液のpHを求めなさい。

9.5 塩の加水分解

9.5.1 酸性塩と塩基性塩

中和反応によってできる塩(えん)には、その形成過程から**酸性塩**、**正塩**、**塩基性塩**の3種類があります（**表9-4**）。

酸性塩：多価酸の水素イオンH^+が一部だけ金属イオンで置換された塩をいいます。たとえば、2価の酸として硫酸と、1価の塩基として水酸化ナトリウムの反応を考えてみましょう。この反応で生成した塩の硫酸水素ナトリウム$NaHSO_4$には、H^+が含まれています。つまり、塩基と反応する能力のあるH^+が残っています。

$$H_2SO_4 + NaOH \rightarrow NaHSO_4 + H_2O$$
酸性塩

正塩（中性塩）：強酸と強塩基が完全に中和してできる塩をいいます。水溶液中でpHは中性（$pH \approx 7$）を示します。また、酸の水素イオンH^+がすべて塩基によって置換されています。たとえば、強酸の塩酸HClと強塩基の水酸化ナトリウムNaOHの反応を考えてみましょう。反応で生じる塩のNaClには、H^+もOH^-も含まれていません。

$$NaOH + HCl \rightarrow NaCl + H_2O$$
正塩

塩基性塩：多価塩基の水酸化物イオン（OH^-）の一部が酸と反応して中和され、残りの

表 9-4 おもな無機塩

水溶液の液性	塩の分類		
	正塩	酸性塩	塩基性塩
酸性	塩化アンモニウム NH_4Cl 硫酸銅（Ⅱ） $CuSO_4$	硫酸水素ナトリウム $NaHSO_4$ リン酸二水素ナトリウム NaH_2PO_4	
中性	塩化ナトリウム $NaCl$ 塩化カルシウム $CaCl_2$		
塩基性	酢酸ナトリウム CH_3COONa 炭酸ナトリウム Na_2CO_3	炭酸水素 $NaHCO_3$ リン酸水素二ナトリウム Na_2HPO_4	
不溶	硫酸バリウム $BaSO_4$ リン酸カルシウム $Ca_3(PO_4)_2$		塩化水酸化カルシウム $CaCl(OH)$ 塩化水酸化マグネシウム $MgCl(OH)$

9.5　塩の加水分解　　143

OH^-がそのまま残った塩を指します。水溶液中では、未反応のOH^-が存在するため、pHは7より大きい値(塩基性)を示します。また、残りの水酸化物イオン(OH^-)が解離して塩基性を示します。たとえば、水酸化マグネシウム$Mg(OH)_2$と塩酸の反応を考えてみましょう。この反応では、一部のOH^-がHClによって中和され、塩化水酸化マグネシウム($MgCl(OH)$)という塩が生成されます。この塩には、まだ反応せずに残ったOH^-が含まれており、そのOH^-が水中で解離することで、溶液は塩基性を示します。

$$Mg(OH)_2 + HCl \rightarrow MgCl(OH) + H_2O$$
塩基性塩

9.5.2 弱酸と強塩基の塩

弱酸または弱塩基由来のイオンが水と反応して、元の酸または塩基を生成する現象を**塩の加水分解**といいます。この過程で、溶液のpHが変化します。

たとえば、酢酸ナトリウムCH_3COONaを水に溶かすと、次のように解離します。

$$CH_3COONa \rightarrow CH_3COO^- + Na^+$$

酢酸は弱酸性で解離度が小さいため、生じたCH_3COO^-は水と反応して酢酸CH_3COOHになります。

$$CH_3COO^- + H_2O \rightleftarrows CH_3COOH + OH^-$$

その結果、OH^-濃度が少し高くなり、水溶液は弱い塩基性となります。このように、**弱酸**と**強塩基**から生じた塩の水溶液は**弱塩基性**を示します。

たとえば、弱酸の塩である酢酸ナトリウムCH_3COONaは、弱酸である酢酸CH_3COOHと強塩基である水酸化ナトリウム$NaOH$から生成されます。その反応式は以下のとおりです。

$$CH_3COOH + NaOH \rightarrow CH_3COONa + H_2O$$

このときの溶液のpHは、次の式で求めることができます。

$$pH = 7 + \frac{1}{2}(pK_a + \log_{10} c)$$

ここで、pKaは酸解離指数、cは塩の濃度を表します。

溶液中の酸のpK_aが大きい(弱い酸)ほど、また、塩の濃度が大きいほど塩基性が強くなります。

9.5.3 強酸と弱塩基の塩

塩化アンモニウムNH_4Clのように、**強酸**と**弱塩基**から生じた塩は**弱酸性**を示します。弱酸の塩化アンモニウムNH_4Clは、強酸である塩酸HClと弱塩基であるアンモニアNH_3から生成されます。その反応式は以下のとおりです。

$$HCl + NH_4 \rightarrow NH_4Cl$$

塩化アンモニウムでは、次のような反応が起こります。

$$NH_4Cl \rightarrow NH_4^+ + Cl^-$$
$$NH_4^+ + H_2O \rightleftarrows NH_3 + H_3O^+$$

この結果、オキソニウムイオンH_3O^+の濃度が少し高くなり、水溶液は弱酸性となります。このときの溶液のpHは、次の式で求めることができます。

$$pH = 7 - \frac{1}{2}(pK_b + \log_{10} c)$$

ここで、pK_bは塩基解離指数、cは塩の濃度を表します。

溶液中の塩基のpK_bが大きい（弱い塩基）ほど、また塩の濃度が小さいほど酸性が強くなります。

9.5.4 強酸と強塩基の塩

強酸と強塩基の中和によって生じた塩はほぼ中性を示します。その例としては、強酸である塩酸HClと強塩基である$NaOH$の中和によって生じた中性の$NaCl$があります。

$$HCl + NaOH \rightarrow NaCl + H_2O$$

塩酸HClは強酸として作用し、水素イオンH^+と塩化物イオンCl^-に解離します。水酸化ナトリウム$NaOH$は強塩基として作用し、ナトリウムイオンNa^+と水酸化物イオンOH^-に解離します。

$$HCl \rightarrow H^+ + Cl^-$$
$$NaOH \rightarrow Na^+ + OH^-$$

塩酸の水素イオンH^+と水酸化ナトリウムの水酸化物イオンOH^-が結合して水H_2Oを形成します（中和反応）。

$$H^+ + OH^- \rightarrow H_2O$$

残った塩化物イオンCl^-とナトリウムイオンNa^+が結合して、塩化ナトリウム$NaCl$が生成されます（塩の形成）。

$$Na^+ + Cl^- \rightarrow NaCl$$

この反応は典型的な中和反応であり、強酸と強塩基から塩と水が生成されます。生成された塩化ナトリウム$NaCl$は中性塩であり、水溶液中でpHは7（中性）となります。この塩は加水分解を起こさないため、水溶液のpHに影響を与えません。

9.5.5 弱酸と弱塩基の塩

弱酸と弱塩基から生成される塩の水溶液の性質は、構成する酸と塩基の相対的な強さによって決まります。具体的には、次のようになります。

弱酸が強い場合：酸性を示します $pK_a < pK_b$ なら $pH < 7$

弱塩基が強い場合：塩基性を示します $pK_a > pK_b$ なら $pH > 7$

酸と塩基が同程度に強い場合：中性を示します

このように、弱酸と弱塩基からできる塩は、その特性に応じて酸性、中性、塩基性の水溶液を形成します。

酢酸アンモニウムCH_3COONH_4を水に溶かすと、ほぼ中性を示します。酢酸アンモニウムのCH_3COO^-はH_2Oより強い塩基であり、NH_4^+はH_2Oより強い酸ですので、次のような平衡が成り立ちます。

$$CH_3COO^- + NH_4^+ \rightleftarrows CH_3COOH + NH_3$$

弱酸と弱塩基の塩の溶液のpHは、次の式で求めることができます。

$$pH = 7 + \frac{1}{2}(pK_a - pK_b)$$

ここで、pK_aは酸解離指数、pK_bは塩基解離指数を表します。

酢酸のpK_aは4.76、アンモニアのpK_bは4.75で、酸と塩基が同程度の強さですから、0.1 mol/Lの酢酸アンモニウム水溶液のpHは6.99とほぼ中性になります。一方、0.1 mol/Lのシアン化アンモニウム水溶液NH_4CNでは、シアン化水素（青酸）HCNのpK_aは9.21で、弱塩基のほうがより強い（$pK_a > pK_b$）ので、pHが9.23と塩基性を示します。

強酸、強塩基、弱酸、弱塩基の組み合わせによって生じる塩の性質は、それぞれの酸と塩基の特性に基づいて予測することができます。これらの関係を理解することは、化学反応や溶液の性質を理解する上で非常に重要です。**表9–5**は、異なる組み合わせから生じる塩の性質を簡潔にまとめたものです。この表を参照することで、塩の生成過程とその結果生じる溶液の性質を一目で把握することができます。

表9–5　酸と塩基の組み合わせによる塩の性質

酸の種類	塩基の種類	生じる塩の性質	反応式の例
強酸 （例：HCl）	強塩基 （例：NaOH）	中性	$HCl + NaOH \rightarrow NaCl + H_2O$ $NaCl \rightarrow Na^+ + Cl^-$（完全解離）
強酸 （例：HCl）	弱塩基 （例：NH_3）	酸性	$HCl + NH_3 \rightarrow NH_4Cl$ $NH_4^+ + H_2O \rightleftarrows NH_3 + H_3O^+$
弱酸 （例：CH_3COOH）	強塩基 （例：NaOH）	塩基性	$CH_3COOH + NaOH \rightarrow CH_3COONa + H_2O$ $CH_3COO^- + H_2O \rightleftarrows CH_3COOH + OH^-$
弱酸 （例：CH_3COOH）	弱塩基 （例：NH_3）	酸性、中性、または塩基性（相対的な強さによる）	$CH_3COOH + NH_3 \rightarrow CH_3COONH_4$ $CH_3COO^- + NH_4^+ \rightleftarrows CH_3COOH + NH_3$

9.6　緩衝作用と緩衝液

純水に少量の酸や塩基を加えると、その水溶液のpHは大きく変化します。しかし、弱酸とその塩、または弱塩基とその塩の混合水溶液に、外から少量の酸や塩基を加えても解離平衡がその効果を打ち消す方向に移動するため、水素イオン濃度$[H^+]$があまり変化せず、$pH = -\log_{10}[H^+]$がほぼ一定に保たれます。

また、この溶液に水を加えて希釈しても、pHはほとんど変化しません。このような働きを**緩衝作用**といいます。緩衝作用は化学平衡が成立していることによって起こる現象です。そして、少量の酸や塩基が加えられても、pHがほとんど変化しない溶液を**緩衝液**といいます。通常、弱酸とその塩、または弱塩基とその塩の混合水溶液で構成されます。主な緩衝液を**表9–6**に示

表9-6 主な緩衝液

緩衝液システム	解離反応式
酢酸／酢酸ナトリウム CH_3COOH/CH_3COONa	$CH_3COOH \rightleftarrows CH_3COO^- + H^+$
リン酸／リン酸二水素カリウム H_3PO_4/Na_2HPO_4	$H_3PO_4 \rightleftarrows H_2PO_4^- + H^+$
塩化アンモニウム／アンモニア NH_4Cl/NH_3	$NH_4^+ \rightleftarrows NH_3 + H^+$
炭酸水素ナトリウム／炭酸ナトリウム $NaHCO_3/Na_2CO_3$	$HCO_3^- \rightleftarrows CO_3^{2-} + H^+$
トリス（Tris） $C(CH_2OH)_3NH_3^+/C(CH_2OH)_3NH_2$	$C(CH_2OH)_3NH_3^+ \rightleftarrows C(CH_2OH)_3NH_2 + H^+$

します。

　緩衝液は、生体内のpH調節や化学実験、医薬品の製造など、さまざまな分野で重要な役割を果たしています。その主な特徴と重要性は以下のとおりです。

(1) **pH安定性**：少量の酸や塩基が加えられても、pHの変化を最小限に抑えます。
(2) **生理的機能**：血液や細胞内液などの生体液は緩衝系をもち、生命維持に不可欠なpH恒常性を保ちます
(3) **実験・研究**：化学反応や生化学実験において、反応条件を一定に保つために使用されます。
(4) **医薬品開発**：薬物の安定性や効果を最適化するために、適切な緩衝系が選択されます。

緩衝液の働きを理解することは、生命科学や薬学の基礎として非常に重要です。

緩衝液を設計する際は、以下の点を考慮することが重要です。

(1) **目的のpH**：緩衝液のpHは、使用する弱酸または弱塩基のpK_aに近いほど効果的です。
(2) **緩衝能力**：弱酸（または弱塩基）とその塩の濃度比を調整することで、緩衝能力を最適化できます。
(3) **イオン強度**：緩衝液のイオン強度は、生化学実験などでは重要な要素となります。

9.6.1　弱酸とその塩のpH

　たとえば、酢酸と酢酸ナトリウム、クエン酸とクエン酸ナトリウム、アンモニアと塩化アンモニウムの混合液などがあります。

　ヒトの血液は、緩衝作用によってpHが7.35～7.45の狭い範囲に保たれています。これは、主に炭酸H_2CO_3と炭酸水素イオンHCO_3^-の緩衝作用によるものです。点眼剤や注射液などは、pH調節に緩衝液が用いられています。

　以下、酢酸と酢酸ナトリウムの緩衝系を例に説明します。たとえば、弱酸である酢酸CH_3COOHとその塩である酢酸ナトリウムCH_3COONaの混合溶液が1 Lあります。このときの酢酸の濃度を0.1 mol/L、酢酸ナトリウムの濃度も0.1 mol/Lとします。

　塩であるCH_3COONaは100 %近く

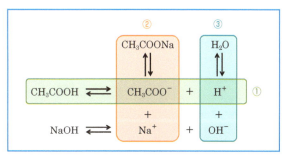

図9-3　酢酸と酢酸ナトリウムの緩衝作用

が解離しています。弱酸であるCH₃COOHは1％ほどが解離しています(図9–3)。このため、[CH₃COOH]は約0.1 mol/L、[CH₃COO⁻]も約0.1 mol/Lです。

解離平衡が成り立つので、化学平衡の法則から、

$$K_a = \frac{[\text{CH}_3\text{COO}^-][\text{H}^+]}{[\text{CH}_3\text{COOH}]}$$

となります。K_aは酸解離定数です。これを書き換えると、

$$[\text{H}^+] = K_a \frac{[\text{CH}_3\text{COOH}]}{[\text{CH}_3\text{COO}^-]}$$

となります。水素イオン濃度$[\text{H}^+]$は、$[\text{CH}_3\text{COOH}]$と$[\text{CH}_3\text{COO}^-]$の比によって決まるという点が重要です。この例での$[\text{H}^+]$は、$K_a$に等しくなります。この式を一般式で表すと、

$$[\text{H}^+] = K_a \frac{C_A}{C_S}$$

となります。ここで、C_Aは弱酸のモル濃度、C_Sは弱酸の塩のモル濃度を表します。

pHは、

$$\text{pH} = \text{p}K_a - \log_{10} C_A + \log_{10} C_S$$

で求めることができます。この式は、ヘンダーソン・ハッセルバルヒの式として知られており、緩衝液のpHを計算する際に非常に有用です(9.4.1節)。

A 酸を加えた場合

(1) 1.0 mol/Lの塩酸HClを1 mL (0.001 L) 加えたとします。このとき、H⁺が0.001 mol (1.0 mol/L×0.001 L＝0.001 mol) 増加します(図9–4)。

(2) 平衡移動が起こり、①の左向きの反応が進行して、CH₃COO⁻が0.001 mol 減少し、CH₃COOHが0.001 mol 増加します。酢酸の解離定数K_aは水の解離定数K_wより10^9倍大き

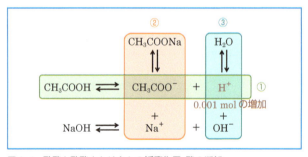

図9–4　酢酸と酢酸ナトリウムの緩衝作用–酸の添加

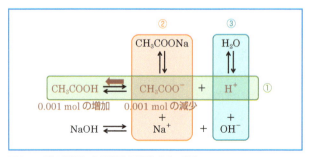

図9–5　酸の添加による酢酸と酢酸イオン変化

いため、③の反応はほとんど影響しません（図9–5）。

(3) $[H^+] = K_a \dfrac{[CH_3COOH]}{[CH_3COO^-]} = K_a \dfrac{0.1 + 0.001}{0.1 - 0.001} = K_a \dfrac{0.1001}{0.0999} = 1.002 K_a$

でほとんど変化していません。

(4) すなわち、pHはほとんど変化しないということになります。

B 塩基を加えた場合

(1) 1.0 mol/Lの水酸化ナトリウムNaOHを1 mL（0.001 L）加えたとします。このとき、OH⁻は0.001 mol（1.0 mol/L × 0.001 L = 0.001 mol）増加します（図9–6）。

(2) 平衡移動が起こり、③の上向きの反応が起こり、H⁺が0.001 mol減少します（図9–7）。

(3) 平衡移動が起こり、①の右向きの反応が起こって、CH₃COO⁻が0.001 mol増加し、CH₃COOHが0.001 mol減少します（図9–8）。

(4) $[H^+] = K_a \dfrac{[CH_3COOH]}{[CH_3COO^-]} = K_a \dfrac{0.1 - 0.001}{0.1 + 0.001} = K_a \dfrac{0.0999}{1.0001} = 0.998 K_a$

でほとんど変化していません。

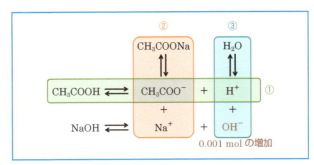

図9–6　酢酸と酢酸ナトリウムの緩衝作用–塩基の添加

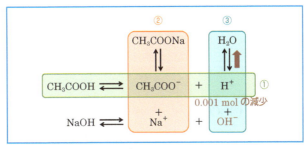

図9–7　塩基の添加によるH⁺の変化

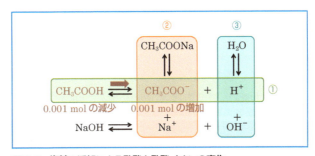

図9–8　塩基の添加による酢酸と酢酸イオンの変化

(5) すなわち、pHはほとんど変化しないということになります。

　このように、酸や塩基を少量加えても $[CH_3COOH]$ と $[CH_3COO^-]$ はほとんど変化していません。これが緩衝作用であり、化学を理解する上で大変重要です。

C　水を加えて薄めた場合

(1) 混合溶液に純水を加えて10倍に希釈します。

(2) CH_3COO^- や CH_3COOH の濃度が10分の1になります。

(3) $\quad [H^+] = K_a \dfrac{[CH_3COOH]}{[CH_3COO^-]} = K_a \dfrac{\dfrac{[CH_3COOH]}{10}}{\dfrac{[CH_3COO^-]}{10}} = K_a \dfrac{[CH_3COOH]}{[CH_3COO^-]}$

となり、水素イオン濃度は同じ値となるので、pHは変化しないということになります。

例題9-5

　酢酸0.1 molと酢酸ナトリウム0.2 molを含む1 Lの緩衝液のpHを求めなさい。また、この溶液に0.02 molの塩酸を加えたときのpHを求めなさい。ただし、塩酸を加えたときの体積変化はないものとする。また、酢酸の $pK_a = 4.76$ (25 ℃)、$\log_{10} 2 = 0.301$、$\log_{10} 3 = 0.477$ とする。

解説

$pH = pK_a - \log_{10} C_A + \log_{10} C_S$ から、

$pH = $ 酢酸の $pK_a - \log_{10}$ (酢酸のモル濃度) $+ \log_{10}$ (酢酸ナトリウムのモル濃度)

$\quad = 4.76 - \log_{10} 0.1 + \log_{10} 0.2 = 4.76 - \log_{10} 10^{-1} + \log_{10} \dfrac{2}{10}$

$\quad = 4.76 - (-1) + (\log_{10} 2 - \log_{10} 10) = 5.76 + (0.301 - 1) = 5.76 - 0.699 ≒ 5.06$

答：緩衝液のpHは、5.06

　この溶液に塩酸を加えると、

$$CH_3COO^- + H^+ \rightarrow CH_3COOH$$

の反応が起こり、$[CH_3COO^-]$ は0.02 mol減少し、$[CH_3COOH]$ が0.02 mol増加します。
　すなわち、

$$[CH_3COO^-] = 0.2 - 0.02 = 0.18 \text{ mol}$$
$$[CH_3COOH] = 0.1 + 0.02 = 0.12 \text{ mol}$$

再びヘンダーソン・ハッセルバルヒの式を用いると、

$pH = 4.76 - \log_{10} 0.12 + \log_{10} 0.18 = 4.76 - (\log_{10} 0.12 - \log_{10} 0.18)$

$\quad = 4.76 - \left(\log_{10} \dfrac{0.12}{0.18}\right) = 4.76 - \left(\log_{10} \dfrac{2}{3}\right) = 4.76 - (\log_{10} 2 - \log_{10} 3)$

$\quad = 4.76 - (0.301 - 0.477) = 4.76 + 0.176 ≒ 4.94$

答：塩酸を加えたときのpHは、4.94

塩酸を加えても、pHの変動がわずか（5.06 − 4.94 ＝ 0.12）であることがわかります。これは、緩衝液の特性を示しています。

9.6.2　弱塩基とその塩のpH

アンモニア水に塩化アンモニウムを溶かした水溶液のように、弱塩基とその塩の水溶液も緩衝液になります。

$$NH_3 + H_2O \rightleftarrows NH_4^+ + OH^-$$

$$NH_4Cl \rightarrow NH_4^+ + Cl^- \text{（完全解離）}$$

塩化アンモニウムは、水溶液中で100 ％近く解離するので、NH_4^+が増加し、共通イオン効果でアンモニア水はほとんど解離しません。

この混合液に酸（H^+）を加えると、溶液中のOH^-はH^+と反応してH_2Oに変化し、OH^-が減ります。すると、その平衡が右に移動（$NH_3 + H_2O \rightarrow NH_4^+ + OH^-$）し、$OH^-$が供給されます。

また、この溶液に塩基（OH^-）が加わると、多量に存在するNH_4^+と反応して、平衡は左に移動（$NH_3 + H_2O \leftarrow NH_4^+ + OH^-$）し、アンモニア水に変化するため$OH^-$が加わっても溶液中の$OH^-$の濃度はあまり変化しません。

この溶液を純水で薄めても平衡は右に移動してOH^-の濃度の減少を補うため、pHはあまり変化しません。

この場合でも解離平衡が成り立ちますので、化学平衡の法則から、

$$K_b = \frac{[NH_4^+][OH^-]}{[NH_3]}$$

となります。K_bは塩基解離定数です。これを書き換えると、

$$[OH^-] = K_b \frac{[NH_3]}{[NH_4^+]}$$

となります。この式を一般式で表すと、

$$[OH^-] = K_b \frac{C_B}{C_S}$$

ここで、C_Bは弱塩基のモル濃度、C_Sは弱塩基の塩のモル濃度を表します。
pHは、

$$pH = pK_w - pK_b - \log_{10} C_S + \log_{10} C_B$$

で求めることができます。

例題9–6

アンモニア水0.1 molと塩化アンモニウム0.1 molを含む1 Lの緩衝液のpHを求めなさい。また、この溶液に0.02 molの塩酸を加えたときのpHを求めなさい。ただし、塩酸を加えたときの体積変化はないものとする。ただし、アンモニアの解離定数$K_b = 1.7 \times 10^{-5}$ mol/Lである。また、$\log_{10} 1.7 = 0.230$とする。

9.6　緩衝作用と緩衝液　　**151**

$pK_b = -\log_{10} K_b$ から、pK_b を計算します。
$pK_b = -\log_{10}(1.7 \times 10^{-5}) = 5 - \log_{10} 1.7 = 5 - 0.230 = 4.77$

$[OH^-] = K_b \dfrac{C_B}{C_S}$ から、

$[OH^-] = 1.7 \times 10^{-5} \times \dfrac{0.1}{0.1} = 1.7 \times 10^{-5}$ mol/L

$pOH = -\log_{10}[OH^-]$ から、
$pOH = -\log_{10}(1.7 \times 10^{-5}) = 5 - \log_{10} 1.7 = 5 - 0.230 = 4.77$
$pH + pOH = 14$ から、
$pH = 14 - 4.77 = 9.23$

答：緩衝液のpHは、9.23

この溶液に塩酸を加えると、

$$OH^- + H^+ \rightarrow H_2O$$

の反応が起こり、$[OH^-]$ を補うため右に反応が進みます。そのため、NH_3 が 0.02 mol 減少し、NH_4^+ が 0.02 mol 増加します。

すなわち、

$[NH_3] = 0.1 - 0.02 = 0.08$ mol
$[NH_4^+] = 0.1 + 0.02 = 0.12$ mol

$pH = pK_w - pK_b - \log_{10} C_S + \log_{10} C_B$ から、
$pH = 14 - 4.77 - \log_{10} 0.12 + \log_{10} 0.08 = 9.23 - (\log_{10} 0.12 - \log_{10} 0.08)$

$= 9.23 - \left(\log_{10} \dfrac{0.12}{0.08}\right) = 9.23 - \left(\log_{10} \dfrac{3}{2}\right)$

$= 9.23 - (0.477 - 0.301) = 9.23 - 0.176 \fallingdotseq 9.05$

答：塩酸を加えたときのpHは、9.05

塩酸を加えてもpHの変動がわずか（$9.23 - 9.05 = 0.18$）であることがわかります。これは、緩衝液の特性を示しています。

9.7 中和反応と中和滴定

9.7.1 中和反応

酸が放出する H^+ と塩基が放出する OH^- が反応して、塩と水 H_2O を生成する反応を**中和反応**といいます。また、反応で生成される塩は、反応物の性質に応じて酸性、塩基性、中性のどれかになります。**塩**とは、酸と塩基が中和反応を起こした結果、生成される化合物を指します。

たとえば、塩酸 HCl と水酸化ナトリウム NaOH 水溶液では、次式のように反応して、水を生じる一方で、酸の陰イオン（Cl^-）と塩基の陽イオン（Na^+）が結合して塩（NaCl）が形成されます。

$$HCl + NaOH \rightarrow NaCl + H_2O$$

水溶液中では、塩酸と水酸化ナトリウムはそれぞれ解離してイオンとして存在しています。そこで、イオンの形で上の式を書き直すと、次のようになります。

$$H^+ + Cl^- + Na^+ + OH^- \rightarrow Na^+ + Cl^- + H_2O$$

矢印の左右にある同じイオンを消去すると、中和反応の本質が明らかになります。

$$H^+ + OH^- \rightarrow H_2O$$

中和反応は、酸から生じるH^+と、塩基から生じるOH^-が結合して水H_2Oを生成する反応ともいえます。また、中和反応は、発熱反応です。

胃酸過多の症状緩和に用いられる制酸剤の作用も中和反応の応用例です。たとえば、酸化マグネシウム MgO を含む胃腸薬を服用すると、胃酸の塩酸 HCl と酸化マグネシウム MgO が次のように反応して、制酸作用によって胸やけを抑えます。

$$MgO + 2HCl \rightarrow MgCl_2 + H_2O$$
塩基　　酸　　　塩

9.7.2　中和滴定

酸と塩基の反応によって未知の酸または塩基の濃度を決定するための手法を**中和滴定**といいます。

中和滴定では、未知濃度の塩基（または酸）溶液に、既知濃度の酸（または塩基）溶液を少しずつ加え、pHの変化を測定します。加えた既知濃度の酸（あるいは塩基）の水溶液の体積と水溶液のpHとの関係を表したグラフを**滴定曲線**といいます（図9-9）。強酸-強塩基の滴定ではS字型の急激な変化、弱酸-強塩基の滴定ではより緩やかなS字型、弱塩基-強酸の滴定では逆S字型のグラフが描かれます。

また、中和滴定で酸と塩基が完全に反応し終わった時点を**当量点**（中和点）といいます。この時点では、加えた酸と塩基のモル数が等しくなり、反応がちょうど終わるため、溶液中には過剰な酸や塩基が残っていません。滴定曲線上で、pHが最も急激に変化する点に対応します。このように、pHの変化が最も急激な点を**変曲点**といいます。

たとえば、塩酸 HCl と水酸化ナトリウム NaOH 水溶液を使った中和滴定では、当量点ではH^+（酸）とOH^-（塩基）が完全に反応し、水H_2Oと塩 NaCl だけが残ります。

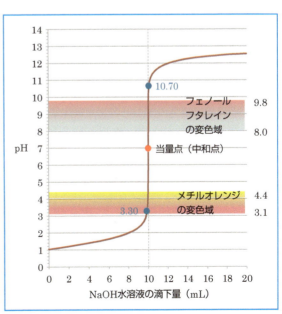

図 9-9　0.1 mol/L HCl と 0.1 mol/L NaOH の滴定曲線

$$HCl + NaOH \rightarrow NaCl + H_2O$$

当量点を過ぎると、反応していない塩基や酸が溶液に残り、pHが急激に変化します。

図9-9は0.1 mol/Lの塩酸を0.1 mol/Lの水酸化ナトリウム水溶液で滴定したときの滴定曲線を表しています。

0.1 mol/L NaOHを10 mL滴下したところでpHが7.0となり、当量点に達します。しかし、9.9 mLの時点のpHは、

| 0.1 mol/LのHCl | 10 mL = 0.01 L | 0.1 mol/LのNaOH | 9.9 mL = 0.0099 L |

$n_{HCl} = (0.1 \times 0.01) - (0.1 \times 0.0099) = 1 \times 10^{-3} - 9.9 \times 10^{-4}$

$\quad = 10 \times 10^{-4} - 9.9 \times 10^{-4} = (10 - 9.9) \times 10^{-4} = 0.1 \times 10^{-4} = 1 \times 10^{-5}$ mol

$V = 10 + 9.9 = 19.9$ mL $= 0.0199$ L

$$[H^+] = \frac{1 \times 10^{-5} \text{ (mol)}}{0.0199 \text{ (L)}} = 5.03 \times 10^{-4} \text{ mol/L}$$

$pH = -\log_{10}(5.03 \times 10^{-4}) = 4 - \log_{10} 5.03 = 4 - 0.70 = 3.30$

となります。一方、当量点を過ぎた10.1 mL時点でのpHは、

$n_{NaOH} = 1.01 \times 10^{-3} - 1 \times 10^{-3} = (1.01 - 1) \times 10^{-3} = 0.01 \times 10^{-3}$

$\quad = 1 \times 10^{-5}$ mol

$V = 10 + 10.1 = 20.1$ mL $= 0.0201$ L

$$[OH^-] = \frac{1 \times 10^{-5} \text{ (mol)}}{0.0201 \text{ (L)}} = 4.98 \times 10^{-4} \text{ mol/L}$$

$pH = 14 - pOH = 14 - \log_{10}(4.98 \times 10^{-4}) = 14 - (4 - \log_{10} 4.98)$

$\quad = 14 - (4 - 0.70) = 14 - 3.30 = 10.70$

となります。このように、溶液が当量点(中和点)付近になると、急激にpHが変化することがわかります。

この急激なpHの変化に応じて敏感に色調が変化する色素を溶液に入れて滴定すれば当量点をはっきり知ることができます。

当量点の付近で色の変わる色素を**酸塩基指示薬**(pH指示薬)といい、メチルオレンジやフェノールフタレインなどがよく利用されます。**表9-7**に主な酸塩基指示薬を示しています。

表9-7 主な酸塩基指示薬

酸塩基指示薬	酸性色	変色域	塩基性色
ブロムフェノールブルー	黄	3.0 ～ 4.6	青紫
メチルオレンジ	赤	3.1 ～ 4.4	橙黄
メチルレッド	赤	4.2 ～ 6.3	黄
リトマス	赤	4.5 ～ 8.0	青
ブロムチモールブルー	黄	6.0 ～ 7.6	青
フェノールフタレイン	無	8.3 ～ 10.0	赤紫
チモールフタレイン	無	9.3 ～ 10.5	青

図9-9で示した帯状の部分 (pH) が指示薬の色が変化するpH領域です。これを指示薬の**変色域**といいます。

酸と塩基が過不足なく反応して中和するためには、H^+とOH^-の物質量が同じでなければなりません。そのため、酸と塩基の価数も考慮する必要があります。

たとえば、1価の酸であるHClと1価の塩基であるNaOHの中和反応を考えてみましょう。HCl 1 molをちょうど中和するのに必要なNaOH は1 molです。ところが、2価の酸であるH_2SO_4 1 molとNaOHの中和反応では、NaOHは2 mol必要となります。

したがって、次式が成り立ちます。

$$酸の価数 \times 酸の物質量 = 塩基の価数 \times 塩基の物質量$$

濃度c [mol/L]のn価の酸V [mL]を中和するのに濃度c' [mol/L]のn'価の塩基V' [mL]を要したとすると、次式が成り立ちます。

$$ncV = n'c'V'$$

この関係式から、酸または塩基のうち、どちらかの濃度が既知であれば、他方の濃度を求めることができます。これが、中和滴定の原理です。

国試にチャレンジ

問9-1 エステルの加水分解の反応機構における電子対の動きを表す矢印のうち、塩基の動きを示すのはどれか。1つ選べ。 　　　　　　　　　　　（第106回薬剤師国家試験 問9）

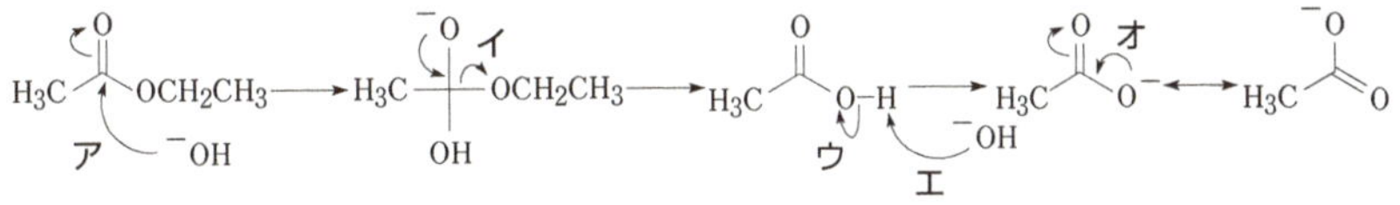

1 ア 　　**2** イ 　　**3** ウ 　　**4** エ 　　**5** オ

問9-2 0.010 mol/L水酸化ナトリウム水溶液のpHを求めなさい。ただし、水のイオン積 $K_w = [H^+][OH^-] = 1.0 \times 10^{-14}$ $(mol/L)^2$ とする。

（第107回薬剤師国家試験 問1改変）

問9-3 25 ℃における0.01 mol/L安息香酸のpHを求めなさい。ただし、安息香酸のpK_a = 4.2 (25 ℃) とする。 　　　　　　　　（第109回薬剤師国家試験 問5改変）

問9-4 弱酸性薬物の水溶液のpHが、その薬物のpK_aより2高いとき、水溶液中の薬物の分子形：イオン形の存在比を求めなさい。 　　　（第98回薬剤師国家試験 問50改）

第10章 酸化と還元

酸化還元反応は、電子の授受を伴う化学反応であり、私たちの生命活動や薬学の分野において極めて重要な役割を果たしています。生体内の酸化還元酵素は、エネルギー産生や解毒作用に関与し、私たちの生命維持に不可欠です。また、薬物の作用機序、代謝、毒性、医薬品の合成や分析など、薬学のあらゆる分野で酸化還元反応が深く関わっています。

本章では、酸化と還元の基礎概念を学び、酸化還元反応が私たちの生活や薬学においてどのように重要であり、どのように応用されているかを探求していきます。

10.1 酸化と還元の定義

酸化と還元は、化学反応の中でも特に重要な概念です。これらの反応は、鉄がさびる現象から、私たちの体内でエネルギーを生成する過程まで、さまざまな場面でみられます。

ある物質が電子e^-を失う、または水素原子を失う、あるいは酸素原子を得る過程を**酸化**といいます。また、ある物質が電子e^-を受け取る、または水素原子を得る、あるいは酸素原子を失う過程を**還元**といいます。電子を失うと、酸化数は増加します。また、電子を受け取ると、酸化数は減少します(10.2節参照)。これをまとめると、下表と図10-1のようになります。

酸　　化	還　　元
物質が、① 電子e^-を失うこと 　　　　　＝酸化数が増加すること 　　　② 水素原子を失うこと 　　　③ 酸素原子を受け取ること	物質が、① 電子e^-を受け取ること 　　　　　＝酸化数が減少すること 　　　② 水素原子を受け取ること 　　　③ 酸素原子を失うこと

これらの定義のうち、最も一般的で広く適用できるのは電子の授受に基づく定義です。以降、この章では主に電子の移動の観点から酸化還元反応を考えていきます。

この定義によって、イオンが生じる反応だけでなく、共有結合を形成する反応でも、電気陰性度の違いを利用して酸化還元反応を説明することができます。酸化と還元は、電池や電気分解、金属の腐食、生体内の代謝反応など、多くの重要な化学プロセスの基礎となっています。

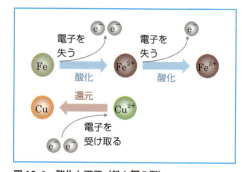

図 10-1　酸化と還元（鉄と銅の例）

10.2 酸化数

電子の受け渡しを反応式からすぐに判断するのは難しいことです。いちいちルイス式を書いてみるのも大変です。そこで酸化還元反応の電子の授受を調べるのに酸化数という考え方を導入すると便利です。**酸化数**は、原子が完全にイオン化したと仮定した場合の電荷を表します。

この酸化数の変化をみるだけですぐに酸化なのか還元なのか判断することができます（図10-2）。

図 10-2　酸化数の変化でみた酸化と還元

(1) 酸化された（電子e⁻を失った）物質は酸化数が増加します。
(2) 還元された（電子e⁻を受け取った）物質は酸化数が減少します。
(3) 電子を1つ失うと酸化数は＋1、2つ失うと＋2と変化します。また、電子を1つ受け取ると−1、2つ受け取ると−2と変化します。

酸化数を用いることで、イオンが生じない反応でも酸化還元反応を説明できます。また、複雑な化合物の酸化数を決定する際は、既知の元素の酸化数から未知の元素の酸化数を計算できます。

酸化数を決定するには、次のような規則があります。

---

(1) 単体を構成する原子の酸化数は常に0です。同じ原子間の結合では、酸化数を0と考えます。
　　例：H_2、N_2、O_2、Na、Cl_2
(2) 単原子イオンの酸化数は、そのイオンの電荷数に等しいです。
　　例：Na^+＝＋1、Mg^{2+}＝＋2、Ca^{2+}＝＋2、Fe^{3+}＝＋3、Cl^-＝−1、O^{2-}＝−2
(3) 化合物中の水素原子Hの酸化数は、通常＋1です。
　　例外　① 水素分子H_2は単体なので0です。
　　　　　② H原子より電気陰性度が低い金属原子と結合すると、酸化数は−1になります。たとえば、NaH（水素化ナトリウム）などが該当します。
(4) 化合物中の酸素原子Oの酸化数は、通常−2です。
　　例外　① 酸素分子O_2は単体なので0です。
　　　　　② 過酸化物では、−1です。たとえば、H_2O_2（過酸化水素）などです。また、超酸化物イオン（O_2^-）では、各酸素原子の酸化数は−1/2になります。
(5) 電気的に中性な化合物では、すべての原子の酸化数の総和は0です。
(6) 多原子イオンでは、酸化数の和はイオンの電荷に等しいです。
(7) 化合物中において、アルカリ金属は通常＋1、アルカリ土類金属は通常＋2の酸化数をもちます。ただし、金属間化合物などでは例外があります。
(8) フッ素は化合物中で常に−1の酸化数をもちます。
(9) 遷移金属は複数の酸化数を取りえます。具体的な酸化数は化合物ごとに決定する必要があります。

例題10-1
(1) H_2SO_4中の硫黄Sの酸化数を求めなさい。
(2) CH_4中の炭素Cの酸化数を求めなさい。

解説

(1) 水素Hの酸化数は＋1で、2個あるので、合計は（＋1）×2＝＋2となります。

酸素Oの酸化数は－2で、4個あるので、合計は（－2）×4＝－8となります。

硫黄Sの酸化数をxと置き、全体の酸化数の和が0になるように、方程式を立てます。

$$（＋1）×2＋x＋（－2）×4＝0$$

式を変形して、

$$x＝－2＋8＝＋6$$

答：H_2SO_4の硫黄Sの酸化数は＋6です。

(2) 分子全体の酸化数の和は0です。化合物中の水素原子Hの酸化数は＋1です。

水素Hの酸化数は＋1で、4個あるので、合計は（＋1）×4＝＋4となります。

炭素Cの酸化数をxと置き、全体の酸化数の和が0になるように、方程式を立てます。

$$x＋（＋4）＝0$$

式に変形して、

$$x＝－4$$

答：CH_4の炭素Cの酸化数は－4です。

問題 10-1 (1) MnO_4^-（過マンガン酸イオン）中のマンガンMnの酸化数を求めなさい。

(2) H_2S中の硫黄Sの酸化数を求めなさい。

> **例題 10-2**
>
> (1)〜(3)の化学反応式において、下線で示す原子は酸化されたか、還元されたかを酸化数の変化から答えなさい。
>
> (1) $\underline{Cu}＋Cl_2 → CuCl_2$
>
> (2) $2\underline{Cu}＋O_2 → 2CuO$
>
> (3) $\underline{Mn}O_2＋4HCl → MnCl_2＋2H_2O＋Cl_2$

解説

(1) 反応前のCu（銅）の酸化数は0です。また、反応後の$CuCl_2$（塩化銅）中の銅の酸化数は＋2です。つまり、Cuは Cl_2（塩素）と反応して酸化され、その結果$CuCl_2$が生成しています。Cuは酸化数0から＋2に増えていますから、Cu（銅）は酸化されています。

(2) 反応前のCu（銅）の酸化数は0です。また、反応後のCuO（酸化銅）中の銅の酸化数は＋2です。つまり、CuはO_2（酸素）と反応して酸化され、その結果2CuOが生成しています。Cuは酸化数0から＋2に増えていますから、Cu（銅）は酸化されています。

(3) 反応前のMnO_2（二酸化マンガン）中のマンガンの酸化数は＋4です。また、反応後の$MnCl_2$（塩化マンガン（Ⅱ））中のMn（マンガン）の酸化数は＋2です。つまり、Mnは HCl（塩酸）と反応して還元され、その結果$MnCl_2$が生成しています。Mnの酸化数は＋4から＋2に減少しているのでMnは還元されています。

答： (1) Cu原子は酸化された。

(2) Cu原子は酸化された。

(3) Mn原子は還元された。

問 10-2 (1)と(2)の化学反応式において、下線で示す原子は酸化されたか、還元されたかを酸化数の変化から答えなさい。

(1)   2K<u>Mn</u>O₄ ＋ 5(COOH)₂ ＋ 3H₂SO₄ → 2MnSO₄ ＋ 10CO₂ ＋ K₂SO₄ ＋ 8H₂O

(2)   <u>Cu</u> ＋ 4HNO₃ → Cu(NO₃)₂ ＋ 2NO₂ ＋ 2H₂O

10.3　酸化還元反応

　ここで学ぶ酸化還元反応は、薬の働きと安全性を理解し、効果的な薬物治療法を開発するために重要です。多くの薬物は体内で酸化還元反応によって代謝されます。また、生体内の酸化ストレスは多くの疾患と関連しており、これを制御することが重要です。さらに、消毒薬など医療現場で使用される多くの製品も酸化還元反応に基づいています。このため、酸化還元反応の理解は、薬剤師や創薬研究者にとって不可欠な知識となります。

　酸化還元反応とは、化学反応の一種で、反応過程において原子、イオン、または化合物間で電子の授受が行われる反応のことです。この反応では、ある物質が電子を失う（酸化される）と同時に、別の物質が電子を受け取る（還元される）ことが特徴です。すなわち、酸化と還元は常に対になって起こります。

　実際の化学反応（鉄と硫酸の反応）を通じて、酸化還元反応と酸化数の変化をみてみましょう（図 10-3）。

$$\text{Fe} + \text{H}_2\text{SO}_4 \rightarrow \text{FeSO}_4 + \text{H}_2$$

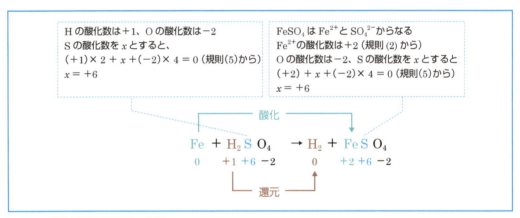

図 10-3　酸化と還元（酸化数の変化）

　この反応での各原子の酸化数の変化を調べてみます。鉄原子Feは、酸化数が0から＋2に増えているので、酸化されているとわかります。水素原子Hは＋1から0に減っているので、還元されていることになります。SとOの酸化数は変わりませんから、酸化も還元も受けていないことになります。

$$\begin{aligned}
\text{Fe}: &\quad 0 \rightarrow +2 \text{（酸化）} \\
\text{H}: &\quad +1 \rightarrow 0 \text{（還元）} \\
\text{S}: &\quad +6 \rightarrow +6 \text{（変化なし）} \\
\text{O}: &\quad -2 \rightarrow -2 \text{（変化なし）}
\end{aligned}$$

この反応を電子の授受に注目して半反応式で表すと、

$$酸化半反応：Fe \rightarrow Fe^{2+} + 2e^- （酸化）$$
$$還元半反応：2H^+ + 2e^- \rightarrow H_2 （還元）$$

となります。酸化還元反応では、酸化反応と還元反応が共役しているので、それぞれの反応を強調したい場合には、酸化反応と還元反応を分けて書き表すことがあります。

このように、電子（e^-）の授受を含む反応式を**半反応式**といいます。

10.3.1　酸化還元反応式の書き方

酸化還元反応式を正確に書くために、以下の手順を踏みます。

---

(1) 半反応式の作成：
　① **酸化数の変化**：反応前と反応後で酸化数の変化する原子を書き出します。
　② **電子の授受の表現**：酸化数の変化に注目し、電子 e^- を加えます。
　③ **原子数の釣り合い**：反応式の左右で各元素の原子数が釣り合うように調整します。
　④ **電荷の釣り合い**：酸性条件では H^+ を、塩基性条件では OH^- を加え、さらに H_2O を
　　　用いて原子数を調整し、左辺と右辺の電荷を釣り合わせます。
(2) 電子数の調整：半反応式の両辺に適切な係数をかけ、授受される電子数が等しくなる
　　ように調整します。
(3) 半反応式の結合：調整した半反応式を足し合わせて、e^- を消去します。
(4) 省略されているイオンの追加：反応に関与するすべてのイオンを確認し、必要に応じ
　　て省略されているイオンを補います。

過マンガン酸カリウム（$KMnO_4$）の硫酸酸性溶液に過酸化水素水（H_2O_2）を加えたときの反応を例に、化学反応式の書き方を段階的に説明します。

一般に、過酸化水素（H_2O_2）は酸化剤として作用します。しかし、過マンガン酸カリウム（$KMnO_4$）や二クロム酸カリウム（$K_2Cr_2O_7$）などの強力な酸化剤が存在すると、過酸化水素は還元剤として働くことがあります。

この場合、酸化剤は過マンガン酸カリウム、還元剤は過酸化水素水です。

(1) 半反応式の作成

① 酸化数の変化

　酸化反応と還元反応を別々の半反応式を作成するために、酸化数の変化した物質を書きます。

$$例：\quad H_2O_2 \rightarrow O_2 （酸化半反応）\qquad MnO_4^- \rightarrow Mn^{2+} （還元半反応）$$

② 電子の授受の表現

　各半反応式に電子 e^- の授受を加えます。Mnの酸化数は $+7 \rightarrow +2$ に変化していますので、左辺に $5e^-$ を加えます。

$$H_2O_2 \rightarrow O_2 + 2e^- （酸化半反応）\qquad MnO_4^- + 5e^- \rightarrow Mn^{2+} （還元半反応）$$
$$+7 +2$$

160　　　第 10 章　酸化と還元

③ 原子数の釣り合い

反応に関与する原子の数が左右で等しくなるように調整します。この例ではすでに釣り合っています。

④ 電荷の釣り合い

必要に応じて、H^+イオンやOH^-イオン、H_2O分子を加えて電荷を釣り合わせます。

$$H_2O_2 \rightarrow O_2 + 2H^+ + 2e^-$$
$$MnO_4^- + 8H^+ + 5e^- \rightarrow Mn^{2+} + 4H_2O$$

ここで、何故に$4H_2O$が加えられるのかを説明します。左辺の電荷は-6、右辺の電荷が$+2$なので、左辺に硫酸の解離によって生成するH^+を8個加え、両辺の電荷を合わせています。反応式に含まれる8個のH^+は、MnO_4^-が強い酸化剤であるため、酸性条件下で還元されます。H^+は水 (H_2O) と反応して消費されるため、生成物として4個のH_2Oが現れます。

つまり、MnO_4^-の還元半反応式を書く際には、電荷の釣り合いと、酸性条件下での水素イオンの消費を考慮する必要があり、その結果としてH_2Oが反応式に加えられているのです。

(2) 電子数の調整

両半反応で授受される電子数を合わせます。この例では、以下のようになります。

$$(H_2O_2 \rightarrow O_2 + 2H^+ + 2e^-) \times 5$$
$$(MnO_4^- + 8H^+ + 5e^- \rightarrow Mn^{2+} + 4H_2O) \times 2$$

(3) 半反応式の結合

2つの半反応式を足し合わせ、両辺に現れる項を相殺します。

$$5H_2O_2 \rightarrow 5O_2 + 10H^+ + 10e^-$$
$$+) \quad 2MnO_4^- + 16H^+ + 10e^- \rightarrow 2Mn^{2+} + 8H_2O$$
$$\overline{2MnO_4^- + 6H^+ + 5H_2O_2 \rightarrow 2Mn_2^+ + 8H_2O + 5O_2}$$

(4) 省略されているイオンの追加

硫酸酸性溶液中では、硫酸が解離して水素イオンH^+と硫酸イオンSO_4^{2-}が存在します。過マンガン酸カリウムも水溶液中でカリウムイオンK^+と過マンガン酸イオンMnO_4^-に解離します。先ほど求めたイオン反応式に、これらのイオンを補うと、次のようになります。

① カリウムイオン (K^+) の追加

$KMnO_4$に由来するK^+を考慮します。左辺に$2KMnO_4$がある (左辺の$2MnO_4^-$は$2KMnO_4$であるが、K^+が省略されている) ので、$2K^+$を右辺に追加する必要があります。

② 硫酸イオン (SO_4^{2-}) の追加

H_2SO_4に由来するSO_4^{2-}を考慮します。左辺に$3H_2SO_4$がある (左辺の$6H^+$は$3H_2SO_4$であるが、SO_4^{2-}が省略されている) ので、$3SO_4^{2-}$を右辺に追加する必要があります。

③ 硫酸塩の形成

追加したK^+とSO_4^{2-}から、K_2SO_4が形成されます。残りの$2SO_4^{2-}$は、Mn^{2+}と結合して$MnSO_4$を形成します。

④ 最終的な調整

$K_2SO_4 + 2MnSO_4$の形で右辺に追加します。

このプロセスによって、反応式は以下のようになります。

10.3 酸化還元反応

$$2KMnO_4 + 5H_2O_2 + 3H_2SO_4 \rightarrow 2MnSO_4 + 5O_2 + 8H_2O + K_2SO_4$$

これで化学反応式が完成しました。この例を通じて、複雑な酸化還元反応式も、手順を踏んで解くことができることがわかります。

> **例題10-3**
> 硫酸酸性の二クロム酸カリウムK_2CrO_7水溶液にシュウ酸ナトリウム$Na_2C_2O_4$水溶液を加えたときの反応式を書きなさい。

(1) 半反応式の作成

① 酸化数の変化

$$Cr_2O_7^{2-} \rightarrow 2Cr^{3+} \text{(還元半反応)} \qquad C_2O_4^{2-} \rightarrow 2CO_2 \text{(酸化半反応)}$$

② 電子の授受の表現

$$Cr_2O_7^{2-} + 6e^- \rightarrow 2Cr^{3+} \text{(還元半反応)} \qquad C_2O_4^{2-} \rightarrow 2CO_2 + 2e^- \text{(酸化半反応)}$$

③ 電子数・電荷の釣り合い

$$Cr_2O_7^{2-} + 14H^+ + 6e^- \rightarrow 2Cr^{3+} + 7H_2O \text{(還元半反応)}$$
$$C_2O_4^{2-} \rightarrow 2CO_2 + 2e^- \text{(酸化半反応)}$$

(2) 電子数の調整

$$Cr_2O_7^{2-} + 14H^+ + 6e^- \rightarrow 2Cr_3^+ + 7H_2O$$
$$(C_2O_4^{2-} \rightarrow 2CO_2 + 2e^-) \times 3$$

(3) 半反応式の結合

$$\begin{array}{r} Cr_2O_7^{2-} + 14H^+ + 6e^- \rightarrow 2Cr^{3+} + 7H_2O \\ +) \quad 3C_2O_4^{2-} \rightarrow 6CO_2 + 6e^- \\ \hline Cr_2O_7^{2-} + 14H^+ + 3C_2O_4^{2-} \rightarrow 2Cr^{3+} + 7H_2O + 6CO_2 \end{array}$$

(4) 省略されているイオンの追加

問題で与えられた物質名から、反応式にナトリウムイオンNa^+とカリウムイオンK^+を追加します。二クロム酸カリウム$K_2Cr_2O_7$とシュウ酸ナトリウム$Na_2C_2O_4$から、カリウムイオンK^+とナトリウムイオンNa^+が存在します。これらは反応に直接関与しないため、反応式の両側に追加します。最終的な反応式は、次のようになります。

$$K_2Cr_2O_7 + 3Na_2C_2O_4 + 7H_2SO_4 \rightarrow Cr_2(SO_4)_3 + 6CO_2 + K_2SO_4 + 3Na_2SO_4 + 7H_2O$$

問10-3 塩素と硫化水素が反応したときの酸化還元反応についての化学反応式を書きなさい。

10.4 酸化剤と還元剤

図10-4のように、**酸化剤**とは、他の物質を酸化させる物質をいいます。つまり、自身は還元される物質です。他の物質から電子を奪って酸化させ、その電子を受け取って自身は還元されます。

一方、**還元剤**とは、他の物質を還元する物質をいいます。つまり、自身は酸化される物質です。他の物質に電子を与えて還元させ、自身は電子を失って酸化されます。代表的な酸化剤と還元剤を**表**10-1に示します。

図 10-4　酸化剤と還元剤

> **酸化剤**：他の物質を酸化させる（電子を奪う）物質で、自身は還元されます。
> **還元剤**：他の物質を還元させる（電子を与える）物質で、自身は酸化されます。

表 10-1　代表的な酸化剤と還元剤

酸 化 剤	
過マンガン酸カリウム（酸性下）	$MnO_4^- + 8H^+ + 5e^- \rightarrow Mn^{2+} + 4H_2O$
過マンガン酸カリウム（中性・塩基性下）	$MnO_4^- + 2H_2O + 3e^- \rightarrow MnO_2 + 4OH^-$
二クロム酸カリウム（酸性下）	$Cr_2O_7^{2-} + 14H^+ + 6e^- \rightarrow 2Cr^{3+} + 7H_2O$
過酸化水素	$H_2O_2 + 2H^+ + 2e^- \rightarrow 2H_2O$
二酸化硫黄	$SO_2 + 4H^+ + 4e^- \rightarrow S + 2H_2O$
塩素	$Cl_2 + 2e^- \rightarrow 2Cl^-$
還 元 剤	
シュウ酸	$(COOH)_2 \rightarrow 2CO_2 + 2H^+ + 2e^-$
硫化水素	$H_2S \rightarrow S + 2H^+ + 2e^-$
過酸化水素	$H_2O_2 \rightarrow O_2 + 2H^+ + 2e^-$
二酸化硫黄	$SO_2 + 2H_2O \rightarrow SO_4^{2-} + 4H^+ + 2e^-$
ヨウ化カリウム	$2I^- \rightarrow I_2 + 2e^-$
硫化鉄（Ⅱ）	$Fe^{2+} \rightarrow Fe^{3+} + e^-$

同じように酸化力や酸化作用についても、自身ではなく相手を酸化させる能力であり、反応であるということです。

酸化力とは、物質が他の物質を酸化させる能力を指します。酸化力が強い物質ほど、他の物質を容易に酸化させることができます。

たとえば、塩素Cl_2は強い酸化力をもっています。塩素は水と反応して、次のような酸化反応を起こします。

$$Cl_2 + H_2O \rightarrow HCl + HOCl$$

この反応では、塩素が水を酸化して次亜塩素酸HOClを生成しています。次亜塩素酸は強い酸化作用をもつため、殺菌や漂白などの用途で利用されています。

酸化作用とは、物質が他の物質から電子を奪い取る反応（他の物質を酸化させる反応）を指

します。一方、物質が他の物質に電子を与える（他の物質を還元させる）化学反応を**還元作用**といいます。

　酸化反応では、電子を失った物質の酸化数が増加し、電子を受け取った物質の酸化数が減少します。このように、酸化反応は電子の授受によって進行します。

　たとえば、金属が空気中の酸素と反応して酸化物を生成する過程は典型的な酸化反応です。

$$4Na + O_2 \rightarrow 2Na_2O$$

　ここでは、金属ナトリウムNaが酸素O_2に電子を与えて、ナトリウムイオンNa^+と酸化物イオンO^{2-}が生成しています。

　このように、酸化作用は物質の化学的性質を変化させ、新しい物質を生み出す重要な反応です。医薬品の代謝や生体内の呼吸反応など、私たちの生活に深く関わっています。

　表10–1において、注目すべき点として、過酸化水素H_2O_2と二酸化硫黄SO_2は酸化剤としても、還元剤としても働くことが挙げられます。これは、反応する相手によって役割が変わることを示しています。このように、酸化剤として作用するか、還元剤として作用するかは、反応する相手によって変化することを理解しておいて下さい。

　私たちの日常生活において衣服や食器などのシミや汚れを落とすためにさまざまな漂白剤が使用されています。これらの漂白剤も酸化反応と還元反応が利用されています。

　漂白剤は、対象物に含まれる有色物質や汚れと化学反応を起こし、その物質構造に含まれる二重結合を分解する作用をもつ化学物質です。漂白剤は、大きく分けて酸化作用を利用した**酸化型漂白剤**と、還元作用を利用した**還元型漂白剤**があります（**表**10–2）。

表 10–2　おもな漂白剤

分類	酸化型漂白剤			還元型漂白剤
	塩素系漂白剤	酸素系漂白剤		
形状	液体	粉末	液体	粉末
主成分	次亜塩素酸ナトリウム NaOCl 次亜塩素酸カルシウム $CaCl(ClO) \cdot H_2O$	過炭酸ナトリウム $2Na_2CO_3 \cdot 3H_2O_2$ 過ホウ酸ナトリウム $NaBO_3 \cdot 4H_2O$	過酸化水素 H_2O_2	二酸化チオ尿素 $H_2N-C(=NH)SO_2H$ ハイドロサルファイトナトリウム $Na_2S_2O_4$
液性	アルカリ性	弱アルカリ性	弱酸性	弱アルカリ性

　酸化型漂白剤は、塩素系漂白剤と酸素系漂白剤に分けられます。塩素系漂白剤の代表的なものには、次亜塩素酸ナトリウムや次亜塩素酸カルシウム（サラシ粉）があります。

　酸素系漂白剤には、粉末状の過炭酸ナトリウムと過ホウ酸ナトリウム、液体状の過酸化水素があります。また、還元漂白剤には、二酸化チオ尿素やハイドロサルファイトナトリウムがあります。

　医療分野では、酸化反応を利用した消毒薬がいろいろなところで使用されています。**表**10–3に代表的な酸化反応を利用した消毒薬を示します。多くの**消毒薬**は強力な酸化剤です。代表的なものに次亜塩素酸HOClやオゾンO_3などがあります。これらは細菌やウイルスの細胞膜、タンパク質、DNAなどを酸化することで破壊し、生命活動を阻害します。

　一方、ヒトの細胞は消毒薬の酸化作用に比較的強い耐性をもっています。この違いが、消毒薬が微生物を選択的に殺菌できる理由となっています。

表10-3　酸化反応を利用したおもな消毒薬

消毒薬の種類	薬剤名			効力
ヨウ素系	ポビドンヨード	ヨードチンキ	ポロクサマーヨード	中水準
塩素系	次亜塩素酸ナトリウム	塩素	ジクロロイソシアヌル酸ナトリウム	中水準
酸化剤系	過酸化水素	過酢酸*	二酸化塩素	高水準

*過酢酸の化学式は CH_3COOOH です。

このように、消毒薬の強い酸化力は、酸化還元反応を通じて微生物の不活性化を引き起こします。この性質を利用することで、私たちの生活環境を衛生的に保つことができます。

物質の酸化や還元を遅らせたり、防いだりする働きをもつ物質として酸化防止剤や還元防止剤があります。食品や医薬品、工業製品など、さまざまな分野で利用されています。**酸化防止剤**は、物質が酸化されるのを抑制する働きをする化合物です。

主な働きは、(1) 酸素や活性酸素などの酸化剤と反応して、酸化を阻害、(2) 遊離基などの酸化促進物質の反応を抑制、(3) 金属イオンなどの酸化触媒の作用を阻害などがあります。代表的な酸化防止剤には、ビタミンC、ビタミンE、カロテノイドなどがあります。これらは食品や化粧品、医薬品などに添加されて、酸化による変質や劣化を防ぐ役割を果たします。

還元防止剤という用語は一般的でありません。酸化と還元は常に対になって起こる反応であり、酸化を防ぐことが同時に還元も防ぐことになります。そのため、一般的には「酸化防止剤」という用語が使用されています。

10.5　電池と電気分解

電池と電気分解は、電気化学の根幹をなす概念であり、化学エネルギーと電気エネルギーの相互変換を可能にします。これらの原理は、薬学分野において広範囲に応用されており、生体内の電気化学的プロセスの理解から、新しい薬物分析技術や薬物送達システムの開発まで、多岐にわたる領域で重要な役割を果たしています。

10.5.1　電池

電池は、化学エネルギーを電気エネルギーに変換する装置です。身近なところでは、懐中電灯や携帯電話などに使用されています。

電池の基本的な構造は、負極、正極、そして電解質から構成されています。電流が「外部回路」に向かって流れ出す極(電流の方向は正電荷の流れる方向と定義されます)を**正極**、電流が「外部回路」から流れ込む極を**負極**とよびます。また、装置内で酸化反応が起こる極を**陽極**(**アノード**)、装置内で還元反応が起こる極を**陰極**(**カソード**)とよびます。電解質はイオンの移動を可能にします。これらが化学反応を通じて電流を生み出します。

電池が放電しているとき、陽極では酸化反応が起こり、電子を放出します。このとき、陽極は負極(負の電位)として機能します。一方、陰極では還元反応が起こり、電子が受け取られます。このとき、陰極は正極(正の電位)として機能します。充電中は、陽極と陰極の役割が逆転します。この場合、陽極は電子を受け取る側(カソード)、陰極は電子を放出する側(アノード)になります。

電池か電気分解かによって「陽極」と「正極」、「陰極」と「負極」が一致するかが変わるため、混同しないよう注意が必要です。

10.5　電池と電気分解　　165

電池の代表例として、ガルバニ電池があります。**ガルバニ電池**は、化学エネルギーを電気エネルギーに変換する装置です。異なる2種類の金属電極を用い、それぞれを異なる電解質溶液に浸します。たとえば、亜鉛電極では酸化反応が起こり、電子を放出します。これらの電子は外部回路を通って銅電極に移動し、銅電極では還元反応が起こります。電解質溶液間は塩橋または半透膜でつながれ、イオンの移動を可能にすることで電荷のバランスを保ちます。このようにして、ガルバニ電池は持続的に電流を供給します。ガルバニ電池の例として、ダニエル電池や濃淡電池があります。また、ガルバニ電池の実用的な応用例としては、アルカリ乾電池、リチウム電池、リチウムイオン電池、ニッケル水素電池などがあります。

A　ダニエル電池

ダニエル電池は、亜鉛電極（負極）と銅電極（正極）、それぞれの金属イオンを含む電解質溶液、そして塩橋または半透膜から構成される電池です。亜鉛電極（負極）は硫酸亜鉛溶液に浸され、酸化して電子を放出します。一方、銅電極（正極）は硫酸銅溶液に浸され、銅イオンが電子を受け取って銅として析出します。両溶液はセロファンなどのイオンを通す半透膜あるいは塩橋で隔てられ、イオン移動を可能にすることで回路を閉じます。**塩橋**は、電池において2つの異なる電解質溶液をつなぐための装置です。電池内のイオンの移動を可能にし、電荷のバランスを保つ役割を果たします。塩橋はU字型の管にゲル状の電解質（たとえば、硫酸カリウム）を詰めたものが一般的です。ダニエル電池は、亜鉛の酸化反応と銅の還元反応を通じて電流が発生します。この構造によって、化学エネルギーを電気エネルギーに変換し、持続的な電流を生成します。反応式は以下のとおりです。

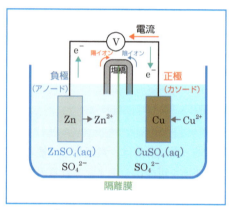

図 10-5　ダニエル電池のモデル

負極反応（酸化反応、陽極（アノード））：$Zn\ (s) \rightarrow Zn^{2+}\ (aq) + 2e^{-}$

正極反応（還元反応、陰極（カソード））：$Cu^{2+}\ (aq) + 2e^{-} \rightarrow Cu\ (s)$

全体の反応：$Zn\ (s) + Cu^{2+}\ (aq) \rightarrow Zn^{2+}\ (aq) + Cu\ (s)$

負極が陽極、正極が陰極になることに気をつけてください。

ダニエル電池の動作原理は、(1) 亜鉛原子が酸化されて亜鉛イオンとなり、電子を放出、(2) 放出された電子は外部回路を通って銅電極に移動、(3) 銅電極では、銅イオンが電子を受け取って還元され、銅原子となります。この過程で電子の流れ、すなわち電流が発生します（図10-5）。

電池の起電力は、正極と負極の標準電極電位 $E°$ の差で決まります。

亜鉛の標準電極電位：$E°\ (Zn^{2+}/Zn) = -0.76\ V$

銅の標準電極電位　　：$E°\ (Cu^{2+}/Cu) = +0.34\ V$

電池の起電力（電位差）は、正極の標準電極電位から負極の標準電極電位を引いて求めます。

$E° = E°_{正極} - E°_{負極} = E°\ (Cu^{2+}/Cu) - E°\ (Zn^{2+}/Zn) = (+0.34\ V) - (-0.76\ V) = 1.10\ V$

このように、ダニエル電池の場合、その値は約 1.10 V となります。$E°$ は、通常「イー・ゼロ」と読みます。**標準電極**とは、電気化学において基準となる電極で、特定の条件下 (25 ℃、1.013 × 10⁵ Pa) で、溶液中のイオン活量が 1 mol/L の状態の電極を指します。

B　ネルンストの式

電気化学において、電極の電位を定量的に表す式を**ネルンストの式**といいます。電極の電位は、その電極で行われている酸化還元反応の平衡状態を反映しており、電池の起電力を計算する際などにも用いられます。ネルンストの式は、一般的に以下のように表されます。

$$E = E° - \left(\frac{RT}{nF}\right) \cdot \ln Q$$

ここで、E は電極の電位 (V)、$E°$ は標準電極電位 (V)、R は気体定数 (8.314 J/(mol·K))、T は絶対温度 (K)、n は反応に関わる電子の物質量、F はファラデー定数 (96485 C/mol)、Q は反応商 (生成物の活量/反応物の活量) です。

ネルンストの式では、25 ℃、1.013 × 10⁵ Pa、溶液中のイオン活量が 1 mol/L ($Q=1$) では、$E = E°$ となります。温度が 25 ℃ (298.15 K) の場合、$\left(\frac{RT}{F}\right)$ は約 0.0257 V となります。また、電極電位は、反応物と生成物の濃度比の対数に比例して変化するという特徴があります。ネルンストの式は、0 ℃、1.013 × 10⁵ Pa、溶液中のイオン活量が 1 mol/L 以外での電極電位を予測したり、電池の起電力を計算したりする際に広く使用されます。また、この式を用いて平衡定数を求めることも可能です $\left(K = e^{\left(\frac{nF}{RT}\right) \cdot E°}\right)$。

C　濃淡電池

濃淡電池は、同じ物質の濃度差を利用して起電力を生み出す電池です。この電池は、同じ金属電極と同じ電解質溶液を使用しますが、電解質の濃度が異なる 2 つの半電池で構成されています。

濃度の異なる電解質溶液間でイオンが移動しようとする傾向を利用して起電力を生み出します。典型的な構造として、イオンを通す半透膜 (セロファンなど) で仕切られた容器の両側に、同じ金属電極と異なる濃度の電解質溶液を配置します。

濃淡電池の起電力は、濃度差によるイオンの移動によって生じます。濃度が低い側では金属が溶解して電子を放出します。一方、濃度が高い側ではイオンが析出して電子を受け取ることで電流が発生します (図 10-6)。

銅-硫酸銅濃淡電池での反応式は、次のようになります。

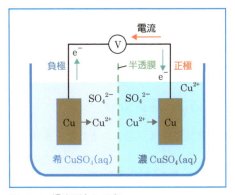

図 10-6　濃淡電池のモデル

負極反応（酸化反応、陽極（アノード））：$Cu\,(s) \rightarrow Cu^{2+}\,(aq) + 2e^-$

正極反応（還元反応、陰極（カソード））：$Cu^{2+}\,(aq) + 2e^- \rightarrow Cu\,(s)$

負極が陽極、正極が陰極になることに気をつけてください。

全体としては、濃厚溶液側の銅が溶け出し、希薄溶液側に銅が析出します。

濃淡電池の概念は、特に生化学や生理学の分野で重要です。細胞膜を介したイオンの濃度勾配が生み出す電位差は、神経伝達や筋肉の収縮など、多くの生理的プロセスの基礎となっています。

D　電池の種類

電池には、一次電池、二次電池、燃料電池があります。

一次電池：使用すると電気を生成する化学反応が逆戻りできない電池です。使用すると消耗してしまうため、使い捨てになります。代表的な一次電池には、アルカリ乾電池やマンガン乾電池などがあります。

二次電池：使用すると電気を生成する化学反応が逆戻りできる電池です。使用後に充電することで、再び使用することができます。代表的な二次電池には、ニッケル・カドミウム蓄電池とリチウムイオン電池などがあります。

実用的な電池の例としては、鉛蓄電池とリチウムイオン電池が挙げられます。鉛蓄電池は主に自動車用バッテリーとして使用され、充電と放電を繰り返すことができます。

一方、リチウムイオン電池は、高エネルギー密度と長寿命を特徴とし、携帯電話やノートパソコンなどの携帯機器に広く使用されています。

燃料電池：燃料の化学エネルギーを直接電気エネルギーに変換する装置です。従来の電池と異なり、燃料と酸化剤を外部から連続的に供給することで、長時間の発電が可能です。

代表的な水素－酸素燃料電池の反応式は、次のようになります。

負極反応（酸化反応、陽極（アノード））：$2H_2 \rightarrow 4H^+ + 4e^-$

正極反応（還元反応、陰極（カソード））：$O_2 + 4H^+ + 4e^- \rightarrow 2H_2O$

全体の反応：$2H_2 + O_2 \rightarrow 2H_2O$

燃料電池は、燃料のエネルギーを直接電気に変換するため、効率が高い（最大60％以上）です。水素を使用する場合、排出物は水のみになります。燃料を供給し続ける限り、発電が継続可能です。可動部分が少ないため、運転時の騒音が少ないなどといった特徴があります。

10.5.2　電気分解

電気分解は、電気エネルギーを用いて化学反応を引き起こすプロセスです。電池とは逆に、

表10–4　電池と電気分解の比較

特　性	電　池	電気分解
エネルギー変換	化学エネルギー → 電気エネルギー	電気エネルギー → 化学エネルギー
自発性	自発的	非自発的
電極での反応	酸化（負極）、還元（正極）	還元（陰極（カソード））、酸化（陽極（アノード））
主な用途	エネルギー源	物質の生成・精製

電気エネルギーを化学エネルギーに変換します (**表10-4**)。電解槽に電極を入れ、外部から電流を流すことで非自発的な化学反応を起こします。

水の電気分解は、電気を用いて水を水素と酸素に分解する過程です。水の電気分解の反応式は、以下のようになります。

$$陰極（カソード、還元反応）：2H^+ (aq) + 2e^- \rightarrow H_2 (g)$$
$$陽極（アノード、酸化反応）：2H_2O (l) \rightarrow O_2 (g) + 4H^+ (aq) + 4e^-$$
$$全体の反応：2H_2O (l) \rightarrow 2H_2 (g) + O_2 (g)$$

水に電流を流すと、陰極では水素イオンH^+が還元されて水素ガスH_2を発生します。一方、陽極では水分子H_2Oが酸化されて酸素ガスO_2を発生します (**図10-7**)。水素：酸素の体積比は、2：1になります。

電気分解には、電池と同じく、電圧が必要です。電気分解の電圧は、電池の電圧と同じく、陽極と陰極の電位差によって決まります。電気分解の電圧は、電池の電圧より高くする必要があります。電気分解の電圧が電池の電圧より低いと、電気分解は起こりません。

電気分解の応用例としては、電気メッキ、電解精製、アルミニウムの製造 (ホール・エルー法) などがあります。電気メッキは、金属イオンを含む溶液中で、被メッキ物を陰極として電流を流すと、金属イオンが還元されて物体の表面に金属層を形成します。

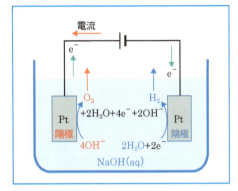

図10-7 水の電気分解

電解精製は、不純物を含む金属を陽極とし、純度の高い同じ金属を陰極として電解します。すると、陽極の金属が溶解し、陰極に純度の高い金属が析出します。アルミニウムの製造は、溶融したクリオライト (Na_3AlF_6) に酸化アルミニウム (Al_2O_3) を溶かし、電気分解します。

A ファラデーの法則

ファラデーの法則は、電気分解における電気量と生成物質の量の関係を示す法則です。この法則は、電気化学の基礎となる原理を提供し、以下の2つの法則から構成されています。

(1) ファラデーの第一法則

電気分解によって生成または消費される物質の量は、流れた電気量に比例します。これは次の式で表されます。

$$m = \frac{QM}{nF}$$

ここで、mは析出量 (g)、Qは電気量 (C)、Mはモル質量 (g/mol)、nは反応に関与する電子数、Fはファラデー定数 (96485 C/mol) です。

この法則は、電気量が増えれば生成物質の量も比例して増えることを示しています。

（2） ファラデーの第二法則

同じ電気量で電気分解を行った場合、生成または消費される異なる物質の量は、それぞれの物質の化学当量に比例します。これは次の式で表されます。

$$\frac{m_1}{E_1} = \frac{m_2}{E_2}$$

ここで、m_1 と m_2 は異なる物質の質量、E_1 と E_2 はそれぞれの物質の化学当量です。ここで、化学当量は物質のモル質量を反応に関与する電子数で割った値です。

この法則は、異なる物質を電気分解する際、同じ電気量でも物質の化学的性質によって生成量が異なることを示しています。

これらの法則を組み合わせることで、電気分解における物質の生成量を正確に予測することができます。たとえば、特定の物質を生成するのに必要な電気量を計算したり、逆に、流した電気量から生成物質の量を推定したりすることが可能になります。

電池と電気分解は、化学反応と電気の相互変換を可能にする重要な概念です。これらの原理は、エネルギー貯蔵や物質生成といった基本的な応用から、薬学分野における高度な分析技術や薬物送達システムの開発まで、幅広い領域で活用されています。電気化学の基本を理解することは、現代の薬学研究や医療技術の発展において不可欠であり、今後も新たな応用が期待される分野です。

国試にチャレンジ

問10-1 下線で示した元素の酸化数が＋2のものはどれか。1つ選べ。

（第101回薬剤師国家試験　問7）

1　$\underline{Cr}O_3$　　　　　2　$\underline{Mn}O_2$　　　　　3　$K_3[\underline{Fe}(CN)_6]$

4　$\underline{Cu}SO_4$　　　　5　$\underline{Ag}_2O$

問10-2 窒素の酸化数が最も大きいのはどれか。1つ選べ。

（第97回薬剤師国家試験　問9）

1　一酸化二窒素　　　2　一酸化窒素　　　3　二酸化窒素

4　亜硝酸　　　　　　5　硝酸

問10-3 下線部で示した化合物のうち、塩素原子の酸化数が＋1なのはどれか。1つ選べ。

（第105回薬剤師国家試験　問8）

(a)次亜塩素酸ナトリウムは漂白剤として用いられる化合物の1つである。その水溶液に(b)塩酸を加えると(c)塩化ナトリウムを生じると同時に有毒な(d)塩素ガスを発生する。また、次亜塩素酸ナトリウムを40から50℃で保存すると、塩化ナトリウムおよび爆発性をもつ(e)塩素酸ナトリウムを生じる。

1　(a)　　　2　(b)　　　3　(c)　　　4　(d)　　　5　(e)

問10-4 酸化還元反応と化学電池に関する記述のうち、正しいのはどれか。2つ選べ。

（第108回薬剤師国家試験　問93）

1　酸化還元反応において、電子を受け取るのは還元剤である。

2　コハク酸（$C_4H_6O_4$）＋FAD→フマル酸（$C_4H_4O_4$）＋$FADH_2$ の反応において、コハク酸は酸化剤である。

3　進行中の酸化還元反応の起電力は、Henderson–Hasselbalchの式で表すことができる。

4 電解質の濃度のみが異なる2つの半電池からなる化学電池（濃淡電池）の標準起電力は0Vである。

5 反応が自発的に進行している化学電池では、カソード（正極）で還元反応が起こる。

問10-5 生体における膜電位の原理を理解するためには、濃淡電池の作動原理を知ることが必要である。電解質として用いる硫酸亜鉛の濃度のみが異なる2つの亜鉛半電池を塩橋でつないだ化学電池の模式図を以下に示す。標準圧力下、298 Kにおいて半電池Rの硫酸亜鉛の初濃度を0.1 mol/L、半電池Lの硫酸亜鉛の初濃度をc_1 mol/Lとする。

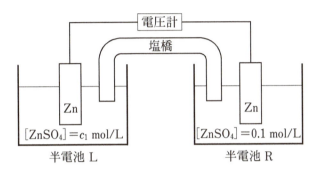

なお、亜鉛半電池の反応は次式で表される（$E°$は標準電位を表す）。

$$Zn^{2+} + 2e^- \rightleftarrows Zn \qquad E° = -0.76 \text{ V}$$

また、硫酸亜鉛は水中では完全に解離し、その活量は濃度に等しいとする。この場合の亜鉛半電池の電極電位E（単位V）は温度298 Kでは次式で表される。

$$E = E° + \frac{0.059}{2} \log_{10} [Zn^{2+}]$$

この化学電池に関する記述のうち、正しいのはどれか。2つ選べ。

(第105回薬剤師国家試験 問100)

1 この電池はダニエル電池である。
2 $c_1 = 0.01$のとき、半電池Lがアノード（負極）となる。
3 この電池の標準起電力は0 Vである。
4 半電池Lと半電池Rの硫酸亜鉛濃度が等しくなった状態の起電力は -0.76 V である。
5 $c_1 = 0.01$のとき、この電池の起電力は約 $+0.059$ V である。

第11章 反応速度

　反応速度論は薬学において極めて重要な概念です。薬物の分解速度、薬効の持続性、安定性評価、有効期限の設定など、多くの側面に影響を与えます。特に薬物動態学では、薬物の吸収、代謝、排泄の過程で反応速度の概念が大切になります。たとえば、薬物の溶解速度は吸収速度に影響し、血中濃度の上昇パターンを決定します。また、酵素反応ではミカエリス・メンテン式が重要な役割を果たし、薬物相互作用においては代謝酵素の競合が血中濃度の変化をもたらす可能性があります。最新のドラッグデリバリーシステム（DDS）では、反応速度論の応用が薬物の効果的な送達と副作用の軽減に貢献し、がん治療や慢性疾患管理など幅広い医療分野で革新をもたらしています。

11.1　反応速度式と反応速度の表し方

　反応速度は、単位時間あたりの反応物の濃度変化量として定義されます。反応物Aがある一定の確率で生成物Pに変化する反応で、反応速度は反応物Aの濃度に依存します。逆反応を考えない限り、反応速度は反応物Aの濃度Cのみで記述できます。

　したがって、反応速度を数値的に表現する一般式は、

$$v = -\frac{dC}{dt} = kC^\alpha$$

になります。ここで、tは時間、Cは反応物の濃度を表します。この式を**速度式**といい、化学反応における反応物の濃度と反応速度の関係を示す表記法です。kを**反応速度定数**といいます。反応速度定数kは、特定反応の固有値で、反応の速さを決定します。温度や触媒の存在によって変化します。また、αを反応全体の**反応次数**といいます。αは整数であるとは限りません。

　反応次数は、反応速度が反応物の濃度にどのように依存するかを示す指標です。反応次数αは、反応速度が反応物濃度のα乗に比例することを示し、反応機構を反映します。反応次数は、実験的に決定され、反応のメカニズムを理解するのに役立ちます。

　化学反応A→Pを考えてみます。反応時間がt_1からt_2に経過する間に、Aの濃度は$[A]_1$から$[A]_2$に、Pの濃度は$[P]_1$から$[P]_2$に、それぞれ変化します（図11-1）。

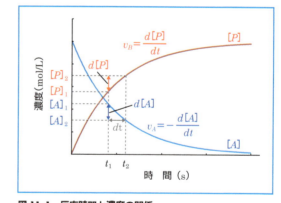

図11-1　反応時間と濃度の関係

　Aの減少する速度をv_Aとすると、

$$v_A = -\frac{d[A]}{dt}$$

　Pの増加する速度をv_Bとすると、

$$v_B = \frac{d[P]}{dt}$$

となります。この反応では、$|d[A]|=|d[P]|$から、（反応速度v）＝（Aの減少速度v_A）＝（Pの増加速度v_P）という関係が成り立ちます。

したがって、反応物AがPに変化するときの速度は、次のように表すことができます。

$$v = -\frac{d[A]}{dt} = \frac{d[P]}{dt} = k[A]^\alpha$$

ここで、$[A]$と$[P]$はそれぞれ反応物Aと生成物Pの濃度、vは反応速度、kは反応速度定数、αは反応次数を表します。

反応速度は、単位時間あたりに減少する反応物の物質量、濃度の変化量、増加する生成物の物質量、濃度の変化量で表します。自動車の速度が単位時間あたりに移動する距離で表されるのと同様に、化学反応では「物質量や濃度の変化量」が「距離」に相当します。

一般的な反応$a\text{A} + b\text{B} \to m\text{M} + n\text{N}$の反応速度は、次のように表されます。

$$v = -\frac{1}{a}\cdot\frac{d[A]}{dt} = -\frac{1}{b}\cdot\frac{d[B]}{dt} \left(= \frac{1}{m}\cdot\frac{d[M]}{dt} = \frac{1}{n}\cdot\frac{d[N]}{dt}\right)$$

ただし、実際の実験や研究においては、生成物の特定やその生成量を正確に測定することが困難な場合が多いです。したがって、反応速度を求める際には、反応物の減少量を測定することが一般的です。これは、反応物の濃度変化がより追跡しやすく、精度の高いデータが得られやすいためです。

化学反応A＋B→Pにおいて反応速度vが反応物の濃度$[A]$のα乗と$[B]$のβ乗に比例するとき、

$$v = k[A]^\alpha[B]^\beta$$

と表されます。この反応は、Aに関してα次反応、Bに関してβ次反応です。また、$\alpha+\beta$が反応全体の反応次数になります。α、βは整数であるとは限りません。

反応速度は単位時間あたりの濃度変化量で表され、反応次数や速度定数によって特徴づけられます。薬物動態学では、薬物の体内での分解速度を理解するために反応速度式を用います。たとえば、多くの薬物は一次反応に従って代謝されるため、その半減期を予測するのに役立ちます。たとえば、CYP3A4酵素による薬物代謝は、多くの場合ミカエリス・メンテン式に従います。この酵素が関与する薬物相互作用を理解するには、反応速度論の知識が不可欠です。

例題11-1

ある反応の初速度v_0を異なる初濃度$[A]_0$で測定した結果、以下のデータが得られた。この反応次数を求めなさい。

$[A]_0$ (mol/L)	v_0 (mol/(L・s))
0.1	2.0×10^{-3}
0.2	8.0×10^{-3}
0.4	3.2×10^{-2}

反応速度と濃度の関係は、$v = k[A]^\alpha$

濃度が0.1 mol/L→0.2 mol/L、0.2 mol/L→0.4 mol/Lと2倍になったときの速度の変化をみると、

$$\frac{8.0 \times 10^{-3}}{2.0 \times 10^{-3}} = 4$$

$$\frac{3.2 \times 10^{-2}}{8.0 \times 10^{-3}} = 4$$

速度は4倍になっています。初速度が初濃度の2乗に比例しているので、$\alpha = 2$となります。したがって、この反応は二次反応です。

答：二次反応

問 11-1 ある反応の初速度を異なる初濃度で測定した結果、以下のデータが得られた。この反応次数を求めなさい。

$[A]_0$ (mol/L)	v_0 (mol/(L・s))
0.05	1.2×10^{-4}
0.10	2.4×10^{-4}
0.20	4.8×10^{-4}

11.2　0次反応

0次反応では、反応速度が反応物の濃度に関係なく一定の速度で反応が進行します。これは、反応系に他の物質が過剰に存在し、反応速度がそれらの物質の濃度によって制限されている場合などに起こります。反応次数0、つまり濃度の0乗に比例する場合を**0次反応**といいます。

反応物Aが生成物Pに変化するA→Pという0次速度式に従うとき、次の式が成立します。

$$v = -\frac{dC}{dt} = k \quad \text{両辺に}dt\text{をかけて、変形し、}$$

（微分方程式）

$-dC = kdt$　　両辺に−1をかけて、$dC = -kdt$

時刻$t=0$（このときのAの濃度をC_0とする）から、ある時刻t（このときのAの濃度をCとする）なるまでの定積分は、

$$\int_{C_0}^{C} dC = -k \int_{0}^{t} dt$$

$$[C]_{C_0}^{C} = -k[t]_{0}^{t}$$

$$C - C_0 = -kt \quad \text{変形して、}$$

$$\boxed{\int_{C_0}^{C} dC = \int_{C_0}^{C} 1\, dC = [C]_{C_0}^{C}}$$

t	$0 \to t$
C	$C_0 \to C$

$$C = -kt + C_0$$

となります。

縦軸に反応物の濃度C、横軸に時間tをとると、0次反応の濃度変化は、切片C_0、傾き$-k$の直線になります（図11-2）。

0次反応の場合、速度は$-\dfrac{dC}{dt} = k$なので、反応速度定数

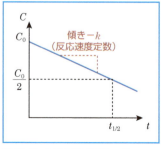

図 11-2　0次反応（速度＝k）

kの次元は、［濃度］・［時間］$^{-1}$です。反応速度定数kは、単位時間あたりに減少する反応物の濃度を表していることがわかります。

次に、半減期を求めてみます。**半減期**は、反応物の濃度が初濃度の半分になるまでの時間をいいます。

$C = \dfrac{C_0}{2}$、$t = t_{1/2}$ を $C = -kt + C_0$に代入すると、

$$\dfrac{C_0}{2} = -kt_{1/2} + C_0 \quad 変形して、$$

$$kt_{1/2} = C_0 - \dfrac{C_0}{2} = \dfrac{C_0}{2}$$

となります。したがって、半減期は、$t_{1/2} = \dfrac{C_0}{2k}$

となります。この式から、半減期$t_{1/2}$は初濃度によって変化することがわかります。

0次反応では、反応速度が反応物の濃度に依存せず一定です。アルコール代謝酵素による血中アルコールの分解は、高濃度では0次反応に近い挙動を示します。これは、アルコール中毒の治療や法医学的な血中アルコール濃度の予測に重要です。

例題11-2

ある薬物が0次反応で分解される。初濃度が100 mg/Lで、反応速度定数が2 mg/（L・h）である場合、この薬物の半減期を求めなさい。

解説

$t_{1/2} = \dfrac{C_0}{2k}$ から、

$$t_{1/2} = \dfrac{100 \text{ mg/L}}{2 \times 2 \text{ mg/（L · h）}} = \dfrac{100}{4} = 25 \text{ h}$$

答：25時間

問11-2 ある酵素反応が0次反応に従い、基質の初濃度が80 mmol/L、反応速度定数が0.5 mmol/（L・min）である。反応開始から1時間後の基質濃度を求めなさい。

問11-3 0次反応に従う薬物の分解において、初濃度200 mg/Lの薬物が10時間後に160 mg/Lになった。この薬物の反応速度定数と、濃度が0になるまでの時間を求めなさい。

11.3 一次反応

一次反応とは、反応速度が反応物の濃度に比例する化学反応です。具体的には、反応物の濃度が減少する速度が、その濃度自体に依存します。このため、時間経過とともに反応物の濃度が指数関数的に減少します。多くの薬物の分解は一次反応で進行します。反応物Aが生成物Pに変化するA→Pという一次速度式に従うとき、反応物Aに関して次の式が成立します。「消費速度」なので負号を付ける必要があることに注意しよう。また、Cは時刻tの関数となってい

ます。

$$v = -\frac{dC}{dt} = kC$$ 　　両辺に dt をかけて、変形し、

　　　微分方程式

$$-dC = kCdt$$ 　　両辺を C で割ると、

$$-\frac{dC}{C} = kdt$$ 　　両辺に -1 をかけて、

（左辺は C だけ、右辺は t だけの関数：変数分離型）

$$\frac{dC}{C} = -kdt$$

と変形してから、両辺を積分します（変数分離形の微分方程式）。

時刻 $t=0$（このときのAの濃度を C_0 とする）から、ある時刻 t（このときのAの濃度を C とする）なるまでの定積分は、

$$\int_{C_0}^{C}\frac{1}{C}dC = -k\int_0^t dt$$

$$\left[\ln C\right]_{C_0}^{C} = -k[t]_0^t$$

$$\ln C - \ln C_0 = -kt$$

$$\ln \frac{C}{C_0} = -kt$$

$$\frac{C}{C_0} = e^{-kt}$$

$$\int \frac{1}{C}dt = \log_e C = \ln C$$

t	$0 \to t$
C	$C_0 \to C$

$$\ln M - \ln N = \ln \frac{M}{N}$$

$$\ln M = a \leftrightarrow M = e^a$$

$$C = C_0\, e^{-kt}$$ 　（指数型）

したがって、一次反応式は、$C = C_0\, e^{-kt}$ と表せます。または、途中式の $\ln C - \ln C_0 = -kt$ を変形して、

$$\ln C = -kt + \ln C_0$$ 　（自然対数型）

となります。一次反応では、反応物の物質量は指数関数的に減少します。

縦軸に反応物の濃度の自然対数 $\ln C$、横軸に時間 t をとると、一次反応の濃度変化は、切片 $\ln C_0$、傾き $-k$ の直線になります（図11-3）。

自然対数を常用対数に変換すると、以下のようになります。

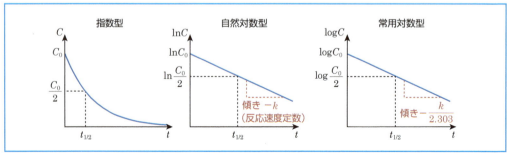

図11-3　一次反応

$$\log C = -\frac{kt}{2.303} + \log C_0 \quad \text{（常用対数型）}$$

半減期は、

$\ln C = -kt + \ln C_0$ に、$C = \dfrac{1}{2}C_0$ と、$t = t_{1/2}$ を代入すると、

$$\ln \frac{1}{2}C_0 = -kt_{1/2} + \ln C_0 \qquad \text{変形して、}$$

$$kt_{1/2} = \ln C_0 - \ln \frac{1}{2}C_0 = \ln \frac{C_0}{\dfrac{1}{2}C_0} = \ln 2$$

したがって、

$$t_{1/2} = \frac{\ln 2}{k} = \frac{0.693}{k}$$

となり、半減期 $t_{1/2}$ は初濃度によって変化しないこと、そして、一次反応の反応速度定数 k の次元は、[時間]$^{-1}$ であることがわかります。

　一次反応では、反応速度が反応物の濃度に比例し、半減期が一定です。多くの薬物の体内での分解は一次反応に従います。たとえば、抗生物質アモキシシリンの血中濃度は一次反応で減少するため、適切な投与間隔を決定するのに役立ちます。

例題11-3

　ある薬物が一次反応で代謝され消失する。初濃度が 50 mg/L で、4時間後の濃度が 30 mg/L であった。この薬物の反応速度定数と半減期を求めなさい。なお、$\ln 3 = 1.099$、$\ln 5 = 1.609$ とする。

解説

まず、反応速度定数を求めます。

一次反応式 $\ln C = -kt + \ln C_0$ から、$\ln \dfrac{C_0}{C} = kt$ と変形できます。

この式に問題文で与えられている数値を代入します。

$$\ln \frac{50 \text{ mg/L}}{30 \text{ mg/L}} = k \times 4 \text{ h}$$

$$4k \text{ h} = \ln \frac{5}{3} = \ln 5 - \ln 3 = 1.609 - 1.099 = 0.51$$

$$k = \frac{0.51}{4 \text{ h}} = 0.128 \text{ /h}$$

次に、半減期を $t_{1/2} = \dfrac{\ln 2}{k} = \dfrac{0.693}{k}$ から求めます。

上記で求まった反応速度定数 $k = 0.128$ /h を代入します。

$$t_{1/2} = \frac{0.693}{0.128/\text{h}} = 5.4 \text{ h}$$

答：反応速度定数は 0.128 /h、半減期は 5.4 時間

問11-4 ある抗生物質の血中濃度が一次反応に従って減少する。この抗生物質の初期血中濃度が80 mg/Lで、6時間後に血中濃度が40 mg/Lになった。反応速度定数と半減期を求めなさい。ただし、ln 2 ＝ 0.693とする。

問11-5 一次反応に従う薬物の血中濃度が、2時間で初濃度の70％になった。この薬物の反応速度定数と半減期を求めなさい。ただし、ln 7 ＝ 1.946、ln 10 ＝ 2.303とする。

11.4 二次反応

二次反応とは、反応速度が反応物の濃度の2乗、または2つの異なる反応物の濃度の積に比例する化学反応です。つまり、速度は反応物の濃度の2乗に比例します。このため、反応速度は濃度が変化するにつれて大きく変化します。二次反応は、反応物が2つの同一または異なる分子からなる場合によくみられます。反応速度が1つの反応物の2乗に比例する場合、次の式が成り立ちます。

$$v = -\frac{dC}{dt} = kC^2 \quad \text{（微分方程式）}$$

両辺にdtをかけて、

$-dC = kC^2 dt$ と表されます。両辺に－1をかけて、

$dC = -kC^2 dt$ 変数分離を行うために、両辺をC^2で割り、

$\dfrac{dC}{C^2} = -kdt$

と変形します。両辺を積分します（変数分離形の微分方程式）。

時刻$t＝0$（このときのAの濃度をC_0とする）から、ある時刻t（このときのAの濃度をCとする）なるまでの定積分は

$$\int_{C_0}^{C} \frac{1}{C^2} dC = -k\int_{0}^{t} dt$$

$$\left[-\frac{1}{C}\right]_{C_0}^{C} = -k[t]_{0}^{t}$$

$\int \dfrac{1}{C^2} dt = \int C^{-2} dC = \dfrac{1}{-1} C^{-2+1} = -\dfrac{1}{C}$

t	$0 \rightarrow t$
C	$C_0 \rightarrow C$

$-\dfrac{1}{C} + \dfrac{1}{C_0} = -kt$ 変形して、

$\dfrac{1}{C} = kt + \dfrac{1}{C_0}$ または $C = \dfrac{C_0}{1 + C_0 kt}$

となります。縦軸に反応物の濃度の逆数$\dfrac{1}{C}$、横軸に時間tをとると、二次反応の濃度変化は、切片$\dfrac{1}{C_0}$、傾きkの直線になります（図11-4）。

反応速度定数kの次元は、［濃度］$^{-1}$・［時間］$^{-1}$となります。

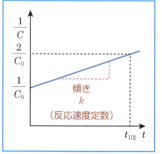

図11-4　二次反応（速度＝kC^2）

$C = \dfrac{1}{2}C_0$、$t = t_{1/2}$ と置くと、二次反応における反応物Aの半減期は、

$$\dfrac{1}{\dfrac{1}{2}C_0} = kt_{1/2} + \dfrac{1}{C_0} \quad 変形して、$$

$$kt_{1/2} = \dfrac{1}{\dfrac{1}{2}C_0} - \dfrac{1}{C_0} = \dfrac{2}{C_0} - \dfrac{1}{C_0} = \dfrac{1}{C_0}$$

したがって、

$$t_{1/2} = \dfrac{1}{kC_0}$$

一次反応の半減期 $t_{1/2} = \dfrac{\ln 2}{k}$ は、初濃度 C_0 の影響を受けませんが、二次反応の半減期 $t_{1/2} = \dfrac{1}{kC_0}$ は初濃度によって変化（反比例）します。

二次反応では、反応速度が反応物の濃度の2乗に比例し、半減期が初濃度に反比例します。一部の薬物間相互作用は二次反応に従います。たとえば、ワルファリンと血漿タンパク質の結合は二次反応的な挙動を示し、これは薬物の有効濃度や他の薬物との相互作用を理解する上で重要です。

例題 11-4

2つの薬物A、Bが反応して生成物Cを形成する二次反応を考える。反応速度定数が 0.05 L/(mol・s) で、AとBの初濃度がともに0.1 mol/Lの場合、反応開始から10秒後のAの濃度を求めなさい。

解説

二次反応式 $\dfrac{1}{C} = kt + \dfrac{1}{C_0}$ から、

$$\dfrac{1}{C} = 0.05\ \text{L/(mol・s)} \times 10\ \text{s} + \dfrac{1}{0.1\ \text{mol/L}} = 0.5 + 10 = 10.5\ \text{L/mol}$$

したがって、

$$C = \dfrac{1}{10.5} = 0.095\ \text{mol/L}$$

問 11-6　2つの薬物A、Bが反応して生成物Cを形成する二次反応を考える。反応速度定数が 0.02 L/(mol・s) で、AとBの初濃度がともに0.5 mol/Lの場合、反応開始から100秒後のAの濃度を求めなさい。

問 11-7　ある二次反応の半減期が初濃度0.1 mol/Lのとき200秒であった。この反応の反応速度定数を求め、初濃度が0.2 mol/Lの場合の半減期を計算しなさい。

11.5　反応速度に影響を及ぼす要因

化学反応を進行させるには、化学結合を切断するためのエネルギーが必要です。たとえば、以下の反応について考えてみましょう。

$$A_2 + B_2 \rightarrow 2AB \qquad \Delta H = +Q\text{ kJ}$$

この反応を進めるには、まず、反応物どうしの有効な衝突が必要です。反応を起こすには、反応物が活性化エネルギー以上の運動のエネルギーをもち、遷移状態を経る必要があります。

反応を起こすために必要な最小のエネルギーを**活性化エネルギー**といいます。活性化エネルギー以上の運動エネルギーをもたない粒子どうしの衝突では、反応は進行しません。また、十分なエネルギーをもっていても、分子の向きが適切でなければ、有効な衝突とはならず、反応が起こらないことがあります。

A_2とB_2から$2AB$を生成する過程で反応のエネルギー変化の様子を図11-5に示します。縦軸はポテンシャルエネルギー（化学エネルギー）、横軸は反応座標で、反応の道程を表しています。A_2とB_2分子が活性化エネルギー以上の運動エネルギーをもつと、有効な衝突が起こり、遷移状態に到達します。**遷移状態**は、反応中間の不安定な状態であり、生成物へと変化する可能性が最も高い状態です。遷移状態の山を超えると、生成物のABへと変化していきます。

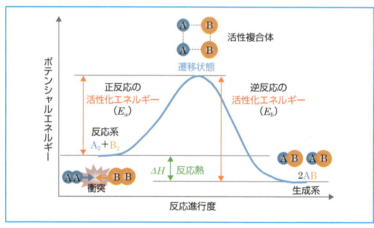

図 11-5　化学反応によるエネルギーの変化

11.5.1　濃度

反応を進行させるためには、反応物どうしが衝突する必要があります。このため、単位時間あたりに有効衝突を起こす粒子の数が多いほど、反応速度は増大します。

　溶液での反応：反応物の濃度を大きくすると、単位体積あたりの粒子数が増加し、反応物どうしが衝突する確率が大きくなります。その結果、反応速度は大きくなります。

　気体での反応：気体の圧力を高くすると、単位体積あたりの分子数（濃度）が増加し、反応物どうしが衝突する確率が大きくなります。その結果、反応速度は大きくなります。

濃度の影響は、薬物の体内動態や製剤設計において重要です。薬物の溶解度や吸収速度は濃度に大きく依存します。たとえば、経口投与された薬物の吸収速度は、消化管内での薬物濃度に影響されます。また、局所適用される軟膏や点眼薬の効果は、有効成分の濃度に直接関係します。

11.5.2 温度

温度を上げると、高い運動エネルギーをもつ分子の割合が増加するため、有効衝突（反応を起こせる衝突）の割合が増加します。その結果、反応速度が大きくなります。

温度が高くなると、ボルツマン分布における活性化エネルギー以上のエネルギーをもつ分子の割合が増加します（図11-6）。**ボルツマン分布**とは、熱平衡状態にある一定温度の系において、分子のエネルギー分布を表す統計的な法則です。この分布は、温度が高くなるほど高エネルギー状態の分子の割合が増加することを反映しています。分子のエネルギー状態は確率的に決定されており、低エネルギー状態の分子が多く、高エネルギー状態の分子は少ない傾向があります。この分布は、化学反応の進行や反応速度の予測に重要な役割を果たし、特に活性化エネルギーを超えるエネルギーをもつ分子の割合を理解するのに役立ちます。

多くの化学反応で、室温付近では、活性化エネルギーが通常 40 ～ 125 kJ/mol ですから、多くの化学反応では、温度が 10 ℃（10 K）上がるごとに反応速度は 2 ～ 3 倍大きくなります。たとえば、気体の五酸化二窒素 N_2O_5 は分解すると、二酸化窒素 NO_2 と酸素 O_2 になります。

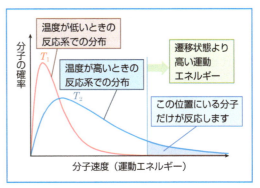

図 11-6 ボルツマン分布

$$2N_2O_5 \rightarrow 4NO_2 + O_2$$

図 11-7 からわかるように、反応速度は 318 K（45 ℃）から 328 K（55 ℃）まで 10 K（10 ℃）上昇するごとに、3 倍ほど増加しています。

反応速度 v は、温度や活性化エネルギーにも支配されます。しかし、反応速度式には、これらの因子が直接含まれていません。温度や活性化エネルギーは、反応速度定数 k の値の中に含まれています。すなわち、反応速度定数 k の値は、活性化エネルギー E_a と絶対温度 T に関係します。これを**アレニウス式**といい、化学反応の速度と温度の関係を表す重要な式で、次のように与えられます。

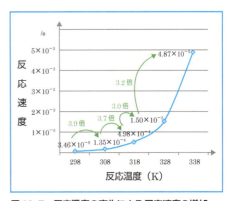

図 11-7 反応温度の変化による反応速度の増加

$$k = A \times e^{-\frac{E_a}{RT}}$$

ここで、k は反応速度定数、R は気体定数（8.314 J/(mol・K)）、E_a は活性化エネルギー (J/mol)、T は絶対温度 (K)、A は頻度因子（反応に特有の定数）です。アレニウス式の両辺の対数をとると、$\ln k = \ln A - \dfrac{E_a}{RT}$ となります。これは、$\ln k$ と $1/T$ の関係が直線になること

を示しており、実験データからE_aを求める際に利用されます。

温度Tが高くなると、$e^{-\frac{E_a}{RT}}$の値が大きくなり、反応速度定数kも大きくなります。つまり、温度が上がると反応が速くなります。アレニウス式は、温度変化が反応速度に与える影響を定量的に理解するのに役立ちます。たとえば、温度を10℃上げると多くの反応速度が2〜3倍になるという経験則も、この式から説明できます。

活性化エネルギーE_aが小さいほど、$e^{-\frac{E_a}{RT}}$の値が大きくなり、反応速度定数kも大きくなります。つまり、活性化エネルギーが低い反応ほど速く進行します。

触媒は活性化エネルギーE_aを下げる働きをします。これによって、$e^{-\frac{E_a}{RT}}$の値が大きくなり、反応速度が増加します。

このように、反応速度は、反応速度定数を通して活性化エネルギーと絶対温度に関係します。

温度は医薬品の安定性に大きく影響します。アレニウスの式を用いて、加速安定性試験の結果から室温での医薬品の有効期限を予測することができます。また、体温の上昇（発熱時）は、薬物代謝酵素の活性を上げ、薬物の代謝速度を増加させる可能性があります。

11.5.3 触媒

化学反応の前後でそれ自身は変化せず、少量で反応速度を変えることができる物質を触媒といいます。反応速度を大きくする触媒を正触媒、小さくする触媒を負触媒といいます。

触媒は反応物と相互作用して反応中間体を形成し、この中間体から生成物が生じる過程で触媒自身は再生されます。

触媒を加えると、反応のしくみが変わって活性化エネルギーが小さくなるため、活性化エネルギー以上の運動エネルギーをもつ分子の割合が増加します。

触媒は、活性化エネルギーを小さくし、反応速度を大きくする効果があります。しかし反応熱ΔHは変化しません（図11-8）。

たとえば、酢酸エチル$CH_3COOC_2H_5$と水の混合物に硫酸などの酸を加えると、酢酸CH_3COOHとエタノールC_2H_5OHを生成します。この場合、硫酸が触媒です。

$$CH_3COOC_2H_5 + H_2O \xrightarrow{H_2SO_4} CH_3COOH + C_2H_5OH$$

触媒の概念は、酵素反応の理解に直結します。生体内の多くの反応は酵素によって触媒されており、この知識は薬物代謝や薬効メカニズムの解明に重要です。また、触媒の原理を応用し

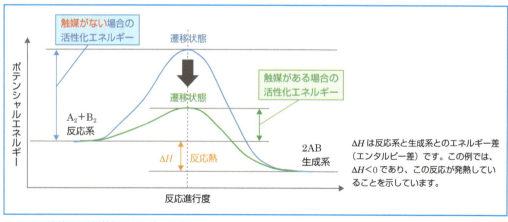

図11-8 触媒による活性化エネルギーの低下

た新しい医薬品の開発も進められています。

　生体内では、酵素が生化学反応の触媒として機能します。酵素は非常に特異的で効率的な生体触媒であり、生理的条件下で反応を加速させます。たとえば、肝臓のシトクロムP450酵素は、多くの薬物の代謝を触媒し、その代謝速度は薬物の体内動態に大きく影響します。

　反応速度の理解は薬学において極めて重要です。この概念は薬物動態学、製剤設計、酵素反応の解析、創薬研究、品質管理など、薬学の多岐にわたる分野で応用されています。たとえば、薬物の体内での分解・代謝速度の把握、医薬品の安定性や有効期限の予測、生体内での酵素反応の解明、新薬候補化合物の評価、製造過程や保存中の化学変化の予測などに活用されます。このように、反応速度の基本原理の理解は、将来の薬剤師や製薬研究者にとって不可欠な知識基盤となります。今後の専門的な学習や実務において、この章で学んだ内容が重要な役割を果たすことを認識しておくことが大切です。

11.5.4　表面積

　固体反応物の表面積を増やすと、反応速度が著しく増加します。固体を細かく砕いたり、孔を開けたりすると、全体の表面積が大きく増加します。たとえば、一辺1 cmの立方体 ($600 \ mm^2$) を一辺1 mmの立方体 (計1000個) に砕くと、それぞれの表面積は$6 \ mm^2$となるため、全体の表面積は$6000 \ mm^2$となり、10倍に増加します。これによって、反応物質どうしの接触面積が劇的に増加し、反応速度が速くなります。

　粉末状態では、反応物質がより均一に分布しやすくなり、反応が均一に進行しやすくなります。塊状の場合、内部の粒子は反応に参加しにくいですが、粉末状態では内部の粒子も容易に反応に参加しやすくなりますので、反応速度が促進します。

　粒子が小さくなると、単位質量あたりの表面積が増加し、反応物質の接触頻度が高まります。これによって、活性部位の増加や拡散の促進が起こり、反応速度が増加します。また、粒子が微細化することで、表面の原子や分子が高エネルギー状態になりやすくなり、結果として活性化エネルギーが小さくなり、反応が起こりやすくなります。

　結晶性の固体の場合、表面積を増やすことで、より多くの活性部位 (反応が起こりやすい場所) が露出します。その結果、反応の機会が増加し、反応速度が高まります。

　たとえば、錠剤を粉砕して服用すると、溶解速度が上がり、吸収が速くなることがあります。これは表面積の増加による効果です。自動車の排気ガス浄化触媒は、貴金属を非常に細かい粒子状にして担体に分散させることで、少量の貴金属で大きな触媒効果を得ています。コーヒー豆を細かく挽くことで、お湯との接触面積が増加し、より効率的に風味成分を抽出できます。

　固体医薬品の溶解度や溶解速度は、その粒子サイズに大きく依存します。微粒子化や非晶質化といった技術は、難溶性薬物の生物学的利用能を改善するために広く用いられています。たとえば、ナノ粒子化された医薬品は、従来の製剤と比べて溶解速度が大幅に向上しやすく、特に難溶性薬物の吸収性や有効性の改善に寄与することがあります。

国試にチャレンジ

問11-1 ある液剤を25℃で保存すると、一次速度式に従って分解し、100時間後に薬物含量が96.0％に低下していた。この薬物の有効性と安全性を考慮すると、薬物含量が90.0％までは投与が可能である。この液剤の有効期間は何日か求めなさい。ただし、log 2 ＝ 0.301、log 3 ＝ 0.477 とする。

（第100回薬剤師国家試験　問180改変）

問11-2 25℃の水溶液中における薬物Aおよび薬物Bの濃度を経時的に測定したところ、下図のような結果を得た。次に、両薬物について同一濃度（C_0）の水溶液を調製し、25℃で保存したとき、薬物濃度が$C_0/2$になるまでに要する時間が等しくなった。C_0（mg/mL）求めなさい。

（第102回薬剤師国家試験　問174改変）

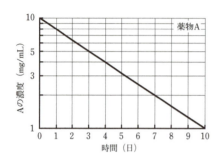 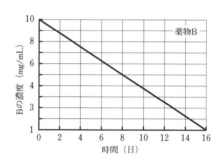

問11-3 一次反応に従う薬物800 mgをヒトに単回静脈内投与したところ、投与直後の血中濃度は40 μg/mL、投与6時間後の血中濃度は5 μg/mLであった。この薬物の反応速度定数（h^{-1}）を求めなさい。

（第107回薬剤師国家試験　問45改変）

問11-4 反応速度の温度依存性に関する記述のうち、正しいのはどれか。2つ選べ。

（第108回薬剤師国家試験　問94）

1　アレニウス式は、温度と平衡定数の関係を表している。
2　0次反応にはアレニウス式は適用できない。
3　アレニウス式に従う反応の場合、アレニウスプロットでは右上がりの直線が得られる。
4　2つの反応のアレニウスプロットの傾きが等しい場合、その2つの反応の活性化エネルギーは等しい。
5　アレニウスプロットの傾きの絶対値が大きい反応ほど、反応速度に与える温度の影響が大きい。

第12章 有機化合物の基礎

有機化学は、生化学、薬理学、医薬品化学への橋渡しとなります。分子構造や反応機構の理解は、薬物の体内動態や作用機序の解明に直結し、新薬開発や個別化医療の基盤となります。これによって、薬学の多様な分野で活躍できる総合的な知識が形成されます。

12.1 有機化合物の特徴

炭水化物、タンパク質、脂質など、動物や植物の生命活動を支える物質のほとんどは、炭素原子を含む化合物です。このように、炭素原子を骨格として構成される化合物を**有機化合物**といいます（単に有機物ともよばれます）。

これに対し、水H_2Oや塩化ナトリウム$NaCl$などのように、炭素原子以外の原子から構成される化合物は**無機化合物**といいます（単に無機物ともよばれます）。ただし、一酸化炭素CO、二酸化炭素CO_2、炭酸塩（K_2CO_3、$NaHCO_3$など）などの単純な炭素化合物は無機化合物に分類されます。有機化合物と無機化合物の特徴を**表12-1**にまとめています。

有機化合物は医薬品、食品添加物、化粧品、プラスチックなど、私たちの日常生活に欠かせない多くの製品の基礎となっています。薬学の分野では、ほとんどの医薬品が有機化合物であり、その構造と性質の理解は新薬開発や薬物療法の実践に不可欠です。

表12-1 有機化合物と無機化合物の特徴

	有機化合物	無機化合物
定義	炭素原子を含む化合物	炭素原子以外の元素からなる化合物
構成元素	炭素、水素、酸素、窒素、硫黄、ハロゲンなどで種類が少ない	約100種で多い
結合の種類	多くは共有結合を形成する	多くはイオン結合、ほかに共有結合、金属結合を形成する
溶解性	極性が高いほど水に溶けやすく、非極性が高いほど有機溶媒に溶けやすい	水に溶けやすく、有機溶媒に溶けにくい性質がある
融点・沸点	比較的低い	比較的高い
可燃性	燃焼しやすいものや、熱で分解しやすいものが多い	高温でも分解しにくい

12.2 置換基

有機化学は、炭素を含む化合物を主に扱う化学の一分野です。この分野で最も重要な概念のひとつが、分子の構造とそれがもたらす性質の関係です。この関係を理解する上で、置換基と官能基という2つの重要な概念が存在します。

まず、分子の基本構造について考えてみましょう。多くの有機化合物は、炭素原子が連なった主鎖（または骨格）をもっています。たとえば、最も単純な有機化合物であるメタンは、1つの炭素原子に4つの水素原子が結合した構造をしています。しかし、実際の有機化合物の多くは、この基本構造中の水素原子が、別の原子や原子団に置き換えられ、より複雑な構造をもっています。これらの置換に使われた部分が、置換基や官能基とよばれるものです。

表 12-2 代表的な官能基

官能基の種類	構造	化合物の名称	化合物の例	
アミド基	$-CONH_2$	アミド	ホルムアミド	$HCONH_2$
アミノ基	$-NH_2$	アミン	アニリン	$C_6H_5NH_2$
アルキル基（炭化水素基）	$-C_nH_{2n+1}$（例：$-CH_3$ メチル基）	アルカンなど	2-メチルブタン	$(CH_3)_2CHCH_2CH_3$
エステル結合	$-COO-$	エステル	酢酸エチル	$CH_3COOC_2H_5$
エーテル結合	$-O-$	エーテル	ジエチルエーテル	$C_2H_5OC_2H_5$
カルボキシ基	$-COOH$	カルボン酸	酢酸	CH_3COOH
カルボニル基	$>C=O$	ケトン	アセトン	CH_3COCH_3
スルホ基	$-SO_3H$	スルホン酸	ベンゼンスルホン酸	$C_6H_5SO_3H$
ニトロ基	$-NO_2$	ニトロ化合物	ニトロベンゼン	$C_6H_5NO_2$
ヒドロキシ基（水酸基）	$-OH$	アルコール	エタノール	C_2H_5OH
		フェノール類	フェノール	C_6H_5OH
ホルミル基	$-CHO$	アルデヒド	アセトアルデヒド	CH_3CHO
メルカプト基（チオール基）	$-SH$	チオール	メチルメルカプタン	CH_3SH

化合物内で特定の化学的性質をもつ原子の集まりを**原子団**といいます。**置換基**は、分子の主鎖や基本骨格に結合している原子や原子団を指します。これらは文字通り、水素原子などを「置き換えて」いるため、この名前が付いています。置換基は分子の形や大きさを変え、その結果として物理的性質（たとえば、沸点や融点）に影響を与えます。たとえば、メチル基（$-CH_3$）、エチル基（$-C_2H_5$）、ハロゲン（$-F$、$-Cl$、$-Br$、$-I$）などが代表的な置換基です。

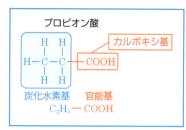

図 12-1 炭化水素基と官能基の一例（プロピオン酸）

一方、**官能基**は特定の化学的性質をもつ原子や原子団を指します。官能基は多くの場合、置換基としても機能しますが、その特徴は特定の化学反応性を分子に付与することです。つまり、官能基の存在によって、その分子がどのような化学反応を起こしやすいかが決まります。たとえば、ヒドロキシ基（$-OH$）、カルボキシ基（$-COOH$）、アミノ基（$-NH_2$）、カルボニル基（$>C=O$）などが代表的な官能基です（**表12-2、図12-1**）。

重要なのは、すべての官能基は置換基ですが、すべての置換基が官能基というわけでないということです。たとえば、メチル基は置換基ですが、特定の反応性をもたないため官能基とみなされません。

置換基や官能基の存在は、化合物の物理的・化学的性質に大きな影響を与えます。

　溶解性：極性の官能基（$-OH$、$-COOH$）は水溶性を高めます。
　沸点・融点：水素結合を形成する官能基は沸点や融点を上昇させます。
　酸性度・塩基性：$-COOH$は酸性を、$-NH_2$は塩基性を示します。
　反応性：$C=C$（二重結合）は付加反応を起こしやすくなります。

炭素と水素だけで構成された化学基を**炭化水素基**といい、一般的には**アルキル基**とよばれます。アルキル基の一般式は、C_nH_{2n+1}です。ここで、nは炭素原子の数を示します。たとえば、アルコールの分子では、ヒドロキシ基（$-OH$）がアルキル基に結合しています。エタノール（C_2H_5OH）は、エチル基（$-C_2H_5$）にヒドロキシ基が結合した形です。この一般式は、アルカン

（飽和炭化水素）から水素原子1つを取り除いた形を表しています。炭化水素基は官能基でなく、一般的に置換基に分類されます。

　置換基や官能基の理解は、薬物設計において極めて重要です。たとえば、アスピリンの効果は、主に、その分子中のアセチル基（−COCH$_3$）によるものです。この置換基を変更することで、薬物の効果や副作用を調整することができます。また、官能基の理解は、薬物代謝の予測に不可欠です。たとえば、肝臓のシトクロムP450酵素による酸化反応は、多くの場合、アルキル基のヒドロキシ化から始まります。

12.3　炭化水素の構造と性質

　最も基本的な有機化合物である炭化水素は、炭素と水素から構成されています。炭化水素は炭素骨格の形状によって、鎖状炭化水素（鎖式炭化水素）と環状炭化水素（環式炭化水素）に大別されます（図12-2）。

　鎖状炭化水素は、炭素原子が直鎖状、または枝分かれ状（分岐状）に結合し、4つの結合をもたない炭素原子に水素原子が結合しているものを指します。直鎖とは、炭素原子が分岐せずに一直線にに並んで結合している構造のことです。一方、側鎖は、主鎖から分岐した構造を形成するため、直鎖のものとは異なる立体配置をとることがあり、分子の性質に影響を与えます。

　環状炭化水素は、炭素原子が輪のように環状に結合し、その炭素原子に水素原子が結合しているものです。環状炭化水素の中でも、ベンゼンのように特殊な性質（芳香族性）をもつものを芳香族炭化水素とよび、芳香族性をもたないものを脂環状炭化水素（脂環式炭化水素）といいます。

　芳香族炭化水素の代表例であるベンゼンC$_6$H$_6$は、6つの炭素原子が六角形の環を形成し、共役したπ電子系をもつ特殊な構造をしています。すべての原子が同一平面上に並び、共鳴によって特有の安定性と反応性を示します。

　炭化水素は、炭素原子間の結合形式によって、飽和炭化水素と不飽和炭化水素に大別されます（図12-3）。炭素原子間が単結合でのみ結ばれている炭化水素を飽和炭化水素、二重結合または三重結合を含む炭化水素を不飽和炭化水素といいます。

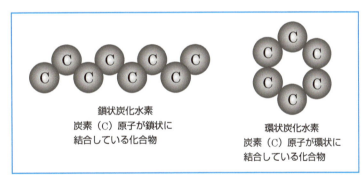

図12-2　炭化水素の鎖状構造と環状構造

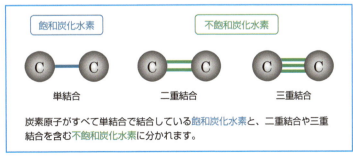

図12-3　炭素原子の結合

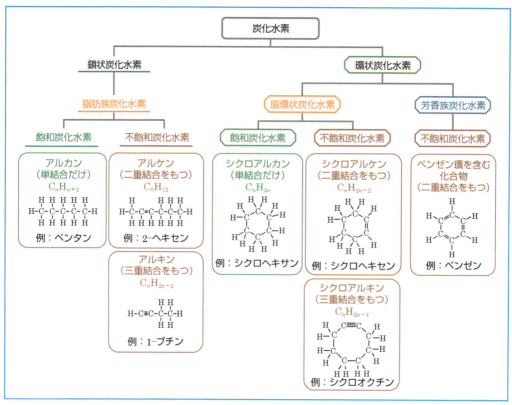

図 12-4 炭化水素の分類

また、鎖状または環状で芳香族性をもたない炭化水素を**脂肪族炭化水素**といいます。

鎖式炭化水素のうち、飽和炭化水素は**アルカン**とよばれます。アルカンには直鎖状のものと分岐鎖状のものがあり、これらは互いに構造異性体の関係にあります。環状の飽和炭化水素は**シクロアルカン**とよばれ、環の大きさによって、分子のひずみ (環ひずみ) や反応性が変化します。なお、シクロ (cyclo) とは、環状などを意味する接頭語です。

二重結合を1つ以上もつ鎖状構造の不飽和炭化水素を**アルケン**、環状の不飽和炭化水素を**シクロアルケン**といいます。三重結合を1つ以上もつ鎖状構造の不飽和炭化水素を**アルキン**、アルキンの構造が環状の不飽和炭化水素を**シクロアルキン**といいます。炭化水素の分類を図12-4に示します。

アルカンやアルケンは極性が低く、水に溶けにくい性質をもちます。これらの性質を理解することで、薬物や生理活性物質の脂溶性の予測し、体内動態を考える上で役立ちます。たとえば、脂環状炭化水素が連結した構造をもつステロイドホルモン類は脂溶性が高いため、細胞膜を通過しやすいことが予想できます。実際にステロイドホルモン類は、細胞内の受容体に結合して作用を示します。

12.3.1　アルカン

炭素原子間がすべて単結合でつながっている鎖状飽和炭化水素を**アルカン**といい、一般式はC_nH_{2n+2}で表されます。最も簡単なアルカンであるメタンCH_4は、正四面体の中心に炭素原子があり、4つの頂点に水素原子が配置された構造をもっています。その他のアルカンは、メタンの正四面体を連結した構造です (**表12-3**)。

単結合で結合している炭素原子は、表12-3のエタンのように単結合を軸として自由に回転できます。

A アルカンの物理的性質

a 融点・沸点

直鎖状のアルカンでは、炭素原子の数が多くなるほど（分子量が大きくなるほど）、分子間に働くファンデルワールス力が大きくなるため、融点・沸点は高くなる傾向があります（図12-5）。

同じ炭素数のアルカンでは、枝分かれが多いほど球形に近くなり、表面積が小さくなるため、分子間に働くファンデルワールス力が小さくなり、融点・沸点は低くなります。

表12-3 メタンとエタンの立体構造

名称	構造式	立体構造
メタン	H-C-H（H上下）	正四面体 11 pm
エタン	H-C-C-H	154 pm 自由に回転ができます

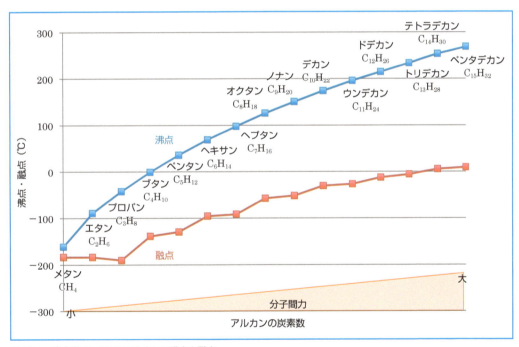

図12-5 炭素数15までのアルカンの沸点と融点

b 水溶性

アルカンは低極性分子であるため、極性の高い水には溶けませんが、極性の低いヘキサンなどの有機溶媒には溶けやすい性質があります。

B アルカンの反応

b 置換反応

メタンと塩素の混合気体に光を当てると、メタンの水素原子が次々に塩素原子と置き換わり、

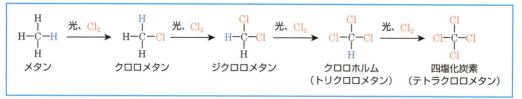

図 12-6 メタンの置換反応

塩素化合物が生成されます（図12-6）。同様に、アルカンと臭素の混合気体に光（紫外線）を当てると、臭素化反応が起こり、臭素化アルカンが生成されます。このように、分子内の原子や原子団が他の原子や原子団と置き換わる反応を置換反応といいます。置換反応によって得られた化合物を元の化合物の置換体とよび、置き換わった原子や原子団を置換基といいます。

アルカンは軟膏の基剤や吸入麻酔薬として使用されています。たとえば、軟膏基質のワセリンは長鎖アルカンの混合物で、保湿剤や軟膏の基剤として広く使用されています。また、ハロタン $CF_3CHBrCl$ やセボフルラン $CH(CF_3)_2OCH_2F$ などの吸入麻酔薬はアルカン誘導体です。

12.3.2 アルケン

分子内に1個以上の二重結合をもつ不飽和炭化水素をアルケンといいます。1個の二重結合をもつアルケンは、同じ炭素数のアルカンに比べて水素原子が2個少なく、一般式は C_nH_{2n} で表されます。

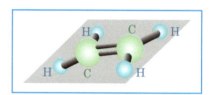

図 12-7　エチレンの平面構造

アルケンの二重結合をもつ2つの炭素原子と、それに直接結合する4つの原子は同一平面上に配置されています（図12-7）。二重結合をもつ炭素原子は、単結合と異なり、常温で自由に回転することができません。さらに、二重結合の素原子間の距離は、単結合より短くなる傾向があります。

A　アルケンの物理的性質

アルケンの物理的性質は、アルカンに似ています。極性の低いジエチルエーテルなどの有機溶媒には溶けやすいですが、極性の高い水などの溶媒には極めて溶けにくい性質があります。表12-4には炭素数4までのアルケンの物理的性質を示します。

B　アルケンの反応
b　付加反応

二重結合をもつ炭素原子は、他の原子や原子団と結合しやすい性質があります。これは、二重結合 C=C が1つのπ結合と、1つのσ（シグマ）結合から成り立っているためです（図12-8）。アルケンに水素分子を付加させる反応を水素付加反応といい、この反応によってアルカンが生成されます。言い換えると、不飽和結合（二重結合や三重結合）を飽和結合に変える反応です。この反応は、白金やパラジウムなどの金属触媒の存在下で進行します。また、ハロゲン（Br_2、Cl_2 など）は反応性が高く、触媒なしでアルケンへ付加反応を起こします。

π結合はσ結合より結合力が弱いため、π結合が切れると単結合になり、他の原子や原子団が新たに結合しやすくなります。このように、不飽和結合の一部が切断され、そこに他の原子や原子団が結合する反応を付加反応といいます（図12-9）。

表 12-4　アルケンの物理的性質（融点・沸点などの数値は米国国立医学図書館 PubChem に準拠）

アルケン（慣用名）	化学式・構造式	分子量	融点 (℃)	沸点 (℃)	密度 (g/cm³) (20 ℃)	水溶性 (g/L) (25 ℃)
エテン（エチレン）	C₂H₄　H₂C=CH₂	28.05	−169.18	−103.8	0.569	0.131
プロペン（プロピレン）	C₃H₆　CH₂=CHCH₃	42.08	−185.30	−47.68	0.5139	0.200
異性体　1-ブテン（α-ブチレン）	C₄H₈	56.11	−185.33	−6.47	0.588 (25 ℃)	0.221
異性体　trans-2-ブテン（trans-β-ブチレン）	C₄H₈	56.11	−105.52	0.88	0.6042	0.551
異性体　cis-2-ブテン（cis-β-ブチレン）	C₄H₈	56.11	−138.89	3.72	0.616 (25 ℃)	0.658
2-メチルプロペン（イソブテン）	C₄H₈	56.11	−140.7	−7.0	0.589 (25 ℃)	0.263

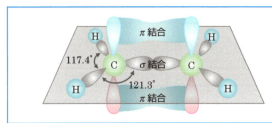

π結合は、σ結合より弱い結合で、比較的容易に切れてしまいます。
　π結合は上下にありますが、これは上下あわせて1つの結合とみなします。
　二重結合が回転できないのは、π結合があるためです。

図 12-8　アルケンの二重結合

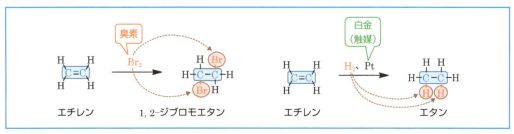

図 12-9　エチレンの付加反応

　アルケン構造は、多くの場合、薬物の立体構造や活性に重要な役割を果たしています。たとえば、非ステロイド性抗炎症薬（NSAIDs）であるスリンダクや高コレステロール血症治療薬のロスバスタチンとシンバスタチンなどにもアルケン構造が含まれています。

12.3.3　アルキン

　分子内に1個以上の三重結合をもつ不飽和炭化水素を**アルキン**とよび、1個の三重結合をも

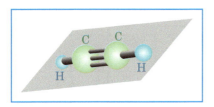

図12-10 アセチレンの直線状構造

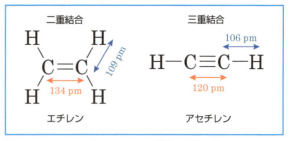

図12-11 エチレンとアセチレンの炭素間距離の違い

つアルキンは、同じ炭素数のアルカンより水素原子が4個少なく、一般式がC_nH_{2n-2}で表されます。三重結合をもつ2つの炭素原子と、それに直接結合する2つの原子は一直線上に並びます（図12-10）。三重結合をもつ炭素原子間の距離は、二重結合の炭素原子間の距離よりさらに短くなります（図12-11）。

A アルキンの物理的性質

アルキンの物理的性質も、アルカンやアルケンに似ています。極性の低いジエチルエーテルなどの有機溶媒には溶けますが、極性の高い水などの溶媒には極めて溶けにくい性質があります。表12-5には炭素数5までのアルキンの物理的性質を示します。

表12-5 アルキンの物理的性質（融点・沸点などの数値は米国国立医学図書館 PubChem に準拠）

アルキン（慣用名）		化学式・構造式	分子量	融点(℃)	沸点(℃)	密度(g/cm³)(20℃)	水溶性(g/L)(25℃)
エチン（アセチレン）		C_2H_2	H−C≡C−H	26.04	−80.7	−84.7	0.377	1.20
プロピン（メチルアセチレン）		C_3H_4	H−C≡C−CH₃	40.06	−102.7	−23.2	0.607	3.64
異性体	1-ブチン（エチルアセチレン）	C_4H_6	H−C≡C−CH₂−CH₃	54.09	−126	8	0.678	2.87
	2-ブチン（ジメチルアセチレン）	C_4H_6	H₃C−C≡C−CH₃	54.09	−32.3	26.9	0.691	−
	1-ペンチン	C_5H_8	H−C≡C−CH₂−CH₂−CH₃	68.12	−90	40.1	0.6945	1.05(20℃)
	2-ペンチン	C_5H_8	H₃C−C≡C−CH₂−CH₃	68.12	−109.3	56.1	0.7115	0.659

B アルキンの反応

a 付加反応

アルキンの三重結合は、σ結合1本とπ結合2本から構成されています。このπ結合は結合力が弱く切断されやすいため、アルキンは塩素や臭素などと容易に付加反応を起こします（図12-12）。この反応では、ハロゲンがアルキンの三重結合に付加し、ジハロゲン化アルケンが生成します。また、三重結合は反応性が高いので、水素と反応して、より安定な単結合に変化することができます。

たとえば、アセチレン（エチン）は金属触媒の存在下で水素と付加反応を起こし、エチレンを経てエタンになります（図12-13）。この反応は水素付加反応です。

また、アセチレンに硫酸水銀（Ⅱ）$HgSO_4$などの水銀塩を触媒として水を付加させると、ビニ

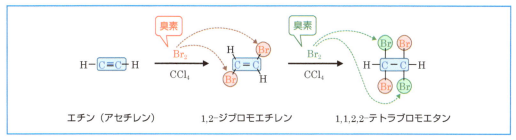

図 12-12　アセチレンの臭素付加反応

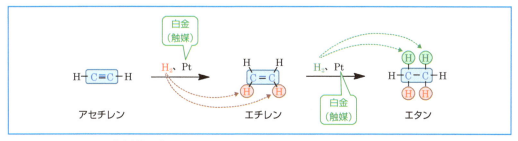

図 12-13　アセチレンの水素付加反応

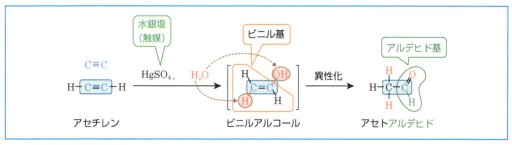

図 12-14　アセチレンの水付加反応

ルアルコール（$CH_2=CHOH$）が生成します（図 12-14）。ただし、このビニルアルコールは不安定で、すぐにアセトアルデヒドに変化します。

　このように、アルキンの三重結合は反応性が高く、付加反応を起こしやすいのが特徴です。反応条件を制御することで、さまざまな付加反応を行うことができます。

b　金属塩の沈殿

　アルキンには三重結合が存在するため、金属塩と反応して沈殿を生成することがあります。たとえば、アセチレンにアンモニア性硝酸銀(I)を加えると、爆発性がある銀塩（銀アセチリド）の白色沈殿が生成されます（図 12-15）。**アセチリド**とは、アセチレンC_2H_2の末端水素原子が金属原子で置換された化合物です。一般的な形式はM−C≡C−M、またはM−C≡C−H（Mは金属原子）です。たとえば、アセチレンにアンモニア性塩化銅(I)を加えると、銅アセチリド$Cu-C≡C-Cu$の赤褐色沈殿が生成されます。この反応はアセチレンの検出に用いられます。

　これらの金属アセチリドは、三重結合の高い反応性によって形成されます。特に、銀アセチリドは非常に不安定で爆発の危険性があるため、取り扱いには十分注意が必要です。このように、アルキンは金属塩と反応して沈殿を生成する性質があり、これも重要なアルキンの反応のひとつといえます。

$$H-C\equiv C-H + 2AgNO_3 \rightarrow Ag-C\equiv C-Ag + 2HNO_3$$
アセチレン　　アンモニア性　　　銀アセチリドの　　　硝酸
　　　　　　硝酸銀(I)　　　　　白色沈澱

$$H-C\equiv C-H + 2CuCl \rightarrow Cu-C\equiv C-Cu + 2HCl$$
アセチレン　　アンモニア性　　　銅アセチリドの　　塩化水素
　　　　　　塩化銅(I)　　　　　赤褐色沈澱

図 12-15　アセチレンの金属塩の形成

アルキン構造もまたアルケン構造と同じく、薬物や生理活性物質の構造に含まれます。たとえば、エチニルエストラジオールは、アセチレン誘導体 (エチニル基−C≡CHを含んでいます) であり、経口避妊薬の主要な成分として使用されています。また、抗パーキンソン病薬 (選択的MAO−B阻害薬) のセレギリンは分子内にアルキン構造を含みます。

12.4　異性体

同じ分子式をもつ化合物の中で、分子の構造が異なるために性質が異なる化合物を**異性体**といいます。同じ分子式をもちながら、原子の結合順序や配置が異なる異性体を**構造異性体**といいます。つまり、同じ種類と数の原子から成り立っていますが、それらの原子の配列が異なるため、異なる性質を示します。さらにまた、原子の結合順序は同じでありながら、空間配置が異なる異性体を**立体異性体**とよびます。

異性体の理解は薬学において非常に重要です。多くの医薬品は特定の異性体のみが効果を示し、他の異性体は無効または有害な場合があります。たとえば、鎮痛薬のイブプロフェンは、立体異性体のS体のみが活性を示しますが、R体をS体へ変換する酵素が存在することから、ラセミ体 (R体とS体の等量混合物) が使用されています。また、サリドマイドの悲劇は、S体が催奇形性をもつことが原因でした。このような例は、薬物設計における立体化学の重要性を示しています。

12.4.1　構造異性体

構造異性体は、鎖状異性体、位置異性体、官能基異性体に大別されます。
(1) **鎖状異性体**：炭素原子の鎖の形 (直鎖状、分枝状) が異なる異性体です。炭素原子が4個以上のアルカンには炭素骨格の異性体が存在します。たとえば、ペンタンC_5H_{12}には、2−メチルブタンと2,2−ジメチルプロパンがあります (図12-16)。

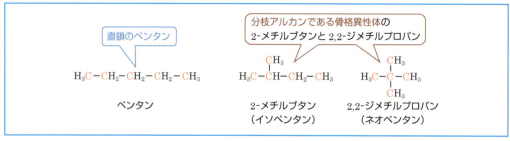

図 12-16　C_5H_{12} (ペンタン) の構造異性体

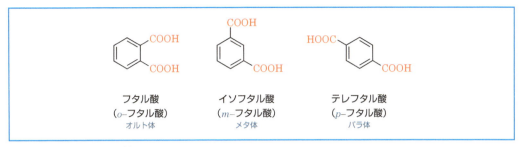

図 12-17　位置異性体の一例

(2) **位置異性体**：ベンゼン環に結合した置換基の位置関係による異性体で、隣接するものをオルト (*o*)、1つ飛ばしをメタ (*m*)、対向するものをパラ (*p*) とよびます。たとえば、フタル酸、イソフタル酸、テレフタル酸があります (図12-17)。

(3) **官能基異性体**：同じ分子式でありながら、異なる官能基をもつ異性体です。たとえば、エタノール C_2H_6O とジメチルエーテル C_2H_6O の2つがあります (図12-18)。これらは水への溶解性や沸点が大きく異なります。エタノールはヒドロキシ基 (−OH) をもつアルコールであり、ジメチルエーテルはエーテル結合 (−O−) をもつエーテルです。

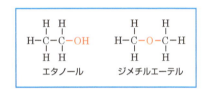

図 12-18　官能基異性体の一例

12.4.2 立体異性体

炭素が4個以上のアルケンでは、構造異性体の他に、分子の立体的な構造が異なるために生じる異性体が存在します。同じ分子式をもちながら、原子の空間的配置が異なる化合物を**立体異性体**といいます。立体異性体は、幾何異性体と鏡像異性体の2つのカテゴリーに分けられます。

A　幾何異性体（シス−トランス異性体）

二重結合や環状構造をもつ分子で、特定の原子や基が異なる位置に配置されることによって異なる性質をもつ異性体を幾何異性体（シス−トランス異性体ともいいます）といいます。幾何異性体には、シス型 (*cis*型) とトランス型 (*trans*型) の2種類の立体異性体があります。置換基が同じ側にある場合はシス型、反対側にある場合はトランス型といいます。

幾何異性体の代表的な例として、以下があります。

(1) 2−ブテン (C_4H_8) (図12-19)
　(a) *cis*−2−ブテン：二重結合の同じ側に2つのメチル基 (−CH_3) が位置します。

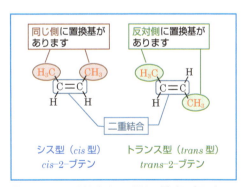

図 12-19　シス型とトランス型の一例（2−ブテン）

(b) *trans*-2-ブテン：二重結合の反対側に2つのメチル基が位置します。

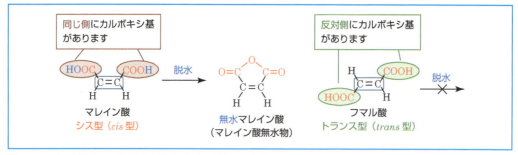

図 12-20　シス型とトランス型の一例（マレイン酸とフマル酸）

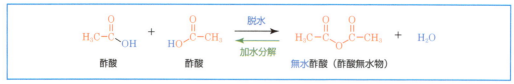

図 12-21　酸無水物の例（無水酢酸）

(2) マレイン酸とフマル酸（HOOC–CH=CH–COOH）（図12-20）
 (a) マレイン酸：シス異性体で、二重結合の同じ側にカルボキシ基（–COOH）が位置します。シス型のマレイン酸では、2つのカルボキシ基が近接しているため、加熱すると分子内で脱水縮合が起こり、1分子の水を失い、無水マレイン酸（マレイン酸無水物）が生成されます。無水マレイン酸や無水酢酸のように、2つのカルボキシ基（–COOH）から1分子の水が脱離して形成された化合物を一般に酸無水物といいます（図12-21）。酸無水物は水と反応すると加水分解を受け、対応するカルボン酸に戻ります。
 (b) フマル酸：トランス異性体で、二重結合の反対側にカルボキシ基が位置します。トランス型のフマル酸では、2つのカルボキシ基が遠く離れているため、この脱水反応が起こりません。

B　鏡像異性体（エナンチオマー）

乳酸（CH₃–CH(OH)–COOH）のように、**ヒドロキシ基（–OH）をもつカルボン酸（–COOH）**を**ヒドロキシ酸**といいます。図12-22の乳酸の構造式中に＊印を付けた**炭素原子は、4種類の異なる原子や置換基**（H、CH₃、OH、COOH）と結合しています。このように、4つの異なる原子ま

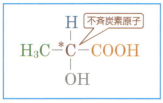

図 12-22　不斉炭素原子の例（乳酸）

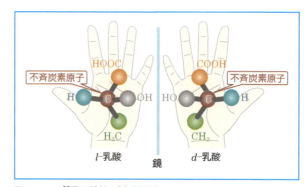

図 12-23　鏡像異性体の例（乳酸）

たは基（置換基）が結合している炭素原子を**不斉炭素原子**といいます。不斉炭素原子をもつ分子は、鏡像異性体（エナンチオマー）をもちます。これによって、右旋性（d型、dextro）と左旋性（l型、levo）の異性体が存在します。

互いに鏡に映したような関係にあるが、重ね合わせることができない2つの分子を**鏡像異性体**または**エナンチオマー**とよびます。これは、右手と左手の関係にたとえるとわかりやすいです。右手と左手は鏡に映すと互いに対応しますが、重ね合わせることはできません（図12-23）。d型とl型が等量混合した物質を**ラセミ体**といいます。

不斉炭素の表記については、(d、l)のほかに、R、Sを用いる方法があります。これらの表記法の詳細については専門書で勉強して下さい。

12.5 アルコールとエーテル

アルコールとエーテルは、有機化学において重要な役割を果たす2つの化合物群です。これらは共に酸素を含む官能基をもち、日常生活や産業界で幅広く利用されています。アルコールは−OH基を特徴とし、エーテルは−O−結合をもつという点で構造的に異なります。この構造の違いが、それぞれの化合物の性質や反応性に大きな影響を与えています。

12.5.1 アルコール

アルコール（一般式：R−OH）は、炭化水素の水素原子がヒドロキシ基（−OH）に置換された有機化合物です。最も単純なアルコールはメタノール（CH_3OH）で、エタノール（C_2H_5OH）は飲料や消毒に広く使用されています。ただし、ベンゼン環にヒドロキシ基が結合している化合物である**フェノール**は、アルコールと区別されます（図12-24）。

アルコールは極性をもち、水素結合を形成するため、低分子量のものは水によく溶けます。この性質によって、アルコールは溶媒として幅広く利用されています。アルコールは酸化されると、アルデヒドやケトン、さらにカルボン酸になる特徴があります。また、アルコールは中性分子ですが、強塩基と反応してアルコキシドイオン（R−O⁻）を形成します。

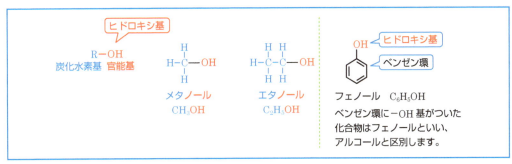

図12-24 アルコールの例

12.5.2 アルコールの分類

A 価数による分類

アルコールは、含まれる−OH基の数によって1価、2価、3価に分類されます（**表12-6**）。

表 12-6 価数によるアルコールの分類

分類	1価アルコール	2価アルコール	3価アルコール
代表例	H H-C-OH H メタノール H H H-C-C-OH H H エタノール	H H-C-OH H-C-OH H エチレングリコール	H H-C-OH H-C-OH H-C-OH H グリセリン

(1) **1価アルコール**：1分子中に1個の−OH基を含む化合物です。

(2) **2価アルコール**：1分子中に2個の−OH基を含む化合物で、グリコールともよばれます。

(3) **3価アルコール**：1分子中に3個の−OH基を含む化合物です。

B　級数による分類

　−OH基が結合している炭素原子に別の炭素原子が結合している数に基づき、第一級、第二級、第三級に分類されます（**表12-7**）。

(1) **第一級アルコール**：−OH基が結合している炭素原子に、1個の炭素原子が結合しています。

(2) **第二級アルコール**：−OH基が結合している炭素原子に、2個の炭素原子が別々に結合しています。

(3) **第三級アルコール**：−OH基が結合している炭素原子に、3個の炭素原子が別々に結合しています。

　例外として、メタノール CH_3OH は第一級アルコールとして扱われます。

　さらに、炭素数が5個までのアルコールを**低級アルコール**、6個以上のアルコールを**高級アルコール**とよびます。メタノールやエタノールは低級アルコールに分類されます。天然の高級アルコールは、脂肪酸とエステルを形成し、ロウや油脂の成分として自然界に広く分布しています。

表 12-7 級数によるアルコールの分類

分類	第一級アルコール	第二級アルコール	第三級アルコール
一般例	H R-C—OH H (H H-C—OH H)	H R-C-R OH	R R-C-R OH
代表例	H H H-C-C—OH H H エタノール (H H-C—OH H メタノール)	H H₃C-C-CH₃ OH プロパン-2-オール （イソプロパノール）	CH₃ CH₃-C-CH₃ OH 2-メチルプロパン -2-オール （*tert*-ブタノール） （*tert*はターシャリーと読みます。 「第三級」という意味です）

198　　第12章　有機化合物の基礎

12.5.3 アルコールの性質

A 物理的性質
a 沸点・融点
アルコールは、同程度の分子量の炭化水素に比べて沸点や融点が高いことが知られています（表12-8）。これは、アルコール分子間で水素結合が形成されるためです（図12-25）。

表12-8　アルコールの物理的性質（融点・沸点などの数値は米国国立医学図書館 PubChem に準拠）

アルコール	化学式	分子量	融点（℃）	沸点（℃）	密度（g/cm³）（20℃）	水溶性（g/L）（25℃）
メタノール	CH_3OH	32.04	−97.8	64.7	0.78766（25℃）	1×10^3
エタノール	C_2H_5OH	46.07	−114.1	78.2	0.7893	1×10^3
1-プロパノール	C_3H_7OH	60.10	−126.1	97.2	0.8053	1×10^3
2-プロパノール	C_3H_7OH	60.10	−89.5	82.3	0.78509	1×10^3
1-ブタノール	C_4H_9OH	74.12	−89.8	117.7	0.8098	63.2
2-ブタノール	C_4H_9OH	74.12	−114.7	99.5	0.8063	125
ベンジルアルコール	$C_6H_5CH_2OH$	108.14	−15.2	205.3	1.0419	42.9
エチレングリコール	$C_2H_4(OH)_2$	62.07	−12.69	197.3	1.1135	100
グリセリン	$C_3H_5(OH)_3$	92.09	18.1	290	1.2613	5.3×10^3

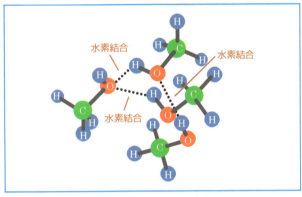

図12-25　メタノールにみられる分子間の水素結合

b 水溶性
炭素数が3個以下のアルコールは水と任意の割合で混ざります。炭素数が5個以下のアルコールは水に溶けやすいですが、炭素数が6個以上になると疎水性の炭化水素部分の影響が大きくなり、水への溶解度が低下します。これは、−OH基が水となじみやすい性質（親水性）をもつ一方で、炭化水素基は水と馴染みにくい性質（疎水性）をもつことが関係しています（図12-26）。

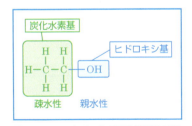

図12-26　エタノールの疎水性部位と親水性部位

B 水溶液の性質
水酸化ナトリウム NaOH が水に溶けて Na^+ と OH^- に分かれるのとは異なり、アルコールを水に溶かしても OH^- は生成しないため、アルコールの水溶液は中性となります。

C ナトリウムとの反応

エタノールに金属ナトリウムまたは水素化ナトリウムを加えると、水素ガスを発生しながらナトリウムエトキシド（ナトリウムエチラートともよばれます）を生成します（図12-27）。この水溶液はアルカリ性を示します。

$2C_2H_5OH + 2Na \rightarrow 2C_2H_5ONa + H_2\uparrow$
エタノール　　　ナトリウム　　エトキシド

図12-27　エタノールとナトリウムの反応

D 酸化反応

アルコールが酸化剤と反応する場合、級数によって生成物が異なります（図12-28）。

(1) **第一級アルコール**：アルデヒドになり、さらに酸化されるとカルボン酸になります。
(2) **第二級アルコール**：ケトンになります。
(3) **第三級アルコール**：酸化されません。

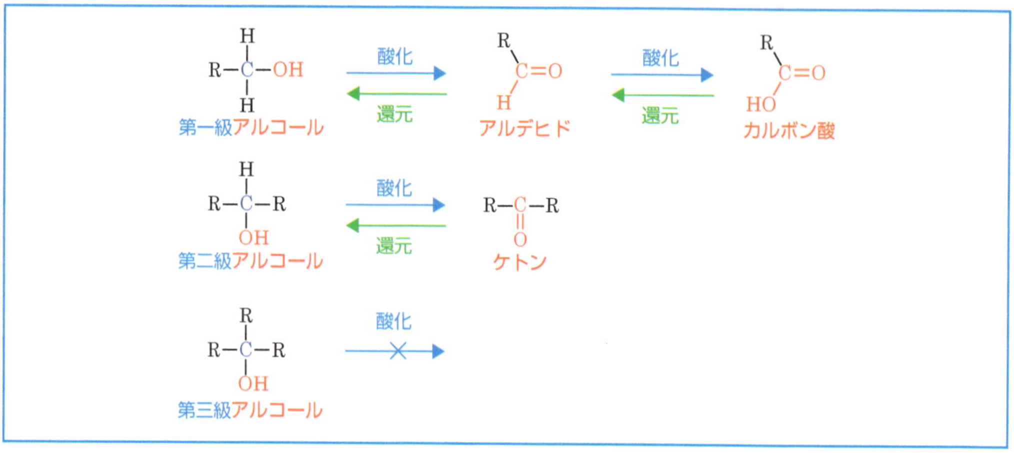

図12-28　アルコールの酸化反応

E 脱離反応と縮合反応

(1) **脱離反応**：アルコール1分子から水1分子が取り除かれ、二重結合が形成される反応です。この反応は、脱水反応の一種で分子内脱水反応ともよばれます（図12-29）。アルコールの脱離反応では一般的に強酸触媒が必要です。たとえば、エタノールを強酸触媒存在下で加熱すると、水1分子が脱離してエチレンが生成されます。

$$CH_3CH_2OH \rightarrow CH_2=CH_2 + H_2O$$

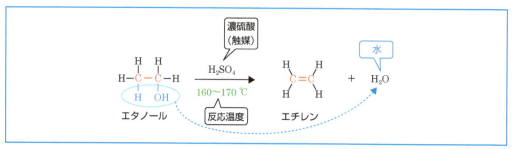

図12-29　エタノールの脱離反応

この反応は1つのアルコール分子から水が脱離するため、分子内脱水反応です。ただし、反応が進行するためには通常、強酸触媒と加熱が必要です。

(2) **縮合反応**：2分子のアルコールから水1分子が取り除かれ、より大きな分子が形成される反応です。2つのアルコール分子から水分子が取り除かれ、2分子が結合する反応を分子間脱水反応といいます（図12-30）。たとえば、2分子のエタノールから水1分子が取り除かれ、ジエチルエーテルが生成されます。

反応温度によって生成物が異なり、エタノールの場合、130～140℃ではジエチルエーテルが、160～170℃では分子内脱水反応によって、エチレンがそれぞれ生成されます。

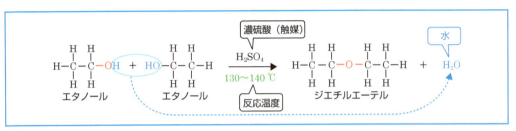

図12-30　エタノールの縮合反応

12.5.4　エーテル

2個の炭化水素基が酸素原子にエーテル結合（−O−）した化合物をエーテル（一般式：R−O−R'）とよびます（図12-31）。エーテル結合は「−O−」と一般的に示されますが、より正確には「C−O−C」の中の「−O−」と理解すべきです。エーテル結合は、酸素原子が2つの炭素原子と結合した構造を指します。エーテルは、2つのアルキル基（炭化水素基）が酸素原子を介して結合した化合物です。たとえば、ジエチルエーテルの場合、2つのエチル基（−CH$_2$CH$_3$）がエーテル結合（−O−）によって結合しています。ジメチルエーテルはエタノールと同じ分子式（C$_2$H$_6$O）をもち、官能基の違いによる官能基異性体に分類されます。

エーテルはヒドロキシ基（−OH）をもたないため、水に溶けにくく、金属ナトリウムとも反応しない性質があります。また、エーテルどうしでは水素結合を形成できないため、分子間相互作用が弱く、沸点がアルコールより低くなります（表12-9）。さらに、エーテルは揮発性が高く引火しやすい性質があり、特にジメチルエーテルやジエチルエーテルなどの低分子エーテルは引火しやすいため、取り扱いには注意が必要です。

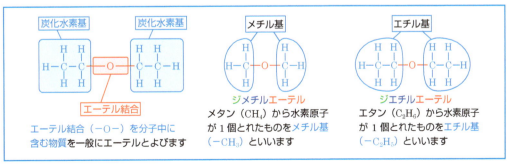

図12-31　代表的なエーテル

表 12-9 エーテルの物理的性質（融点・沸点などの数値は米国国立医学図書館 PubChem に準拠）

エーテル	化学式	分子量	融点 (℃)	沸点 (℃)	密度 (g/cm³) (20 ℃)	水溶性 (g/L) (25 ℃)
ジメチルエーテル	CH_3OCH_3	46.07	−141.5	−24.82	1.91855 (25 ℃)	46
ジエチルエーテル	$C_2H_5OC_2H_5$	74.12	−116.3	34.6	0.7134	60.4
ジイソプロピルエーテル	$C_3H_7OC_3H_7$	102.17	−86.8	68.5	0.7258	8.8 (20 ℃)
ジブチルエーテル	$C_4H_9OC_4H_9$	130.23	−95.2	140.8	0.7684	0.3
フラン	C_4H_4O	68.07	−85.61	31.5	0.9731 (19.4 ℃)	10
ジベンゾフラン	$C_{12}H_8O$	168.19	86.5	287	1.0886 (99 ℃)	0.0031

12.6 アルデヒドとケトン

炭素原子と酸素原子が二重結合で結ばれた官能基（>C=O）を**カルボニル基**といいます。カルボニル基をもつ化合物はカルボニル化合物とよばれます。カルボニル化合物には、アルデヒドとケトンがあります。また、カルボニル基に結合する2個の置換基の一方が水素原子である場合、そのカルボニル基と水素原子を合わせて**ホルミル基**（−CHO）とよびます。

分子内にホルミル基をもつ有機化合物は**アルデヒド**で、一般式を R−CHO（R は水素原子または炭化水素基）で表します。また、炭素原子に結合したカルボニル基が存在し、そのカルボニル基の炭素原子が2つの有機基（R 基）に結合している有機化合物を**ケトン**といい、一般式を R−CO−R'（R と R' は炭化水素基）で表します（図12-32）。最も単純なアルデヒドはホルムアルデヒド（HCHO）です。また、最も単純なケトンはアセトン（CH_3COCH_3）です。一般にアルデヒドはケトンより反応性が高くなります。

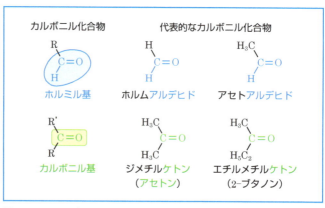

図 12-32 アルデヒドとケトン

12.6.1 アルデヒドとケトンの性質

アルデヒドはアルコールやカルボン酸と異なり、ナトリウムと反応しません。

A 物理的性質

アルデヒドやケトンの沸点は、同程度の分子量をもつアルコールより低く、エーテルよりやや高い傾向があります（表12-10）。これは、アルデヒドやケトンの分子間に水素結合が形成されないためです。

B 還元性

アルデヒドは酸化されやすいため、還元性（他の物質を還元する能力）があります（図12-33）。それに対してケトンは通常の条件下で酸化されにくいため、還元性がありません。この

表 12-10　アルデヒドとケトンの物理的性質（融点・沸点などの数値は米国国立医学図書館 PubChem に準拠）

カルボニル化合物		化学式	分子量	融点(℃)	沸点(℃)	密度(g/cm³)(20℃)	水溶性(g/L)(25℃)
アルデヒド	ホルムアルデヒド	HCHO	30.03	−92	−19.5	0.815（−20℃）	400（20℃）
	アセトアルデヒド	CH₃CHO	44.05	−123.4	20.8	0.7834（18℃）	1×10³
ケトン	アセトン	CH₃COCH₃	58.08	−94.9	56.08	0.7845	1×10³
	エチルメチルケトン	CH₃COCH₂CH₃	72.11	−86.67	79.59	0.805	223

性質の違いを利用して、アルデヒドとケトンを区別することができます。アルデヒドの還元性は、フェーリング液を還元する反応や銀鏡反応で確認できます。

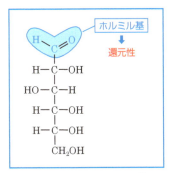

図 12-33　D-グルコースの還元性

a　フェーリング液の還元

フェーリング液にホルミル基（−CHO）をもつ化合物（例：グルコース）を加えて加熱すると、ホルミル基によってフェーリング液中の銅(II)イオン（Cu²⁺）が還元され、酸化銅(I)（Cu₂O）の赤色沈殿を生成します。

b　銀鏡反応

アンモニア性硝酸銀水溶液（トレンス試薬）にアルデヒドを加えて静かに加熱すると、アルデヒドが銀(I)イオン（Ag⁺）を還元し、銀 Ag が析出します。析出した銀が鏡のようになるため、これを**銀鏡反応**といいます。

c　ヨードホルム反応

メチルケトン（−CO−CH₃）をもつケトンやアルデヒド、または第二級アルコール（R−CH(OH)−CH₃）に、ヨウ素 I₂ と水酸化ナトリウム NaOH 水溶液の混合液を加えて加熱すると、特有の臭気をもつヨードホルム CHI₃ の黄色沈殿が生成されます。このように、アルデヒドやケトンなどの特定の構造をもつ有機化合物を識別するための化学反応を**ヨードホルム反応**といいます（図 12-34）。第二級アルコールの場合、I₂ と NaOH の混合液が酸化剤として働き、アルコールが酸化されてメチルケトンが生成するため、同様の反応が起こります。化学反応式で示すと、図 12-34 のようになります。どちらの場合でも、副生成物としてカルボン酸のナトリウム塩（R−CO−ONa）が生成されます。

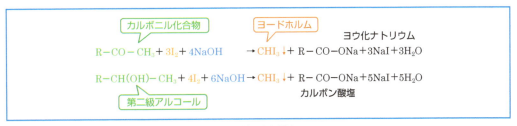

図 12-34　カルボニル化合物と第二級アルコールのヨードホルム反応

12.7　カルボン酸とエステル

　カルボン酸とエステルは、有機化学において密接に関連する官能基をもつ2つの重要な化合物群です。カルボン酸は−COOH基をもち、酸性を示す特徴的な官能基を有しています。
　一方、エステルはカルボン酸とアルコールの縮合によって生成されます。これらの化合物は、自然界に広く存在し、多くの工業製品や医薬品の合成に利用されています。

12.7.1　カルボン酸

　カルボキシ基（−COOH）をもつ化合物を**カルボン酸**（一般式：R−COOH）といいます。分子中のカルボキシ基の数によって、1価カルボン酸、2価カルボン酸、3価カルボン酸に分類されます（表12-11）。また、鎖状の炭化水素基の末端にカルボキシ基が1個結合したカルボン酸を特に**脂肪酸**とよびます。脂肪酸の一般式は、$CH_3(CH_2)_nCOOH$ です。

表12-11　価数によるカルボン酸の分類

分類	1価カルボン酸	2価カルボン酸	3価カルボン酸
代表例	酢酸	コハク酸	クエン酸

12.7.2　カルボン酸の性質

A　物理的性質

a　沸点

　カルボン酸は、同じ炭素数のアルコールより沸点が高くなります（表12-12）。これは、カルボン酸の2分子が水素結合によって二量体を形成し、見かけの分子量が大きくなるためです（図12-35）。

図12-35　カルボン酸の水素結合による二量体形成

表12-12　カルボン酸の物理的性質（融点・沸点などの数値は米国国立医学図書館 PubChem に準拠）

カルボン酸	化学式	分子量	融点 (℃)	沸点 (℃)	密度 (g/cm^3) (20℃)	水溶性 (g/L) (25℃)
ギ酸	HCOOH	46.03	8.3	101	1.220	1×10^3
酢酸	CH$_3$COOH	60.05	16.6	117.9	1.0446 (25℃)	1×10^3
プロピオン酸	C$_2$H$_5$COOH	74.08	−20.7	141.1	0.993	1×10^3
酪酸	C$_3$H$_7$COOH	88.11	−5.7	163.7	0.959	60
コハク酸	(CH$_2$COOH)$_2$	118.09	188	235	1.572 (25℃)	83.2
安息香酸	C$_6$H$_5$COOH	122.12	122.4	249.2	1.2659 (15℃)	3.4
サリチル酸	C$_6$H$_4$(OH)COOH	138.12	158	211	1.443	2.24

b 水溶性

炭素数が少ないカルボン酸（例：ギ酸、酢酸）は水に溶けやすいです。水溶液中では一部が解離し、弱い酸性を示します。

$$CH_3COOH \rightleftarrows CH_3COO^- + H^+$$

B 酸の強弱

カルボン酸は、塩酸や硫酸より弱い酸ですが、炭酸より強い酸です。

$$HCl、H_2SO_4 > R-COOH > H_2CO_3$$
塩酸　硫酸　　カルボン酸　炭酸

C 酸化反応

カルボン酸は通常、酸化されません。しかし、ギ酸（HCOOH）はカルボキシ基とホルミル基の両方をもつため、酸化されやすい性質があります（図12-36）。したがって、ギ酸はアルデヒドと同様に還元性をもち、フェーリング液やアンモニア性硝酸銀水溶液を還元します（銀鏡反応）。

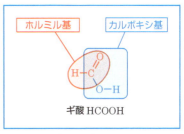

図 12-36　ギ酸の構造

12.7.2 エステル

カルボン酸の−OHとアルコールの水素原子Hが脱離して水分子を生成し、縮合して形成される化合物を**エステル**とよびます（図12-37）。このとき、カルボン酸のカルボキシ基（−COOH）とアルコールのヒドロキシ基（−OH）が結合して、エステル結合（−COO−）が形成されます。**エステル結合**（−COO−）は、カルボン酸のカルボニル炭素（>C=O）とアルコール由来の酸素（O）とが共有結合を形成することで生じる結合です。

カルボン酸とアルコールが反応してエステルと水を生成する化学反応を**エステル化**とよび、通常は硫酸などの酸を触媒として用います（図12-38）。エステル化反応によって生成されるエステル分子内の特定の結合がエステル結合です。エステル化の逆反応をエステルの**加水分解**といいます。

エステルは水と反応して加水分解され、カルボン酸とアルコールが生成されます（図12-39）。この反応は可逆的であり、酸性条件では平衡状態にな

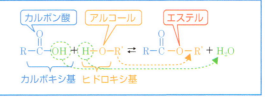

図 12-38　カルボン酸とアルコールによるエステル化

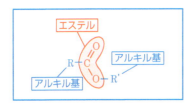

図 12-37　エステルの構造

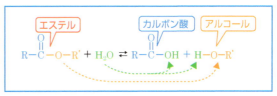

図 12-39　エステルの加水分解

ります。硫酸や塩酸などの酸を触媒として加えると、反応は速く進行します。一方、強塩基の水溶液を加えると、エステルは加水分解され、カルボン酸塩とアルコールが生成されます。この反応を**けん化**といい、生成したカルボン酸が塩（カルボン酸塩）として安定するため、逆反応が起こらず不可逆的に進行します（**図12-40**）。したがって、酸性条件では、エステル化と加水分解の平衡が成立しますが、塩基性条件ではけん化が一方向に進行し、エステル化が起こりません。

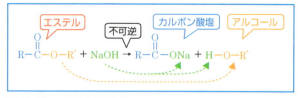

図 12-40 エステルのけん化

12.8 アミンとアミノ酸

12.8.1 アミン

アンモニア（NH_3）の水素原子が炭化水素基（アルキル基やアリール基など）で置換した有機化合物を総称して**アミン**といいます。第一級アミンは、アミノ基（$-NH_2$）をもつのが特徴です。

窒素原子に結合している炭化水素基の数によって、第一級アミン、第二級アミン、第三級アミンに分類されます（**表12-13**）。

表 12-13 アミンの構造式

第一級アミン	第二級アミン	第三級アミン
$R^1{-}NH_2$	R^1R^2NH	$R^1R^2R^3N$

　第一級アミン：窒素原子に1つの炭化水素基が結合したものです。
　　例：メチルアミン CH_3NH_2
　第二級アミン：窒素原子に2つの炭化水素基が結合したものです。
　　例：ジメチルアミン $(CH_3)_2NH$
　第三級アミン：窒素原子に3つの炭化水素基が結合したものです。
　　例：トリメチルアミン $(CH_3)_3N$

アミンには以下のような性質があります。

　塩基性：水溶液中でプロトン（H^+）を受け取り、アンモニウムカチオンを形成します。
　臭　気：特徴的な臭気があります。低分子量のアミンは魚臭や腐敗臭に似た強い臭いがあることが多いです。
　水溶性：低分子量のアミンは水によく溶けますが、分子量が増えると水溶性が低下します。
　反応性：アミンは求核剤として働き、第一級アミンと第二級アミンはアシル化やアルキル化反応を起こします。第三級アミンをアルキル化すると第四級アンモニウム塩を形成します。なお、第四級アンモニウム塩は、窒素原子に4つの炭化水素基が結合した化合物で、正電荷をもつイオンです。
　酸　化：空気中の酸素によってゆっくりと酸化されます。

アミンは有機合成、医薬品、染料、ポリマーなどさまざまな分野で重要な役割を果たしています。

12.8.2　アミノ酸

アミノ酸は、アミノ基（－NH$_2$）とカルボキシ基（－COOH）をもつ有機化合物で、生体内のタンパク質の構成単位です。ヒトのタンパク質を構成する20種類のアミノ酸を標準アミノ酸といい、そのうち9種類は必須アミノ酸です。**必須アミノ酸**は体内で合成できないため、食事から摂取する必要があります。一方、非必須アミノ酸は体内で他のアミノ酸から合成できます。必須アミノ酸には、バリン、ロイシン、イソロイシン、リシン、メチオニン、フェニルアラニン、トレオニン、トリプトファン、ヒスチジン（成長期のみ）があります。

アミノ酸の一般的な構造（図12-41）は、中心の**α炭素**にアミノ基、カルボキシ基、水素原子、そして**側鎖**（R基）が結合しています。この側鎖の構造・性質によって、アミノ酸を分類できます（表12-14）。

アミノ酸は、その側鎖の性質によって以下のように分類されます。

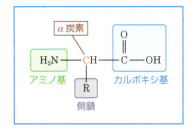

図12-41　アミノ酸の一般式

非極性（疎水性）：アラニン、バリン、ロイシン、イソロイシンなど
極性（親水性）：セリン、スレオニン、アスパラギン、グルタミンなど
酸性：アスパラギン酸、グルタミン酸
塩基性：リシン、アルギニン、ヒスチジン

表12-14　アミノ酸とその構造式

	アミノ酸		側鎖の親水性/疎水性	分子量	p$K_{NH_3^+}$	pK_{COOH}
	モノアミンカルボン酸（中性アミノ酸）					
脂肪族アミノ酸	グリシン Gly, G	H$_2$N-CH(H)-C(=O)-OH	疎水性（非極性）	75.07	9.6	2.34
	アラニン Ala, A	H$_2$N-CH(CH$_3$)-C(=O)-OH	疎水性（非極性）	89.10	9.87	2.35
	バリン Val, V	H$_2$N-CH(CH(CH$_3$)CH$_3$)-C(=O)-OH	疎水性（非極性）	117.15	9.72	2.29
	ロイシン Leu, L	H$_2$N-CH(CH$_2$CH(CH$_3$)CH$_3$)-C(=O)-OH	疎水性（非極性）	131.18	9.6	2.36
	イソロイシン Ile, I	H$_2$N-CH(CH(CH$_3$)CH$_2$CH$_3$)-C(=O)-OH	疎水性（非極性）	131.18	9.76	2.32

表 12–14　アミノ酸とその構造式（続き）

アミノ酸		側鎖の親水性/疎水性	分子量	$\mathrm{p}K_{\mathrm{NH_3^+}}$	$\mathrm{p}K_{\mathrm{COOH}}$
オキシアミノ酸（中性アミノ酸）					
セリン Ser, S	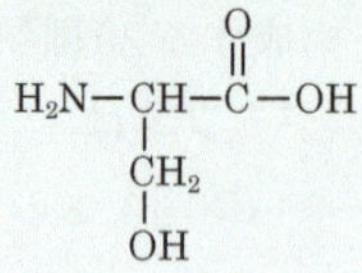 $\begin{array}{c} \mathrm{O} \\ \parallel \\ \mathrm{H_2N-CH-C-OH} \\ \mid \\ \mathrm{CH_2} \\ \mid \\ \mathrm{OH} \end{array}$	親水性（極性）	105.09	9.15	2.21
トレオニン Thr, T	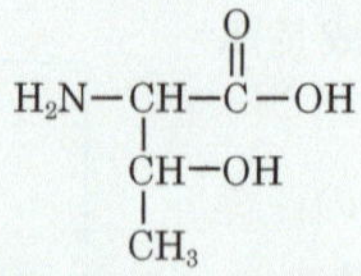 $\begin{array}{c} \mathrm{O} \\ \parallel \\ \mathrm{H_2N-CH-C-OH} \\ \mid \\ \mathrm{CH-OH} \\ \mid \\ \mathrm{CH_3} \end{array}$	親水性（極性）	119.12	9.12	2.15
硫黄を含むアミノ酸（中性アミノ酸）					
システイン Cys, C	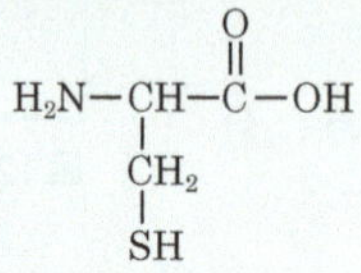 $\begin{array}{c} \mathrm{O} \\ \parallel \\ \mathrm{H_2N-CH-C-OH} \\ \mid \\ \mathrm{CH_2} \\ \mid \\ \mathrm{SH} \end{array}$	親水性（極性）	121.16	10.78	1.71
メチオニン Met, M	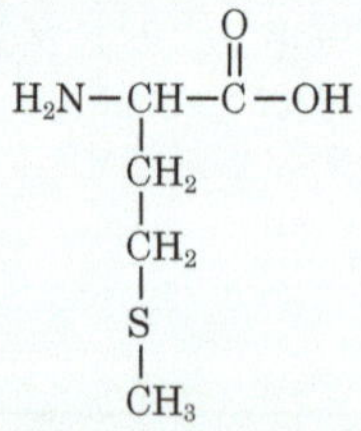 $\begin{array}{c} \mathrm{O} \\ \parallel \\ \mathrm{H_2N-CH-C-OH} \\ \mid \\ \mathrm{CH_2} \\ \mid \\ \mathrm{CH_2} \\ \mid \\ \mathrm{S} \\ \mid \\ \mathrm{CH_3} \end{array}$	疎水性（非極性）	149.21	9.21	2.28
モノアミノカルボン酸（酸性アミノ酸）					
アスパラギン酸 Asp, D	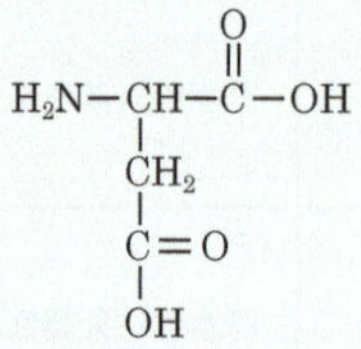 $\begin{array}{c} \mathrm{O} \\ \parallel \\ \mathrm{H_2N-CH-C-OH} \\ \mid \\ \mathrm{CH_2} \\ \mid \\ \mathrm{C=O} \\ \mid \\ \mathrm{OH} \end{array}$	親水性（極性）	133.11	9.6	1.88
グルタミン酸 Glu, E	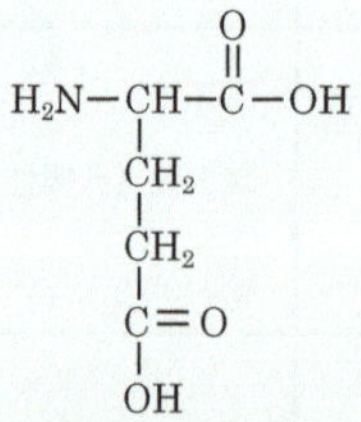 $\begin{array}{c} \mathrm{O} \\ \parallel \\ \mathrm{H_2N-CH-C-OH} \\ \mid \\ \mathrm{CH_2} \\ \mid \\ \mathrm{CH_2} \\ \mid \\ \mathrm{C=O} \\ \mid \\ \mathrm{OH} \end{array}$	親水性（極性）	147.13	9.67	2.19
ジアミノモノカルボン酸（塩基性アミノ酸）					
リシン Lys, K	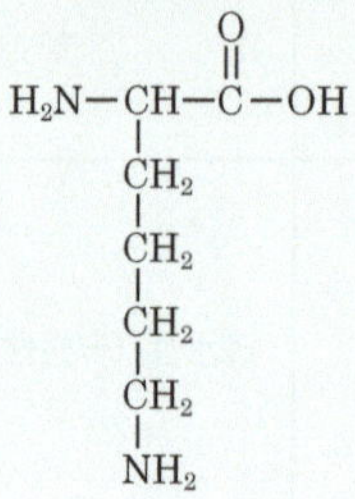 $\begin{array}{c} \mathrm{O} \\ \parallel \\ \mathrm{H_2N-CH-C-OH} \\ \mid \\ \mathrm{CH_2} \\ \mid \\ \mathrm{CH_2} \\ \mid \\ \mathrm{CH_2} \\ \mid \\ \mathrm{CH_2} \\ \mid \\ \mathrm{NH_2} \end{array}$	親水性（極性）	146.19	10.28	8.9

左端縦書き見出し：脂肪族アミノ酸

表12-14 アミノ酸とその構造式（続き）

アミノ酸		側鎖の親水性/疎水性	分子量	$pK_{NH_3^+}$	pK_{COOH}
脂肪族アミノ酸	**ジアミノモノカルボン酸（塩基性アミノ酸）**				
	アルギニン Arg, R	親水性（極性）	174.20	9.09	2.18
	ジアミノモノカルボン酸（中性アミノ酸）				
	アスパラギン Asn, N	親水性（極性）	132.12	8.8	2.02
	グルタミン Gln, Q	親水性（極性）	146.15	9.13	2.17
芳香族アミノ酸	**芳香族アミノ酸（中性アミノ酸）**				
	フェニルアラニン Phe, F	疎水性（非極性）	165.19	9.24	2.58
	チロシン Tyr, Y	親水性（極性）	181.19	9.11	2.2
	複素環アミノ酸（塩基性アミノ酸）				
	ヒスチジン His, H	親水性（極性）	155.16	8.97	1.78

表 12-14　アミノ酸とその構造式（続き）

	アミノ酸		側鎖の親水性/疎水性	分子量	$pK_{NH_3^+}$	pK_{COOH}
芳香族アミノ酸	複素環アミノ酸（中性アミノ酸）					
	トリプトファン Trp, W	$H_2N-CH-C-OH$ 構造式（インドール環）	疎水性（非極性）	204.23	9.39	2.38
イミノ酸	プロリン Pro, P	$C-OH$ 構造式（ピロリジン環）	疎水性（非極性）	115.13	10.6	1.99

$pK_{NH_3^+}$ は、プロトン化されたアミノ基（$-NH_3^+$）（プロリンでは、$-NH_2^+$）の解離定数の逆数の常用対数
pK_{COOH} は、$-COOH$ 基の解離定数の逆数の常用対数

　これらの性質の違いがタンパク質の立体構造と機能の多様性を生み出しています。
　アミノ酸には一般的に以下のような性質があります。

両性電解質：アミノ酸は、中性水溶液中でアミノ基がプロトン（H^+）を受け取ってカチオンとなり、カルボキシ基がプロトンを放出してアニオンとなるため、両性イオン（双性イオン）として存在します。pH環境によってイオン化の状態が変化します。

多様性：20種類の標準アミノ酸が存在し、それぞれの側鎖の性質が異なっているため、タンパク質は多様な構造と機能をもつことができます。

等電点：分子全体の電荷が0になるpHを等電点とよびます。等電点では、アミノ酸の溶解度が最小になります。

鏡像異性体：α炭素に4つの異なる置換基が結合しているため、D型とL型の鏡像異性体が存在します。生体内のアミノ酸はほとんどがL型です。

水溶性：多くのアミノ酸は水に溶けやすい性質があります。側鎖の性質によって、親水性や疎水性が決まります。

ペプチド結合形成：あるアミノ酸のカルボキシ基と別のアミノ酸のアミノ基の間で脱水縮合反応を起こし、**ペプチド結合**を形成します。これによって、タンパク質が合成されます。

　　ペプチド結合の形成は以下の反応式で表されます。

$$R_1-CH(NH_2)-COOH + H-NH-CH(R_2)-COOH$$
$$\rightarrow R_1-CH(NH_2)-CO-NH-CH(R_2)-COOH + H_2O$$

ペプチド結合
（広義には、アミド結合に含まれます）

　この反応が繰り返されることで、長鎖のポリペプチドやタンパク質が形成されます。
　アミノ酸はアミノ基をもつ特殊なカルボン酸と考えられ、アミンの塩基性とカルボン酸の酸性を併せもちます。

これらの特性によって、アミノ酸はタンパク質の構成単位として重要であり、生体内でエネルギー産生やホルモンの合成など多様な機能を担っています。

12.9　芳香族化合物

12.9.1　ベンゼンの構造

　ベンゼン C_6H_6 は、6個の炭素原子が環状に結合した正六角形の構造をもち、炭素原子と水素原子はすべて同一平面上に配置されています。ベンゼンの炭素原子間の結合距離は、単結合（154 pm）と二重結合（134 pm）の中間の値（約139 pm）を示し、すべての結合が等価であると考えれます。このようなベンゼン分子の環状構造を**ベンゼン環**といいます。ベンゼン環をもつ化合物は、多くの場合、芳香族性を示します。一般に、分子内にベンゼン環またはヒュッケル則（$4n+2$個のπ電子）を満たす環状共役系をもつ有機化合物を、**芳香族化合物**といいます。また、ベンゼン環をもつ炭化水素は、特に**芳香族炭化水素**とよびます。ここで注意すべき点は、有機化学における芳香族性は、一般的な「良い香り」（芳香）とは無関係であることです。ベンゼンの構造式は通常、**図12–42**の(1)～(4)で示されますが、実際には隣接する炭素原子間の距離は等しく、各結合は同等であるため、構造式(5)や(6)のように表すこともあります。

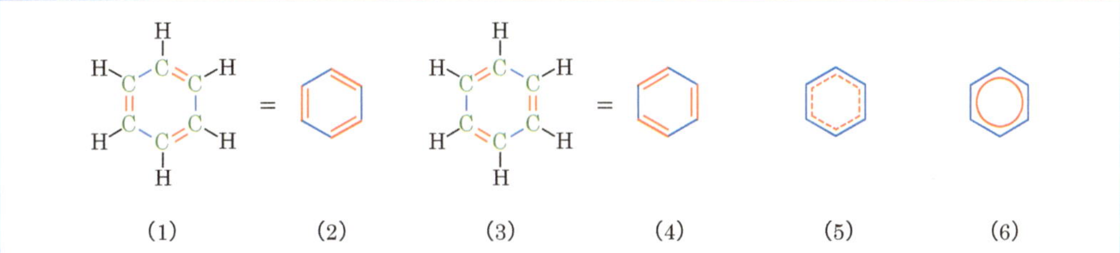

図12–42　ベンゼンの構造式の表し方

12.9.2　芳香族炭化水素の反応

　アルケンは孤立した二重結合をもつため反応性が高く、付加反応を起こしやすいのに対して、ベンゼン環は二重結合が共鳴によって安定化されており、付加反応ではなく置換反応を起こしやすい特性をもちます。

A　置換反応

a　ハロゲン化

　ベンゼンに塩素Cl_2や臭素Br_2を反応させる際、鉄粉または塩化鉄（$FeCl_3$）を触媒として用いると、ベンゼン環の水素原子がハロゲン原子で置換されます（**図12–43**）。特に、ベンゼンの水素原子が塩素原子で置換される反応を**塩素化**といい、他の

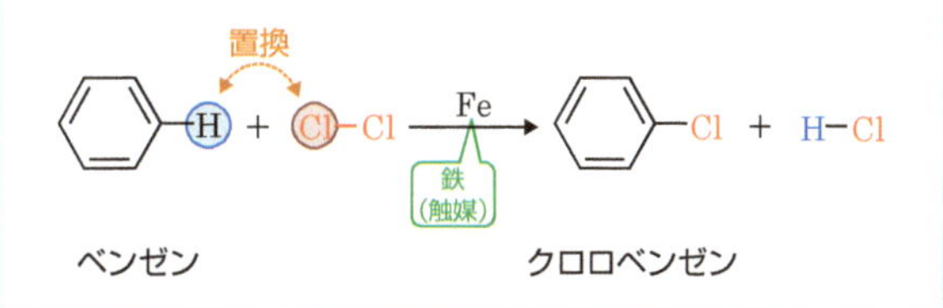

図12–43　ベンゼンの塩素化

ハロゲンによる同様の置換反応を総称して**ハロゲン化**とよびます。

b ニトロ化

ベンゼンに濃硝酸と濃硫酸の混合物(混酸)を反応させると、ベンゼン環の水素原子がニトロ基($-NO_2$)で置換され、ニトロベンゼンが生成されます。このように、有機化合物に$-NO_2$(ニトロ基)を導入する反応を**ニトロ化**といいます(図12-44)。

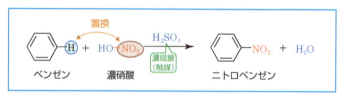

図12-44　ベンゼンのニトロ化

c スルホン化

ベンゼンに濃硫酸を加えて加熱すると、ベンゼン環の水素原子がスルホ基($-SO_3H$)で置換され、ベンゼンスルホン酸が生成されます(図12-45)。このように、有機化合物に$-SO_3H$(スルホ基)を導入する反応を**スルホン化**といいます。また、スルホ基をもつ有機化合物を総称して**スルホン酸**(一般式:$R-SO_3H$)といいます。

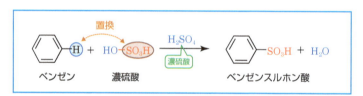

図12-45　ベンゼンのスルホン化

B 酸化反応

アルケンの二重結合は、過マンガン酸カリウム($KMnO_4$)などの酸化剤によって容易に酸化されますが、通常の条件下ではベンゼン環のC=C間結合は酸化されません。しかし、ベンゼン環に直接結合したアルキル基(たとえば、トルエンのメチル基)は強い酸化条件(加熱した過マンガン酸カリウムなど)で酸化され、最終的にカルボキシ基($-COOH$)に変換されます(図12-46)。

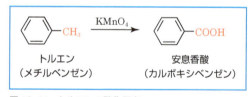

図12-46　トルエンの酸化反応

12.9.3　フェノール類

ベンゼン環に直接ヒドロキシ基($-OH$)が結合した化合物群を**フェノール類**(フェノール性化合物)といいます。フェノール類の中で最も単純な化合物はフェノール(C_6H_5OH)です(図12-47)。また、1つの分子内に2つ以上のフェノール性ヒドロキシ基をもつフェノール類を、特にポリフェノールとよびます。

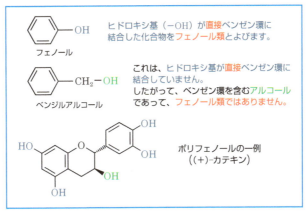

図 12-47 フェノールとポリフェノール構造

A フェノール類の性質

a 水溶液の性質

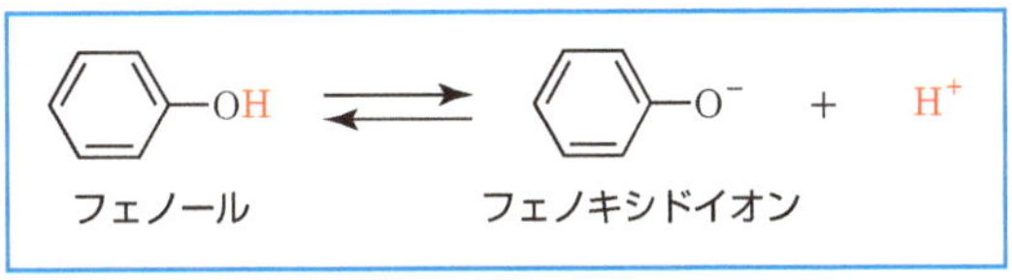

フェノール類の水溶性は構造によって異なります。単純なフェノール（C_6H_5OH）は水にやや溶けますが、置換基をもつフェノール類は溶解度が低いものもあります。水に溶けたフェノール類は、ごく一部が解離してプロトンH^+を放出します。そのため、フェノール類の水溶液は弱酸性を示し、pK_aはおよそ10です（図12-48）。フェノール類の−OH基は、脂肪族アルコールの−OH基とは性質が大きく異なります。

図 12-48 フェノール水溶液の性質

b 塩基との反応

フェノール類は弱い酸性物質であるため、塩基である水酸化ナトリウム水溶液と反応し、ナトリウムフェノキシド（ナトリウムフェノラートともよばれます）を生成します（図12-49）。

図 12-49 フェノールと塩基の反応

c 塩化鉄（Ⅲ）による呈色反応

フェノール類の水溶液に塩化鉄（Ⅲ）$FeCl_3$水溶液を加えると、錯体を形成し、青色から紫色

表 12-15 フェノール類の塩化鉄（Ⅲ）による呈色

フェノール類	フェノール	o-クレゾール	1-ナフトール	2-ナフトール
構造式	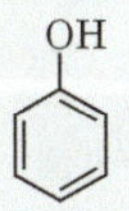 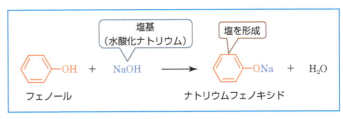	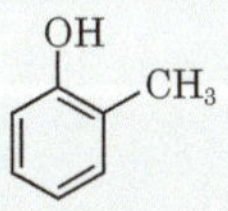	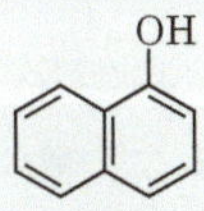	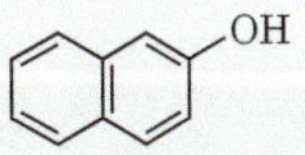
塩化鉄（Ⅲ）呈色	紫色	青色	紫色	緑色

12.9 芳香族化合物　213

に呈色します。この反応はフェノール類に特有であり、アルコール類では観察されない現象です（表12-15）。

12.9.4 芳香族カルボン酸

ベンゼン環にカルボキシ基（-COOH）が直接結合した化合物を**芳香族カルボン酸**といいます（図12-50）。その性質は脂肪族カルボン酸によく似ています。酸性を示すカルボキシ基をもつため、塩基性溶液中で塩を形成する特徴があります。

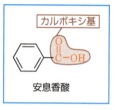

図 12-50 芳香族カルボン酸の一例

A サリチル酸

サリチル酸はヒドロキシ基（-OH）とカルボキシ基（-COOH）の2種類の官能基をもっているため、カルボン酸とフェノール類の両方の性質を併せもちます（図12-51）。サリチル酸は水にわずかに溶解し、弱い酸性を示します。また、塩化鉄（Ⅲ）$FeCl_3$ による呈色反応では特徴的な赤紫色を示します。

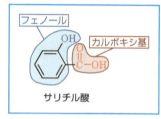

図 12-51 サリチル酸の構造

a サリチル酸のエステル化

サリチル酸にメタノールを加え、少量の濃硫酸を触媒として加熱すると、水分子が脱離して縮合し、エステルであるサリチル酸メチルを生成します（図12-52）。サリチル酸メチルは芳香をもつ液体で、消炎・鎮痛作用があり、湿布薬などの医薬品として広く利用されています。

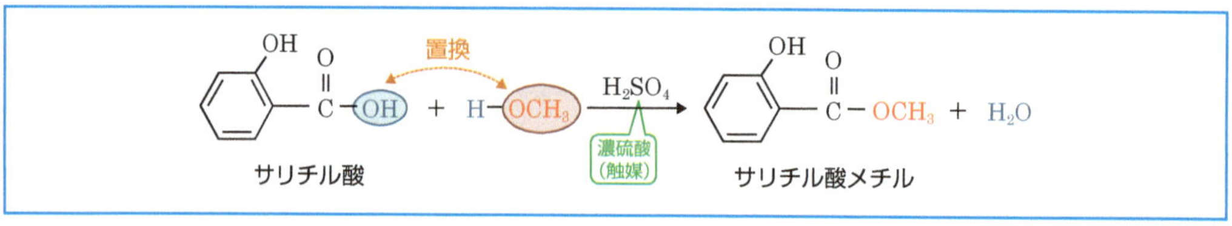

図 12-52 サリチル酸のエステル化

b サリチル酸のアセチル化

ある化合物にアセチル基（-CO-CH_3）を導入する置換反応を**アセチル化**といいます。サリチル酸を無水酢酸と共に加熱すると、サリチル酸がアセチル化され、ヒドロキシ基の水素原子H

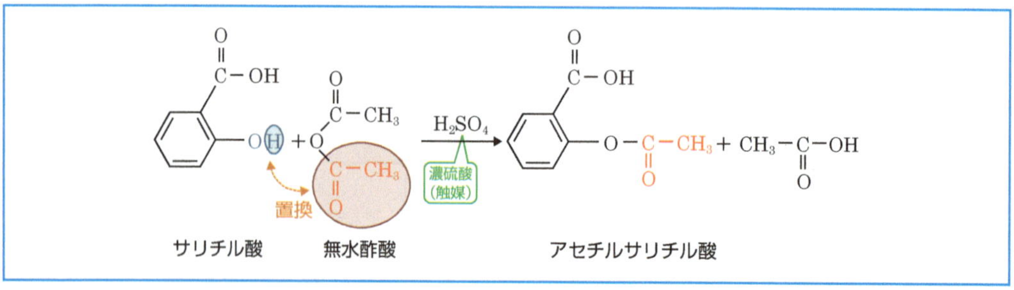

図 12-53 サリチル酸のアセチル化

が無水酢酸のアセチル基に置換され、アセチルサリチル酸を生成します（図12-53）。アセチルサリチル酸（一般名：**アスピリン**）は、非ステロイド性抗炎症薬（NSAIDs）の解熱鎮痛消炎薬として、また、血小板凝集抑制薬として広く用いられています。

12.10　有機化合物の命名法

有機化合物の名称は、分子を構成する炭素の数を表す数詞をもとに決定されます。現在、国際的に認められている命名法は、国際純正・応用化学連合（IUPAC）が制定したもので、これを **IUPAC名** とよびます（図12-54）。「IUPAC」はアイ・ユー・パックと読みます。命名の手順は以下のとおりです。

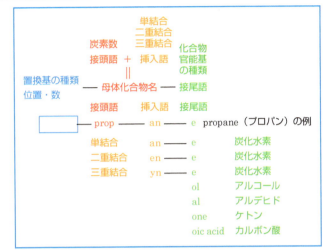

図 12-54　国際純正および応用化学連合（IUPAC）による命名法

(1) 主鎖の決定

最長の炭素鎖や最優先の官能基を含む部分を主鎖として選びます。官能基優先順位の概略は、カルボン酸 ＞ エステル ＞ アルデヒド ＞ ケトン ＞ アルコール ＞ アミン ＞ 炭化水素　の順です。

(2) 置換基の特定

主鎖以外のすべての基を置換基として特定します。たとえば、メチル基やヒドロキシ基などです。同じ置換基が複数ある場合は、接頭辞（ジ-、トリ-、テトラ- など）を用いて表します（表12-16）。

(3) 置換基の位置の決定

番号付けの方向は、以下の条件も考慮します。多重結合には可能な限り小さい番号を与えます。置換基の位置番号の和が最小になるようにします。

(4) 化合物全体の命名

以上の情報をもとに、官能基や置換基を優先順位に従って組み立て、全体の名前を決定します。

12.9.4項に出てきたアスピリン（別名：アセチルサリチル酸）の化学名の命名についてみて

表 12-16　炭素数と数詞の関係

炭素数	数　詞	接頭辞	炭素数	数　詞	接頭辞
1	モノ（mono）	meth-	7	ヘプタ（hepta）	hept-
2	ジ（di）	eth-	8	オクタ（octa）	oct-
3	トリ（tri）	prop-	9	ノナ（nona）	non-
4	テトラ（tetra）	but-	10	デカ（deca）	dec-
5	ペンタ（penta）	pent-	20	イコサ（icosa）	icos-
6	ヘキサ（hexa）	hex-	30	トリアコンタ（triaconta）	triacont-

みましょう。アスピリンの構造式は図12-55に示すとおりです。

アスピリンのIUPAC正式名である「2-アセトキシ安息香酸」の命名過程を説明します。

(1) 主鎖の決定

この化合物の主鎖は安息香酸です。安息香酸は、ベンゼン環に直接カルボキシ基（−COOH）が結合した構造をもちます。

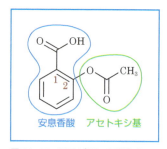

図12-55 アスピリンの構造式

この構造が最長の炭素鎖であり、最も優先度の高い官能基（カルボキシ基）を含むため、主鎖として選ばれます（官能基優先順位：カルボキシ基 ＞ エステル基）。

(2) 置換基の特定

主鎖以外の部分が置換基となります。この場合、アセトキシ基（−O−CO−CH₃）が置換基として特定されます。アセトキシ基は、アセチル基（−CO−CH₃）とオキシ基（−O−）の組み合わせです。

(3) 置換基の位置の決定

安息香酸の炭素原子に番号を付けます。カルボキシ基が結合している炭素を1位とします。アセトキシ基は、カルボキシ基に対してオルト位（隣接する位置）に結合しています。この位置は2位となります。

(4) 化合物全体の命名

置換基の位置と名称を先に記述し、次に主鎖の名称を記述します。

置換基の位置は「2-」、置換基の名称は「アセトキシ」です。主鎖は「安息香酸」です。

したがって、アスピリンの完全な IUPAC 命名は「2-アセトキシ安息香酸」となります。

アセトアミノフェンは、広く使用される安全性の高い解熱鎮痛剤です。胃腸への影響が少なく、その効果と安全性が高いことから、世界中の医療現場で広く推奨される一般的な医薬品となっています。アセトアミノフェンの化学名である「N-(4-ヒドロキシフェニル) アセトアミド」の命名過程を説明します。構造式は図12-56に示すとおりです。

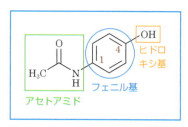

図12-56 アセトアミノフェンの構造式

(1) **主鎖の選択**：アセトアミド（CH₃CONH₂）が主鎖になります。これはアミド結合を含む部分です（官能基優先順位：アミド基 ＞ ヒドロキシ基）。
(2) **置換基の特定**：ベンゼン環の4位にヒドロキシ基（−OH）が付いているため、「4-ヒドロキシフェニル」となります。
(3) **置換基の位置の決定**：ヒドロキシ基がベンゼン環の4位（パラ位）にあることを示します。
(4) **N-置換の表示**：フェニル基がアミドの窒素（N）に直接結合しているため、「N-」（"N"は大文字のイタリック体です）を用いて結合位置を示します。
(5) **化合物全体の命名**：置換基と主鎖を組み合わせて、アセトアミノフェンの正式な化学名（IUPAC名）は、「N-(4-ヒドロキシフェニル) アセトアミド」となります。

12.10.1 アルカン・アルケン・アルキンの命名法

鎖状炭化水素の場合、炭素数を語幹とし、炭素間の結合の種類（単結合・二重結合・三重結合）を語尾で表します（図10-57）。環状炭化水素については、鎖状炭化水素の名称の前に接頭辞シクロー（cyclo–）を付けて表します。アルカンでは －アン（–ane）、アルケンでは －エン（–ene）、アルキンでは －イン（–yne）をそれぞれ語尾に付けます（表12-17）。

命名法の詳細については、専門書で勉強してください。

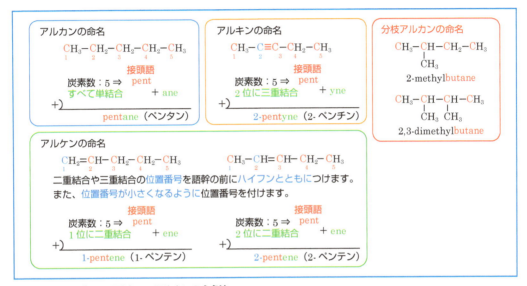

図12-57　アルカン・アルケン・アルキンの命名法

表12-17　代表的な鎖状炭化水素と環状炭化水素

分類	鎖状炭化水素			環状炭化水素
	飽和	不飽和		飽和
結合	単結合	二重結合	三重結合	単結合
同族列名	アルカン	アルケン	アルキン	シクロアルカン
炭素数 C₁	CH₄ メタン			
C₂	C₂H₆ エタン	C₂H₄ エテン	C₂H₂ エチン	
C₃	C₃H₈ プロパン	C₃H₆ プロペン	C₃H₄ プロピン	C₃H₆ シクロプロパン
C₄	C₄H₁₀ ブタン	C₄H₈ ブテン	C₄H₆ ブチン	C₄H₈ シクロブタン
C₅	C₅H₁₂ ペンタン	C₅H₁₀ ペンテン	C₅H₈ ペンチン	C₅H₁₀ シクロペンタン
一般式	C_nH_{2n+2}	C_nH_{2n}	C_nH_{2n-2}	C_nH_{2n}
名称の語尾など	～アン –ane	～エン –ene	～イン –yne	シクロ～ cyclo–　～アン –ane

12.10.2　慣用名

IUPAC名が制定される以前から使用されている化合物名を**慣用名**といいます。慣用名のほうが一般的に広く知られている化合物が多く存在します（**表12-18**）。日常生活や産業界では慣用名がしばしば使用されますが、学術的な場面ではIUPAC名を用いることが推奨されています。

有機化学は生命科学と材料科学の基盤となる重要な分野です。炭素を中心とした分子の構造、

性質、反応機構を理解することで、複雑な生命現象や新しい医薬品の開発に応用できます。この章で学んだ基礎知識は、今後の薬学学修において不可欠な土台となるでしょう。

表 12-18　代表的な IUPAC 名と慣用名

IUPAC 名	慣用名	化学式	IUPAC 名	慣用名	化学式
エテン	エチレン	$CH_2=CH_2$	2-プロパノール	イソプロパノール	$CH_3-CH_2(OH)-CH_3$
プロペン	プロピレン	$CH_2=CH-CH_3$	2-プロパノン	アセトン	$CH_3-CO-CH_3$
エチン	アセチレン	$CH≡CH$			

国試にチャレンジ

問 12-1　同圧下で沸点が最も高いのはどれか。1つ選べ。

（第109回薬剤師国家試験　問6改）

1　$CH_3CH_2CH_2CH_3$　　　**2**　$CH_3CH_2CH_2CH_2CH_3$　　　**3**　$(CH_3)_2CHCH_3$

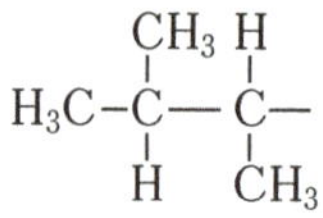

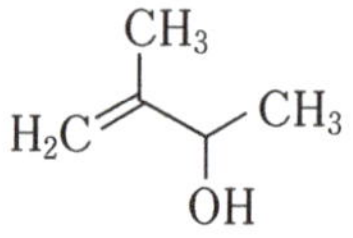

4　$(CH_3)_2CHCH_2CH_3$　　　**5**　$(CH_3)_4C$

問 12-2　2-メチルブチル基を表す構造式はどれか。1つ選べ。

（第103回薬剤師国家試験　問6改）

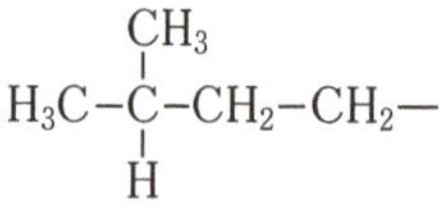

問 12-3　3-メチルブタ-2-エン-1-オール（IUPAC 命名法）はどれか。1つ選べ。

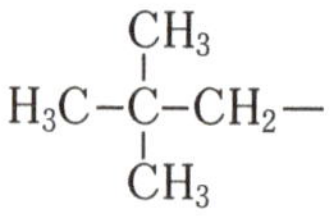

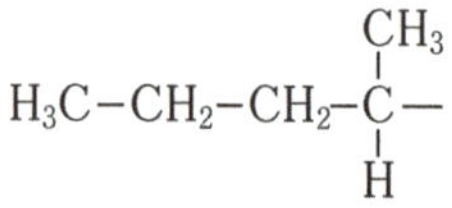

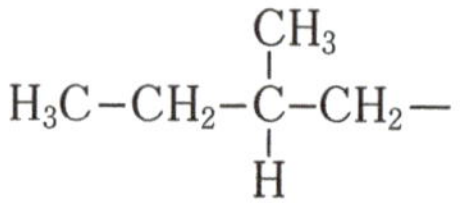

（第107回薬剤師国家試験　問6改）

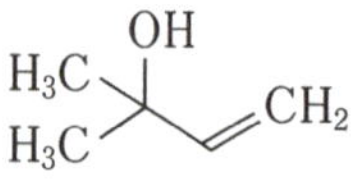

218　第12章　有機化合物の基礎

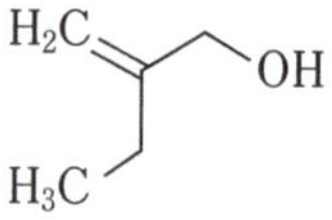

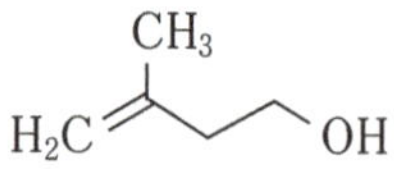

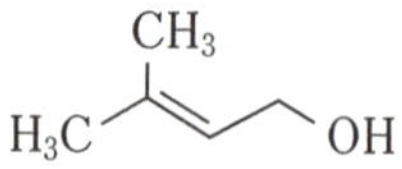

付表

基本（物理）量と SI 基本単位との関係

基本量	SI 基本単位	記号	定義
長さ	メートル	m	メートルは、1秒の299792458分の1の時間に光が真空中を伝わる行程の長さである。 この定義の結果、真空中の光の速さは正確に299792458 m/s である。
質量	キログラム	kg	キログラムは質量の単位であって、単位の大きさは国際キログラム原器の質量に等しい。 この定義の結果、国際キログラム原器の質量 $m(K)$ は正確に 1 kg である。
時間	秒	s	秒は、セシウム133の原子の基底状態の二つの超微細構造準位の間の遷移に対応する放射の周期の9192631770倍の継続時間である。 この定義の結果、セシウム133原子の基底状態の超微細構造準位の分裂の周波数は正確に9192631770 Hz である。
電流	アンペア	A	アンペアは、真空中に1メートルの間隔で平行に配置された無限に小さい円形断面積を有する無限に長い二本の直線状導体のそれぞれを流れ、これらの導体の長さ1メートルにつき2×10^{-7}ニュートンの力を及ぼし合う一定の電流である。 この定義の結果、磁気定数または真空の透磁率 μ_0 の値は正確に $4\pi \times 10^{-7}$ H/m である。
熱力学温度	ケルビン	K	熱力学温度の単位、ケルビンは、水の三重点の熱力学温度の 1/273.16 である。 この定義の結果、水の三重点における熱力学温度 T_{tpw} は正確に 273.16 K である。
物質量	モル	mol	1. モルは、0.012キログラムの炭素12の中に存在する原子の数に等しい数の要素粒子を含む系の物質量であり、単位の記号は mol である。 2. モルを用いるとき、要素粒子が指定されなければならないが、それは原子、分子、イオン、電子、その他の粒子またはこの種の粒子の特定の集合体であってよい。 この定義の結果、炭素12のモル質量 M(^{12}C) は正確に 12 g/mol である。
光度	カンデラ	cd	カンデラは、周波数 540×10^{12} ヘルツの単色放射を放出し、所定の方向におけるその放射強度が 1/683 ワット毎ステラジアンである光源の、その方向における光度である。 この定義の結果、人の目の分光感度は 540×10^{12} Hz の単色放射に対して正確に 683 lm/W である。

基礎物理定数の値

物理量	記号	数値
真空中の光速度	c, c_0	299 792 458 m/s
真空の誘電率	$\varepsilon_0 = 1/\mu_0 c^2$	$8.854\,187\,8128(13) \times 10^{-12}$ F/m
電気素量	e	$1.602\,176\,634 \times 10^{-19}$ C
電子の質量	m_e	$9.109\,383\,7015(28) \times 10^{-31}$ kg
原子の質量	m_p	$1.672\,621\,923\,69(51) \times 10^{-27}$ kg
中性子の質量	m_e	$1.674\,927\,498\,04(95) \times 10^{-27}$ kg
原子質量定数	$m_u = 1u$	$1.660\,539\,066\,60(50) \times 10^{-27}$ kg
アボガドロ定数	N_A, L	$6.022\,140\,76 \times 10^{23}$ /mol
ファラデー定数	$F = N_A e$	96 485.332 12...
プランク定数	h	$6.626\,070\,15 \times 10^{-34}$ J·s
気体定数	$R = N_A k$	8.314 462 618... J/(mol·K)
ボルツマン定数	k, k_B	$1.380\,649 \times 10^{23}$ J/K

注：（ ）は標準不確かさを表す。例えば $6.6742(10) \times 10^{-11}$ は、値が6.6742$\times 10^{-11}$、標準不確かさが 0.0010×10^{-11} の意味である。
ここにあげた数値は、科学技術データ委員会（CODATA：Committee on Data for Science and Technology）の基礎物理定数作業部会（Task Group on Fundamental Physical Constants）から発表された基礎物理定数による。

固有の名称とその独自の記号で表される SI 組立単位

組立量	SI 単位			
	名称	記号	他の SI 単位 による表し方	SI 基本単位に よる表し方
力	ニュートン	N		$m \cdot kg \cdot s^{-2}$
圧力	パスカル	Pa	N/m^2	$m^{-1} \cdot kg \cdot s^{-2}$
エネルギー	ジュール	J	N·m	$m^2 \cdot kg \cdot s^{-2}$
仕事率	ワット	W	J/s	$m^2 \cdot kg \cdot s^{-3}$
電荷	クーロン	C		$A \cdot s$
電位差	ボルト	V	W/A	$m^2 \cdot kg \cdot s^{-3} \cdot A^{-1}$
周波数	ヘルツ	Hz		s^{-1}

ギリシャ文字とその読み方

ギリシャ文字		読み方	
小文字	大文字	カナ表示	アルファベット表記
α	A	アルファ	alpha
β	B	ベータ	beta
γ	Γ	ガンマ	gamma
δ	Δ	デルタ	delta
ε	E	イプシロン、エプシロン	epsilon
ζ	Z	ゼータ	zeta
η	H	イータ	eta
θ	Θ	シータ、エータ	theta
ι	I	イオタ	iota
κ	K	カッパ	kappa
λ	Λ	ラムダ	lambda
μ	M	ミュー	mu, my
ν	N	ニュー	nu, ny
ξ	Ξ	グザイ、クシー	xi
o	O	オミクロン	omicron
π	Π	パイ	pi
ρ	P	ロー	rho
σ	Σ	シグマ	sigma
τ	T	タウ	tau
υ	Y	ウプシロン、ユプシロン	upsilon, ypsilon
ϕ	Φ	ファイ	phi
χ	X	カイ	chi, khi
ψ	Ψ	プサイ	psi
ω	Ω	オメガ	omega

付表 **219**

元素の周期表

周期＼族	1	2	3	4	5	6	7	8	9
1	1 H 水　素 Hydrogen 1.008								
2	3 Li リチウム Lithium 6.94[†]	4 Be ベリリウム Beryllium 9.012							
3	11 Na ナトリウム Sodium 22.99	12 Mg マグネシウム Magnesium 24.31							
4	19 K カリウム Potassium 39.10	20 Ca カルシウム Calcium 40.08	21 Sc スカンジウム Scandium 44.96	22 Ti チタン Titanium 47.87	23 V バナジウム Vanadium 50.94	24 Cr クロム Chromium 52.00	25 Mn マンガン Manganese 54.94	26 Fe 鉄 Iron 55.85	27 Co コバルト Cobalt 58.93
5	37 Rb ルビジウム Rubidium 85.47	38 Sr ストロンチウム Strontium 87.62	39 Y イットリウム Yttrium 88.91	40 Zr ジルコニウム Zirconium 91.22	41 Nb ニオブ Niobium 92.91	42 Mo モリブデン Molybdenum 95.95	43 Tc テクネチウム Technetium (99)	44 Ru ルテニウム Ruthenium 101.1	45 Rh ロジウム Rhodium 102.9
6	55 Cs セシウム Cesium (Cesium) 132.9	56 Ba バリウム Barium 137.3	ランタノイド系 57～71	72 Hf ハフニウム Hafnium 178.5	73 Ta タンタル Tantalum 180.9	74 W タングステン Tungsten 183.8	75 Re レニウム Rhenium 186.2	76 Os オスミウム Osmium 190.2	77 Ir イリジウム Iridium 192.2
7	87 Fr * フランシウム Francium (223)	88 Ra * ラジウム Radium (226)	アクチノイド系 89～103	104 Rf * ラザホージウム Rutherfordium (267)	105 Db * ドブニウム Dubnium (268)	106 Sg * シーボーギウム Seaborgium (271)	107 Bh * ボーリウム Bohrium (272)	108 Hs * ハッシウム Hassium (277)	109 Mt マイトネリウム Meitnerium (276)

原子番号 | 1 H | 元素記号
元素名（日本語） | 水　素
元素名（英語） | Hydrogen
原子量（注1） | 1.008

典型非金属元素
典型金属元素
遷移金属元素

＊ 12 族を遷移金属元素に含むこともある。

ランタノイド系 57～71	57 La ランタン Lanthanum 138.9	58 Ce セリウム Cerium 140.1	59 Pr プラセオジム Praseodymium 140.9	60 Nd ネオジム Neodymium 144.2	61 Pm * プロメチウム Promethium (145)	62 Sm サマリウム Samarium 150.4
アクチノイド系 89～103	89 Ac * アクチニウム Actinium (227)	90 Th * トリウム Thorium 232.0	91 Pa * プロトアクチニウム Protactinium 231.0	92 U * ウラン Uranium 238.0	93 Np * ネプツニウム Neptunium (237)	94 Pu * プルトニウム Plutonium (239)

注1：原子量は、国際純正・応用化学連合（IUPAC）で承認された値です。
注2：元素記号の右肩の＊は、その元素に安定同位体が存在しないことを示しています。その元素については、放射性同位体の質量数の一例を（　　）内に示しました。したがって、その値を原子量として扱うことはできません。ただし、Bi、Th、Pa、U については、天然で特定の同位体組成を示すので原子量が与えられています。
†：人為的に Li が抽出され、リチウム同位体比が大きく変動した物質が存在するために、リチウムの原子量は大きな変動幅をもちます。したがって、本表では例外的に 3 桁の値が与えられています。なお、天然の多くの物質中でのリチウムの原子量は 6.94 に近い値です。
＊：亜鉛に関しては原子量の信頼性は有効数字 4 桁目で ±2 です。

10	11	12	13	14	15	16	17	18	周期＼族
								2 He ヘリウム Helium 4.003	1
			5 B ホウ素 Boron 10.81	6 C 炭素 Carbon 12.01	7 N 窒素 Nitrogen 14.01	8 O 酸素 Oxygen 16.00	9 F フッ素 Fluorine 19.00	10 Ne ネオン Neon 20.18	2
			13 Al アルミニウム Aluminium (Aluminum) 26.98	14 Si ケイ素 Silicon 28.09	15 P リン Phosphorus 30.97	16 S イオウ Sulfur 32.07	17 Cl 塩素 Chlorine 35.45	18 Ar アルゴン Argon 39.95	3
28 Ni ニッケル Nickel 58.69	29 Cu 銅 Copper 63.55	30 Zn 亜鉛 Zinc 65.38*	31 Ga ガリウム Gallium 69.72	32 Ge ゲルマニウム Germanium 72.63	33 As ヒ素 Arsenic 74.92	34 Se セレン Selenium 78.97	35 Br 臭素 Bromine 79.90	36 Kr クリプトン Krypton 83.80	4
46 Pd パラジウム Palladium 106.4	47 Ag 銀 Silver 107.9	48 Cd カドミウム Cadmium 112.4	49 In インジウム Indium 114.8	50 Sn スズ Tin 118.7	51 Sb アンチモン Antimony 121.8	52 Te テルル Tellurium 127.6	53 I ヨウ素 Iodine 126.9	54 Xe キセノン Xenon 131.3	5
78 Pt 白金 Platinum 195.1	79 Au 金 Gold 197.0	80 Hg 水銀 Mercury 200.6	81 Tl タリウム Thallium 204.4	82 Pb 鉛 Lead 207.2	83 Bi * ビスマス Bismuth 209.0	84 Po * ポロニウム Polonium (210)	85 At * アスタチン Astatine (210)	86 Rn * ラドン Radon (222)	6
110 Ds * ダームスタチウム Darmstadtium (281)	111 Rg * レントゲニウム Roentgenium (280)	112 Cn * コペルニシウム Copernicium (285)	113 Nh * ニホニウム Nihonium (278)	114 Fl * フレロビウム Flerovium (289)	115 Mc * モスコビウム Moscovium (289)	116 Lv * リバモリウム Livermorium (293)	117 Ts * テネシン Tennessine (293)	118 Og * オガネソン Oganesson (294)	7

63 Eu ユウロピウム Europium 152.0	64 Gd ガドリニウム Gadolinium 157.3	65 Tb テルビウム Terbium 158.9	66 Dy ジスプロシウム Dysprosium 162.5	67 Ho ホルミウム Holmium 164.9	68 Er エルビウム Erbium 167.3	69 Tm ツリウム Thulium 168.9	70 Yb イッテルビウム Ytterbium 173.0	71 Lu ルテチウム Lutetium 175.0
95 Am * アメリシウム Americium (243)	96 Cm * キュリウム Curium (247)	97 Bk * バークリウム Berkelium (247)	98 Cf * カリホルニウム Californium (252)	99 Es * アインスタイニウム Einsteinium (252)	100 Fm * フェルミウム Fermium (257)	101 Md * メンデレビウム Mendelevium (258)	102 No * ノーベリウム Nobelium (259)	103 Lr * ローレンシウム Lawrencium (262)

元素の周期表

索引

欧文索引

アルファベット

bpm 43
d軌道 17
f軌道 17
HSAB則 133
ppm 43
p軌道 17
sp^2混成軌道 52
sp^3混成軌道 50
sp混成軌道 53
s軌道 17

ギリシャ文字

α炭素 207
π-π相互作用 85
π軌道 60
π結合 71
σ軌道 59
σ結合 71

和文索引

あ

アスピリン 215
アセチリド 193
アセチル化 214
圧平衡定数 122
アノード 165
アボガドロ定数 35
アボガドロの法則 37
アミノ酸 207
アミン 206
アルカリ金属 24
アルカリ土類金属 24
アルカン 188
アルキル基 186
アルキン 188, 191
アルケン 188, 190
アルコール 197
アルデヒド 202
アレニウス式 181
アレニウスの定義 129
イオン化エネルギー 28
イオン強度 70
イオン結合 67, 84
イオン結晶 68
異性体 194
一次電池 168
一次反応 175
エーテル 201
液体 91
エステル 205
エナンチオマー 197
エネルギー準位 15

塩 152
塩基 129
塩基解離定数 140
塩基性塩 143
塩基性溶液 138
塩橋 166
塩素化 211
エンタルピー 109
エントロピー 88, 114
オクテット則 74

か

解離度 135
解離平衡 138
化学結合 67
化学平衡の法則 41, 121
可逆反応 118
核子 9
核種 11
化合物 8
重なり積分 58
加水分解 205
カソード 165
硬い酸 133
活性化エネルギー 180
活量 70, 134
価電子 15
ガルバニ電池 166
カルボキシ基 204
カルボニル基 202
カルボン酸 204
過冷却 94
還元 156
緩衝液 146
緩衝作用 146
官能基 73, 186
慣用名 217
貴ガス 24
気体 91
ギブズの相律 92
逆浸透 97
吸熱反応 110
凝固 91
凝固点 94
凝固点降下 100
強酸 135
鏡像異性体 197
共鳴構造 61
共役 61
共役塩基 131
共役酸 131
共有結合 71
均一系 92
均一混合物 9
銀鏡反応 203
金属結合 77

金属元素 24, 27
クーロン積分 58
クーロン力 68, 83
系 106
結合エネルギー 76
結合性軌道 58
結晶 68
結晶多形 95
ケトン 202
ゲル 102
けん化 206
原子 9
原子価 72
原子価結合法 49
原子軌道 14
原子番号 10
原子量 13
元素 11
懸濁液 101
顕熱 111
構成原理 22, 25
固体 91
コロイド 101
混合物 9

さ

最外殻電子 15
錯体 78
酸 129
酸化 156
酸解離定数 138
酸化還元反応 159
酸化数 156
三重結合 73
三重点 93
酸性塩 143
酸性溶液 138
示強性状態関数 107
式量 36
磁気量子数 19
仕事 107
示性式 73
質量十億分率 44
質量数 10
質量対容量百分率 44
質量百分率 43
質量百万分率 43
脂肪酸 204
弱酸 135
周期律 24
重水素 12
自由電子 77
自由度 92
縮合反応 201
主量子数 18
純物質 8

222　　索引

昇華	91
蒸気圧	92
蒸気圧曲線	93
蒸気圧降下	98
状態量	106
蒸発	91
触媒	182
示量性状態関数	107
親水性	87
浸透圧	96
水素	12
水素結合	80
水和	126
スピン量子数	19
スルホン化	212
スルホン酸	212
正塩	143
静電的相互作用	83
0次反応	174
遷移元素	24, 26
遷移状態	180
潜熱	111
相	92
双極子	64
双極子モーメント	64, 85
相転移	92
相平衡	92
族	24
束一的性質	96
速度式	172
疎水性	87
ゾル	102

た

体積百分率	45
脱離反応	200
ダニエル電池	166
炭化水素	187
単結合	72
単相	92
単体	8
断熱系	106
置換基	186, 190
置換反応	190
中性子	9
中性溶液	138
中和滴定	153
中和反応	152
超臨界状態	93
チンダル現象	103
滴定曲線	153
電荷	9
電気陰性度	31
電気素量	10
電気分解	168
典型元素	24, 26
電子	9
電子雲	14
電子殻	15
電子親和力	30
電池	165
同位体	11

な

内部エネルギー	107
二次電池	168
二次反応	178
二重結合	72
ニトロ化	212
日本薬局方	36
乳光	103
熱	107
熱力学第一法則	108
熱力学第三法則	114
熱力学第二法則	114
ネルンストの式	167
濃淡電池	167
濃度	43

は

配位結合	74, 77
配向力	85
パウリの排他原理	20, 22
発熱反応	110
ハロゲン	24
ハロゲン化	212
半金属	28
反結合性軌道	58
半減期	175
半導体	28
半透膜	96
反応エンタルピー	110
反応次数	172
反応速度定数	172
非共有電子対	72
非金属元素	24, 28
必須アミノ酸	207
標準電極	167
ファラデーの法則	169
ファンデルワールス力	84
フェノール類	212
不可逆反応	119
付加反応	190
不均一混合物	9
不斉炭素原子	197
沸点	94, 98
沸点上昇	99
不飽和炭化水素	187
ブラウン運動	103
ブレンステッド・ローリーの定義	130
分極	33, 64
分散系	101
分散力	85
分子	11
分子軌道	56
分子量	36
フントの規則	20, 22
閉殻	23
平衡核間距離	70

は

平衡定数	121
ヘスの法則	113
ペプチド結合	210
変曲点	153
ベンゼン	211
ヘンダーソン・ハッセルバルヒの式	139
方位量子数	19
芳香族カルボン酸	214
芳香族炭化水素	211
飽和炭化水素	187
飽和溶液	126
ボーアの原子模型	48
ポーリング	31
ポテンシャルエネルギー	70
ボルツマン分布	181
ホルミル基	202

ま

マリケン	32
密度	45
モル	35
モル質量	36
モル体積	37
モル濃度	45

や

軟らかい酸	133
融解	91
融解曲線	93
誘起双極子	85
誘起力	86
融点	94
誘電率	83
溶液	42
溶解度	125
溶解度積	127
陽子	9
溶質	42
溶媒	42
溶媒和	125
ヨードホルム反応	203

ら

ラウールの法則	98
ラセミ体	197
理想気体	104
立体異性体	194
量子数	17
臨界点	93
ルイス塩基	131
ルイス構造式	74
ルイス酸	131
ルシャトリエの原理	92, 123
レナードジョーンズ・ポテンシャル	86
ローレンツ力	19
ローンペア	72

索引 **223**

編者紹介

小林　賢　医学博士
1980 年　北里大学大学院衛生学研究科修了
2002 年　防衛医科大学校講師
現　在　日本薬科大学特任教授

上田　晴久　薬学博士
1974 年　星薬科大学大学院薬学研究科修了
2001 年　星薬科大学教授
現　在　星薬科大学名誉教授

金子　喜三好　薬学博士
1979 年　京都大学大学院薬学研究科修了
2005 年　新潟薬科大学教授
元　　　日本薬科大学教授

齋藤　俊昭　薬学博士
1996 年　昭和薬科大学大学院薬学研究科修了
現　在　日本薬科大学教授

著者紹介

大室　智史　博士（工学）
2017 年　名古屋工業大学大学院工学研究科修了
現　在　日本薬科大学講師

高城　徳子　薬学博士
1999 年　九州大学大学院薬学研究科修了
現　在　日本薬科大学准教授

片岡　裕樹　薬学博士
2017 年　慶應義塾大学大学院薬学研究科修了
現　在　日本薬科大学講師

NDC 499　　223 p　　26 cm

わかりやすい薬学系の化学 入門　第 2 版

2025年 3 月11日　第 1 刷発行

編　者　小林　賢・上田晴久・金子喜三好・齋藤俊昭
著　者　大室智史・片岡裕樹・高城 徳子
発行者　篠木和久
発行所　株式会社　講談社
　　　　〒112-8001　東京都文京区音羽 2-12-21
　　　　　　販　売　(03)5395-5817
　　　　　　業　務　(03)5395-3615

KODANSHA

編　集　株式会社　講談社サイエンティフィク
　　　　代表　堀越俊一
　　　　〒162-0825　東京都新宿区神楽坂 2-14　ノービィビル
　　　　　　編　集　(03)3235-3701

本文データ制作　株式会社双文社印刷
印刷・製本　株式会社ＫＰＳプロダクツ

落丁本・乱丁本は，購入書店名を明記のうえ，講談社業務宛にお送りください．
送料小社負担にてお取替えします．なお，この本の内容についてのお問い合わせ
は講談社サイエンティフィク宛にお願いいたします．
定価はカバーに表示してあります．

© M. Kobayashi, H. Ueda, K. Kaneko and T. Saitoh, 2025

本書のコピー，スキャン，デジタル化等の無断複製は著作権法上での例外を除き
禁じられています．本書を代行業者等の第三者に依頼してスキャンやデジタル化
することはたとえ個人や家庭内の利用でも著作権法違反です．
Printed in Japan

ISBN978-4-06-538182-3